U0260317

国家出版基金项目
NATIONAL PUBLICATION FOUNDATION

"十三五"国家重点图书出版规划项目

中国水稻品种志

万建民　总主编

福建台湾卷

谢华安　主　编

中国农业出版社
北京

内容简介

　　福建、台湾水稻育种历史悠久，成绩显著。自20世纪30年代开展水稻良种评选与改良以来，至今育成并推广的水稻品种260余个，为福建、台湾水稻生产做出了重要贡献。本书概述了福建、台湾稻作区划、水稻品种改良的历程及稻种资源状况，主要介绍了推广面积超过0.67万hm^2的260个水稻品种，其中常规稻品种44个，杂交稻品种153个，老品种41个，台湾品种22个；具有植株、稻穗、谷粒、米粒相关照片和文字说明的品种148个，仅有文字而无照片的品种112个；在福建省水稻生产中发挥重要作用的水稻品种238个；1980年以后经过福建省或国家农作物品种审定委员会审定的品种177个。本书还介绍了11位在福建省乃至全国水稻育种中做出突出贡献的专家。

　　为便于读者查阅，各类品种均按汉语拼音顺序排列。同时为便于读者了解品种选育年代，书后还附有品种检索表，包括类型、审定编号和品种权号。

Abstract

　　Rice breeding has a long history and achieved remarkable achievement in Fujian and Taiwan. Since the selection and improvement of rice varieties in the 1930s, more than 260 rice varieties have been bred and extended, which has made important contributions to rice production in Fujian and Taiwan. This book outlines the processes of cultivation regionalization, variety improvement and resources germplasms for rice in Fujian and Taiwan. There are 260 rice varieties with being extended an area of more than 0.67 million hm^2, including 44 conventional rice varieties, 153 hybrid rice varieties, 41 old rice varieties and 22 Taiwanese varieties. Among them, there are 148 varieties with plant, panicle, grain and grain-related photographs and text descriptions, 112 varieties with only text and no photographs. There are 238 varieties which play an important roles in rice production in Fujian Province. After 1980, there are 177 varieties approved by Fujian Province or the State Crop Variety Approval Committee.The book also introduces 11 experts who have made outstanding contributions to rice breeding in Fujian Province and even in the whole country.

　　For the convenience of readers' reference, all varieties were arranged according to the order of Chinese phonetic alphabet. At the same time, in order to facilitate readers to access simplified variety information, a variety index was attached at the end of the book, including category, approval number and variety right number etc.

《中国水稻品种志》
编辑委员会

总 主 编 万建民

副总主编 谢华安　杨庆文　汤圣祥

编　　委（以姓氏笔画为序）

终　　审 万建民

福建台湾卷编委会

主　编　谢华安

副主编　张建福

编著者（以姓氏笔画为序）

王颖姮　朱永生　许惠滨　连　玲　吴方喜

何　炜　张建福　陈丽萍　林　雄　林　强

罗　曦　郑燕梅　蒋家焕　谢华安　谢鸿光

蔡秋华　魏林艳　魏毅东

审　校　张建福　吴方喜　林　强　杨庆文　汤圣祥

前　言

　　水稻是中国和世界大部分地区栽培的最主要粮食作物，水稻的产量增加、品质改良和抗性提高对解决全球粮食问题、提高人们生活质量、减轻环境污染具有举足轻重的作用。历史证明，中国水稻生产的两次大突破均是品种选育的功劳，第一次是20世纪50年代末至60年代初开始的矮化育种，第二次是70年代中期开始的杂交稻育种。90年代中期，先后育成了超级稻两优培九、沈农265等一批超高产新品种，单产达到11～12t/hm²。单产潜力超过16t/hm²的超级稻品种目前正在选育过程中。水稻育种虽然取得了很大成绩，但面临的任务也越来越艰巨，对骨干亲本及其育种技术的要求也越来越高，因此，有必要编撰《中国水稻品种志》，以系统地总结65年来我国水稻育种的成绩和育种经验，提高我国新形势下的水稻育种水平，向第三次新的突破前进，进而为促进我国民族种业发展、保障我国和世界粮食安全做出新贡献。

　　《中国水稻品种志》主要内容分三部分：第一部分阐述了1949—2014年中国水稻品种的遗传改良成就，包括全国水稻生产情况、品种改良历程、育种技术和方法、新品种推广成就和效益分析，以及水稻育种的未来发展方向。第二部分展示中国不同时期育成的新品种（新组合）及其骨干亲本，包括常规籼稻、常规粳稻、杂交籼稻、杂交粳稻和陆稻的品种，并附有品种检索表，供进一步参考。第三部分介绍中国不同时期著名水稻育种专家的成就。全书分十八卷，分别为广东海南卷、广西卷、福建台湾卷、江西卷、安徽卷、湖北卷、四川重庆卷、云南卷、贵州卷、黑龙江卷、辽宁卷、吉林卷、浙江上海卷、江苏卷，以及湖南常规稻卷、湖南杂交稻卷、华北西北卷和旱稻卷。

　　《中国水稻品种志》根据行政区划和实际生产情况，把中国水稻生产区域分为华南、华中华东、西南、华北、东北及西北六大稻区，统计并重点介绍了自1978年以来我国育成年种植面积大于40万 hm²的常规水稻品种如湘矮早9号、原丰早、浙辐802、桂朝2号、珍珠矮11等共23个，杂交稻品种如D优63、冈优22、南优2号、汕优2号、汕优6号等32个，以及2005—2014年育成的超级稻品种如龙粳31、武运粳27、松粳15、中早39、合美占、中嘉早17、两优培九、准两优527、辽优1052和甬优12、徽两优6号等111个。

　　《中国水稻品种志》追溯了65年来中国育成的8 500余份水稻、陆稻和杂交水稻现代品种的亲源，发现一批极其重要的育种骨干亲本，它们对水稻品种的遗传改良贡献巨大。据不完全统计，常规籼稻最重要的核心育种骨干亲本有矮仔占、南特号、珍汕97、矮脚南特、珍珠矮、低脚乌尖等22个，它们衍生的品种数超过2 700个；常规粳稻最重要的核心育种骨干亲本有旭、笹锦、坊主、爱国、农垦57、农垦58、农虎6号、测21等20个，衍生的品种数超过2 400个。尤其是携带sd1矮秆基因的矮仔占质源自早期从南洋引进后就成为广西容县一带优良农家地方品种，利用该骨干亲本先后育成了11代超过405个品种，其中种植面积较大的育成品种有广场矮、珍珠矮、广陆矮4号、二九青、先锋1号、特青、桂朝2号、双桂1号、湘早籼7号、嘉育948等。

《中国水稻品种志》还总结了我国培育杂交稻的历程，至今最重要的杂交稻核心不育系有珍汕97A、Ⅱ-32A、V20A、协青早A、金23A、冈46A、谷丰A、农垦58S、安农S-1、培矮64S、Y58S、株1S等21个，衍生的不育系超过160个，配组的大面积种植品种数超过1 300个；已广泛应用的核心恢复系有17个，它们衍生的恢复系超过510个，配组的杂交品种数超过1 200个。20世纪70～90年代大部分强恢复系引自国外，包括IR24、IR26、IR30、密阳46等，它们均含有我国台湾地方品种低脚乌尖的血缘（sd1矮秆基因）。随着明恢63（IR30／圭630）的育成，我国杂交稻恢复系选育走上了自主创新的道路，育成的恢复系其遗传背景呈现多元化。

《中国水稻品种志》由中国农业科学院作物科学研究所主持编著，邀请国内著名水稻专家和育种家分卷主撰，凝聚了全国水稻育种者的心血和汗水。同时，在本志编著过程中，得到全国各水稻研究教学单位领导和相关专家的大力支持和帮助，在此一并表示诚挚的谢意。

《中国水稻品种志》集科学性、系统性、实用性、资料性于一体，是作物品种志方面的专著，内容丰富，图文并茂，可供从事作物育种和遗传资源研究者、高等院校师生参考。由于我国水稻品种的多样性和复杂性，育种者众多，资料难以收全，尽管在编著和统稿过程中注意了数据的补充、核实和编撰体例的一致性，但限于编著者水平，书中疏漏之处难免，敬请广大读者不吝指正。

编　者
2018年4月

目　录

第二节　杂交籼稻 …………………………………………………………………………… 91

第三节　老品种 ……………………………… 242

第一章
中国稻作区划与水稻品种遗传改良概述

ZHONGGUO SHUIDAO PINZHONGZHI·FUJIAN TAIWAN JUAN

水稻是中国最主要的粮食作物之一，稻米是中国一半以上人口的主粮。2014年，中国水稻种植面积3 031万 hm²，总产20 651万 t，分别占中国粮食作物种植面积和总产量的26.89%和34.02%。毫无疑问，水稻在保障国家粮食安全、振兴乡村经济、提高人民生活质量方面，具有举足轻重的地位。

中国栽培稻属于亚洲栽培稻种（*Oryza sativa* L.），有两个亚种，即籼亚种（*O. sativa* L. subsp. *indica*）和粳亚种（*O. sativa* L. subsp. *japonica*）。中国不仅稻作栽培历史悠久，稻作环境多样，稻种资源丰富，而且育种技术先进，为高产、多抗、优质、广适、高效水稻新品种的选育和推广提供了丰富的物质基础和强大的技术支撑。

中华人民共和国成立以来，通过育种技术的不断改进，从常规育种（系统选择、杂交育种、诱变育种、航天育种）到杂种优势利用，再到生物技术育种（细胞工程育种、分子标记辅助选择育种、遗传转化育种等），至2014年先后育成8 500余份常规水稻、陆稻和杂交水稻现代品种，其中通过各级农作物品种审定委员会审（认）定的水稻品种有8 117份，包括常规水稻品种3 392份，三系杂交稻品种3 675份，两系杂交稻品种794份，不育系256份。在此基础上，实现了水稻优良品种的多次更新换代。水稻品种的遗传改良和优良新品种的推广，栽培技术的优化和病虫害的综合防治等一系列技术革新，使我国的水稻单产从1949年的1 892kg/hm²提高到2014年的6 813.2kg/hm²，增长了260.1%；总产从4 865万t提高到20 651万t，增长了324.5%；稻作面积从2 571万hm²增加到3 031万hm²，仅增加了17.9%。研究表明，新品种的不断育成和推广是水稻单产和总产不断提高的最重要贡献因子。

第一节　中国栽培稻区的划分

水稻是喜温喜水、适应性强、生育期较短的谷类作物，凡温度适宜、有水源的地方，均可种植水稻。中国稻作分布广泛，最北的稻作区位于黑龙江省的漠河（53°27′N），为世界稻作区的北限；最高海拔的稻作区在云南省宁蒗县山区，海拔高度2 965m。在南方的山区、坡地以及北方缺水少雨的旱地，种植有较耐干旱的陆稻。从总体看，由于纬度、温度、季风、降水量、海拔高度、地形等的影响，中国水稻种植面积存在南方多北方少，东南集中西北分散的状况。

本书以我国行政区划（省、自治区、直辖市）为基础，结合全国水稻生产的光温生态、季节变化、耕作制度、品种演变等，参考《中国水稻种植区划》（1988）和《中国水稻生产发展问题研究》（2010），将全国分为华南、华中华东、西南、华北、东北和西北六大稻区。

一、华南稻区

本区位于中国南部，包括广东、广西、福建、海南等大陆4省（自治区）和台湾省。本区水热资源丰富，稻作生长季260～365d，≥10℃的积温5 800～9 300℃；稻作生长季日照时数1 000～1 800h，降水量700～2 000mm。稻作土壤多为红壤和黄壤。本区的籼稻面积占95%以上，其中杂交籼稻占65%左右，耕作制度以双季稻和中稻为主，也有部分单季晚稻，部分地区实行与甘蔗、花生、薯类、豆类等作物当年或隔年水旱轮作。

2014年本区稻作面积503.6万hm²（不包括台湾），占全国稻作总面积的16.61%。稻谷单产5 778.7kg/hm²，低于全国平均产量（6 813.2kg/hm²）。

二、华中华东稻区

本区为中国水稻的主产区，包括江苏、上海、浙江、安徽、江西、湖南、湖北7省（直辖市），也称长江中下游稻作区。本区属亚热带温暖湿润季风气候，稻作生长季210～260d，≥10℃的积温4 500～6 500℃；稻作生长季日照时数700～1 500h，降水量700～1 600mm。本区平原地区稻作土壤多为冲积土、沉积土和鳝血土，丘陵山地多为红壤、黄壤和棕壤。本区双、单季稻并存，籼稻、粳稻均有。20世纪60～80年代，本区双季稻面积占全国双季稻面积的50%以上，其中，浙江、江西、湖南的双季稻面积占该三省稻作面积的80%～90%。20世纪80年代中期以来，由于种植结构和耕作制度的变革，杂交稻的兴起，以及双季早稻米质不佳等原因，双季早稻面积锐减，使本区的稻作面积从80年代初占全国稻作面积的54%下降到目前的49%左右。尽管如此，本区稻米生产的丰歉，对全国粮食形势仍然具有重要影响。太湖平原、里下河平原、皖中平原、鄱阳湖平原、洞庭湖平原、江汉平原历来都是中国著名的稻米产区。

2014年本区稻作面积1 501.6万hm²，占全国稻作总面积的49.54%。稻谷单产6 905.6kg/hm²，高于全国平均产量。

三、西南稻区

本区位于云贵高原和青藏高原，属亚热带高原型湿热季风气候，包括云南、贵州、四川、重庆、青海、西藏6省（自治区、直辖市）。本区具有地势高低悬殊、温度垂直差异明显、昼夜温差大的高原特点，稻作生长季180～260d，≥10℃的积温2 900～8 000℃；稻作生长季日照时数800～1 500h，降水量500～1 400mm。稻作土壤多为红壤、红棕壤、黄壤和黄棕壤等。本区籼稻、粳稻并存，以单季中稻为主，成都平原是我国著名的单季中稻区。云贵高原稻作垂直分布明显，低海拔（<1 400m）稻区多为籼稻，湿热坝区可种植双季籼稻，高海拔（>1 800m）稻区多为粳稻，中海拔（1 400～1 800m）稻区籼稻、粳稻并存。部分山区种植陆稻，部分低海拔又无灌溉水源的坡地筑有田埂，种植雨水稻。

2014年本区稻作面积450.9万hm²，占全国稻作总面积的14.88%。稻谷单产6 873.4kg/hm²，高于全国平均产量。

四、华北稻区

本区位于秦岭—淮河以北，长城以南，关中平原以东地区，包括北京、天津、山东、河北、河南、山西、内蒙古7省（自治区、直辖市）。本区属暖温带半湿润季风气候，夏季温度较高，但春、秋季温度较低，稻作生长季较短，无霜期170～200d，年≥10℃的积温4 000～5 000℃；年日照时数2 000～3 000h，年降水量580～1 000mm，但季节间分布不均。稻作土壤多为黄潮土、盐碱土、棕壤和黑黏土。本区以单季早、中粳稻为主，水源主要来自渠井和地下水。

2014年本区稻作面积95.3万hm²，占全国稻作总面积的3.14%。稻谷单产7 863.9kg/hm²，高于全国平均产量。

五、东北稻区

本区是我国纬度最高的稻作区，包括黑龙江、吉林和辽宁3省，属中温带—寒温带，年平均气温2～10℃，无霜期90～200d，年≥10℃的积温2 000～3 700℃；年日照时数2 200～3 100h，年降水量350～1 100mm。本区光照充足，但昼夜温差大，稻作生长期短，土壤多为肥沃、深厚的黑泥土、草甸土、棕壤以及盐碱土。稻作以早熟的单季粳稻为主，冷害和稻瘟病是本区稻作的主要问题。最北部的黑龙江省稻区，粳稻品质十分优良，近35年来由于大力发展灌溉设施，稻作面积不断扩大，从1979年的84.2万hm²发展到2014年的320.5万hm²，成为中国粳稻的主产省之一。

2014年本区稻作面积451.5万hm²，占全国稻作总面积的14.90%。稻谷单产7 863.9kg/hm²，高于全国平均产量。

六、西北稻区

本区包括陕西、甘肃、宁夏和新疆4省（自治区），幅员广阔，光热资源丰富，但干燥少雨，季节和昼夜气温变化大，无霜期150～200d，年≥10℃的积温3 450～3 700℃；年日照时数2 600～3 300h，年降水量150～200mm。稻田土壤较瘠薄，多为灰漠土、草甸土、粉沙土、灌淤土及盐碱土。稻作以单季粳稻为主，分布于河流两岸及有灌溉水源的地区。干燥少雨是本区发展水稻的制约因素。

2014年本区稻作面积28.2万hm²，占全国稻作总面积的0.93%。稻谷单产8 251.4kg/hm²，高于全国平均产量。

中华人民共和国成立65年来，六大稻区的水稻种植面积及占全国稻作面积的比例发生了一定变化。华南稻区的稻作面积波动较大，从1949年的811.7万hm²增加到1979年的875.3万hm²，但2014年下降到503.6万hm²。华中华东稻区是我国的主产稻区，基本维持在全国稻区面积的50%左右，其种植面积的高峰在20世纪的70～80年代，达到全国稻区面积的53%～54%。西南和西北稻区稻作面积基本保持稳定，近35年来分别占全国稻区面积的14.9%和0.9%左右。华北和东北稻区无论种植面积和占比均有提高，特别是东北稻区，其稻作面积和占比近35年来提高较快，2014年达到了451.5万hm²，全国占比达到14.9%，与1979年的84.2万hm²相比，种植面积增加了367.3万hm²。我国六大稻区2014年的稻作面积和占比见图1-1。

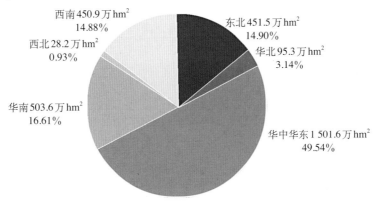

图1-1 中国六大稻区2014年的稻作面积和占比

第二节　中国栽培稻的分类

中国栽培稻的分类比较复杂，丁颖教授将其系统分为四大类：籼亚种和粳亚种；早稻、中稻和晚稻；水稻和陆稻；粘稻和糯稻。随着杂种优势的利用，又增加了一类，为常规稻和杂交稻。本节将根据这五大类分别进行介绍。

一、籼稻和粳稻

中国栽培稻籼亚种（*O. sativa* L. subsp. *indica*）和粳亚种（*O. sativa* L. subsp. *japonica*）的染色体数同为24（$2n=24$），但由于起源演化的差异和人为选择的结果，这两个亚种存在一定的形态和生理特性差异，并有一定程度的生殖隔离。据《辞海》（1989年版）记载，籼稻与粳稻比较：籼稻分蘖力较强；叶幅宽，叶色淡绿，叶面多毛；小穗多数短芒或无芒，易脱粒，颖果狭长扁圆；米质黏性较弱，膨性大；比较耐热和耐强光，主要分布于华南热带和淮河以南亚热带的低地。

按照现代分类学的观点，粳稻又可分为温带粳稻和热带粳稻（爪哇稻）。中国传统（农家/地方）粳稻品种均属温带粳稻类型。近年有的育种家为扩大遗传背景，在育种亲本中加入了热带粳稻材料，因而育成的水稻品种含有部分热带粳稻（爪哇稻）的血缘。

籼稻、粳稻的分布，主要受温度的制约，还受到种植季节、日照条件和病虫害的影响。目前，中国的籼稻品种主要分布在华南和长江流域各省份，以及西南的低海拔地区和北方的河南、陕西南部。湖南、贵州、广东、广西、海南、福建、江西、四川、重庆的籼稻面积占各省稻作面积的90%以上，湖北、安徽占80%～90%，浙江、云南在50%左右，江苏在25%左右。粳稻主要分布在东北、华北、长江下游太湖地区和西北，以及华南、西南的高海拔山区。东北的黑龙江、吉林、辽宁三省是全国著名的北方粳稻产区，江苏、浙江、安徽、湖北是南方粳稻主产区，云南的高海拔地区则以粳稻为主。

2014年，中国籼稻种植面积2 130.8万hm^2，约占稻作面积的70.3%；粳稻面积900.2万hm^2，占稻作面积的29.7%。据统计，2014年中国种植面积大于6 667hm^2的常规水稻品种有298个，其中籼稻品种104个，占34.9%；粳稻品种194个，占65.1%；2014年种植面积最大的前5位常规粳稻品种是：龙粳31（92.2万hm^2）、宁粳4号（35.8万hm^2）、绥粳14（29.1万hm^2）、龙粳26（28.1万hm^2）和连粳7号（22.0万hm^2）；种植面积最大的前5位常规籼稻品种是：中嘉早17（61.1万hm^2）、黄华占（30.6万hm^2）、湘早籼45（17.8万hm^2）、中早39（16.3万hm^2）和玉针香（11.2万hm^2）。

二、常规稻和杂交稻

常规稻是遗传纯合、可自交结实、性状稳定的水稻品种类型；杂交稻是利用杂种一代优势、目前必须年年制种的杂交水稻类型。中国是世界上第一个大面积、商品化应用杂交稻的国家，20世纪70年代后期开始大规模推广三系杂交稻，90年代初成功选育出两系杂交稻并应用于生产。目前，常规稻种植面积约占全国稻作面积的46%左右，杂交稻占54%左右。

1991年我国年种植面积大于6 667hm^{2}的常规稻品种有193个，2014年增加到298个（图1-2）；杂交稻品种数从1991年的62个增加到2014年的571个。1991年以来，年种植面积大于6 667hm^{2}的常规稻品种数每年较为稳定，基本为200～300个品种，但杂交稻品种数增加较快，增加了8倍多。

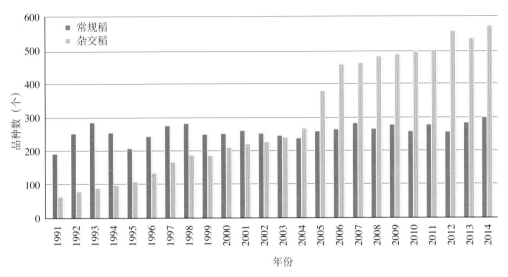

图1-2　1991—2014年年种植面积大于6 667hm^{2}的常规稻和杂交稻品种数

三、早稻、中稻和晚稻

在稻种向不同纬度、不同海拔高度传播的过程中，在日照和温度的强烈影响下，在自然选择和人为选择的综合作用下，栽培稻发生了一系列感光性和感温性的变异，出现了早稻、中稻和晚稻栽培类型。一般而言，早稻基本营养生长期短，感温性强，不感光或感光性极弱；中稻基本营养生长期较长，感温性中等，感光性弱；晚稻基本营养生长期短，感光性强，感温性中等或较强，但通常晚籼稻的感光性强于晚粳稻。

籼稻和粳稻、杂交稻和常规稻都有早、中、晚类型，每一类型根据生育期的长短有早熟、中熟和迟熟之分，从而形成了大量适应不同栽培季节、耕作制度和生育期要求的品种。在华南、华中的双季稻区，早籼和早粳品种对日长反应不敏感，生育期较短，一般3～4月播种，7～8月收获。在海南和广东南部，由于温度较高，早籼稻通常2月中、下旬播种，6月下旬收获。中稻一般作单季稻种植，生育期稳定，产量较高，华南稻区部分迟熟早籼稻品种在华中和华东地区可作中稻种植。晚籼稻和晚粳稻均可作双季晚稻和单季晚稻种植，以保证在秋季气温下降前抽穗授粉。

20世纪70年代后期以来，由于杂交水稻的兴起，种植结构的变化，中国早稻和晚稻的种植面积逐年减少，单季中稻的种植面积大幅增加。早、中、晚稻种植面积占全国稻作面积的比重，分别从1979年的33.7%、32.0%和34.3%，转变为1999年的24.2%、48.9%和26.9%，2014年进一步变化为19.1%、59.9%和21.0%（图1-3）。

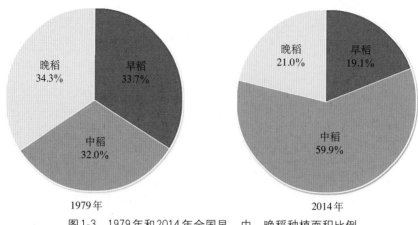

图1-3　1979年和2014年全国早、中、晚稻种植面积比例

四、水稻和陆稻

中国的栽培稻极大部分是水稻，占中国稻作面积的98%。陆稻（Upland rice）亦称旱稻，古代称棱稻，是适应较少水分环境（坡地、旱地）的一类稻作生态品种。陆稻的显著特点是耐干旱，表现为种子吸水力强，发芽快，幼苗对土壤中氯酸钾的耐毒力较强；根系发达，根粗而长；维管束和导管较粗，叶表皮较厚，气孔少，叶较光滑有蜡质；根细胞的渗透压和茎叶组织的汁液浓度也较高。与水稻比较，陆稻吸水力较强而蒸腾量较小，故有较强的耐旱能力。通常陆稻依靠雨水或地下水获得水分，稻田无田埂。虽然陆稻的生长发育对光、温要求与水稻相似，但一生需水量约是水稻的2/3或1/2。因而，陆稻适于水源不足或水源不均衡的稻区、多雨的山区和丘陵区的坡地或台田种植，还可与多种旱作物间作或套种。从目前的地理环境和种植水平看，陆稻的单产低于水稻。

陆稻也有籼稻、粳稻之别和生育期长短之分。全国陆稻面积约57万 hm²，仅占全国稻作总面积的2%左右，主要分布于云贵高原的西南山区、长江中游丘陵地区和华北平原区。云南西双版纳和思茅等地每年陆稻种植面积稳定在10万 hm²左右。近年，华北地区正在发展一种旱作稻（Aerobic rice），耐旱性较强，在整个生育期灌溉几次水即可，产量较高。此外，广东、广西、海南等地的低洼地区，在20世纪50年代前曾有少量深水稻品种，中华人民共和国成立后，随着水利排灌设施的完善，现已绝迹。目前，种植面积较大的陆稻品种有中旱209、旱稻277、巴西陆稻、中旱3号、陆引46、丹旱稻1号、冀粳12、IRAT104等。

五、粘稻和糯稻

稻谷胚乳均有糯性与非糯性之分。糯稻和非糯稻的主要区别在于饭粒黏性的强弱，相对而言，粘稻（非糯稻）黏性弱，糯稻黏性强，其中粳糯稻的黏性大于籼糯稻。化学成分的分析指出，胚乳直链淀粉含量的多少是区别粘稻和糯稻的化学基础。通常，粘粳稻的直链淀粉含量占淀粉总量的8%～20%，粘籼稻为10%～30%，而糯稻胚乳基本为支链淀粉，不含或仅含极少量直链淀粉（≤2%）。从化学反应看，由于糯稻胚乳和花粉中的淀粉基本或完全为支链淀粉，因此吸碘量少，遇1%的碘-碘化钾溶液呈红褐色反应，而粘稻直链淀粉含量高，吸碘量大，呈蓝紫色反应，这是区分糯稻与非糯稻品种的主要方法之一。从外观看，糯稻胚乳在刚收获时因含水量较高而呈半透明，经充分干燥后呈乳白色，这是因为胚乳细胞快速失水，产生许多大小不一的空隙，导致光散射而引起的乳白色视觉。

云南、贵州、广西等省（自治区）的高海拔地区，人们喜食糯米，籼型糯稻品种丰富，而长江中下游地区以粳型糯稻品种居多，东北和华北地区则全部是粳型糯稻。从用途看，糯米通常用于酿制米酒，制作糕点。在云南的低海拔稻区，有一种低直链淀粉含量的籼粘稻，称为软米，其黏性介于籼粘稻和糯稻之间，适于制作饵块、米线。

第三节　水稻遗传资源

水稻育种的发展历程证明，品种改良每一阶段的重大突破均与水稻优异种质的发现和利用相关。20 世纪 50 年代末，矮仔占、矮脚南特、台中本地 1 号（TN1，亦称台中在来 1 号）和广场矮等矮秆种质的发掘与利用，实现了 60 年代我国水稻品种的矮秆化；70 ～ 80 年代野败型、矮败型、冈型、印水型、红莲型等不育资源的发现及二九南 1 号 A、珍汕 97A 等水稻野败型不育系育成，实现了籼型杂交稻的"三系"配套和大面积推广利用；80 年代农垦 58S、安农 S-1 等光温敏核不育材料的发掘与利用，实现了"两系"杂交水稻的突破；90 年代 02428、培矮 64、轮回 422 等广亲和种质的发掘与利用，基本克服了籼粳稻杂交的瓶颈；80 ～ 90 年代沈农 89366、沈农 159、辽粳 5 号等新株型优异种质的创新与利用，实现了北方粳稻直立穗型与高产的结合，使北方粳稻产量有了较大的提高；90 年代以来光温敏不育系培矮 64S、Y58S、株 1S 以及中 9A、甬粳 2 号 A 和恢复系 9311、蜀恢 527 等的创新与利用，选育出一系列高产、优质的超级杂交稻品种。可见，水稻优异种质资源的收集、评价、创新和利用是水稻品种遗传改良的重要环节和基础。

一、栽培稻种质资源

中国具有丰富的多样化的水稻遗传资源。清代的《授时通考》（1742）记载了全国 16 省的 3 429 个水稻品种，它们是长期自然突变、人工选择和留种栽培的结果。中华人民共和国成立以来，全国进行了 4 次大规模的稻种资源考察和收集。20 世纪 50 年代后期到 60 年代在广东、湖南、湖北、江苏、浙江、四川等 14 省（自治区、直辖市）进行了第一次全国性的水稻种质资源的考察，征集到各类水稻种质 5.7 万余份。70 年代末至 80 年代初，进行了全国水稻种质资源的补充考察和征集，获得各类水稻种质万余份。国家"七五"（1986—1990）、"八五"（1991—1995）和"九五"（1996—2000）科技攻关期间，分别对神农架和三峡地区以及海南、湖北、四川、陕西、贵州、广西、云南、江西和广东等省（自治区）的部分地区再度进行了补充考察和收集，获得稻种 3 500 余份。"十五"（2001—2005）和"十一五"（2006—2010）期间，又收集到水稻种质 6 996 份。

通过对收集到的水稻种质进行整理、核对与编目，截至 2010 年，中国共编目水稻种质 82 386 份，其中 70 669 份是从中国国内收集的种质，占编目总数的 85.8%（表 1-1）。在此基础上，编辑和出版了《中国稻种资源目录》（8 册）、《中国优异稻种资源》，编目内容包括基本信息、形态特征、生物学特性、品质特性、抗逆性、抗病虫性等。

截至 2010 年，在国家作物种质库［简称国家长期库（北京）］繁种保存的水稻种质资源共 73 924 份，其中各类型种质所占百分比大小顺序为：地方稻种（68.1%）＞国外引进稻种（13.9%）＞野生稻种（8.0%）＞选育稻种（7.8%）＞杂交稻"三系"资源（1.9%）＞遗传材料（0.3%）（表 1-1）。在所保存的水稻地方品种中，保存数量较多的省份包括广西（8 537 份）、云南（5 882 份）、贵州（5 657 份）、广东（5 512 份）、湖南（4 789 份）、四川（3 964 份）、江西（2 974 份）、江苏（2 801 份）、浙江（2 079 份）、福建（1 890 份）、湖北（1 467 份）和台湾（1 303 份）。此外，在中国水稻研究所的国家水稻中期库（杭州）保存了稻属及近缘属种质资源 7 万余份，是我国单项作物保存规模最大的中期种质库，也是世界上最大的单项国家级水稻种质基因库之一。在入国家长期库（北京）的 66 408 份地方稻种、选育稻种、国外引进稻种等水稻种质中，籼稻和粳稻种质分别占 63.3% 和 36.7%，水稻和陆稻种质分别占 93.4% 和 6.6%，粘稻和糯稻种质分别占 83.4% 和 16.6%。显然，籼稻、水稻和粘稻的种质数量分别显著多于粳稻、陆稻和糯稻。

表 1-1　中国稻种资源的编目数和入库数

种质类型	编目		繁殖入库	
	份数	占比（%）	份数	占比（%）
地方稻种	54 282	65.9	50 371	68.1
选育稻种	6 660	8.1	5 783	7.8
国外引进稻种	11 717	14.2	10 254	13.9
杂交稻"三系"资源	1 938	2.3	1 374	1.9
野生稻种	7 663	9.3	5 938	8.0
遗传材料	126	0.2	204	0.3
合计	82 386	100	73 924	100

截至 2010 年，完成了 29 948 份水稻种质资源的抗逆性鉴定，占入库种质的 40.5%；完成了 61 462 份水稻种质资源的抗病虫性鉴定，占入库种质的 83.1%；完成了 34 652 份水稻种质资源的品质特性鉴定，占入库种质的 46.9%。种质评价表明：中国水稻种质资源中蕴藏着丰富的抗旱、耐盐、耐冷、抗白叶枯病、抗稻瘟病、抗纹枯病、抗褐飞虱、抗白背飞虱等优异种质（表 1-2）。

表 1-2　中国稻种资源中鉴定出的抗逆性和抗病虫性优异的种质份数

种质类型	抗旱		耐盐		耐冷		抗白叶枯病	
	极强	强	极强	强	极强	强	高抗	抗
地方稻种	132	493	17	40	142	—	12	165
国外引进稻种	3	152	22	11	7	30	3	39
选育稻种	2	65	2	11	—	50	6	67

（续）

种质类型	抗稻瘟病			抗纹枯病		抗褐飞虱			抗白背飞虱		
	免疫	高抗	抗	高抗	抗	免疫	高抗	抗	免疫	高抗	抗
地方稻种	—	816	1 380	0	11		111	324		122	329
国外引进稻种	—	5	148	5	14		0	218		1	127
选育稻种	—	63	145	3	7		24	205		13	32

注：数据来自2005年国家种质数据库。

2001—2010年，结合水稻优异种质资源的繁殖更新、精准鉴定与田间展示、网上公布等途径，国家粮食作物种质中期库［简称国家中期库（北京）］和国家水稻种质中期库（杭州）共向全国从事水稻育种、遗传及生理生化、基因定位、遗传多样性和水稻进化等研究的300余个科研及教学单位提供水稻种质资源47 849份次，其中国家中期库（北京）提供26 608份次，国家水稻种质中期库（杭州）提供21 241份次，平均每年提供4 785份次。稻种资源在全国范围的交换、评价和利用，大大促进了水稻育种及其相关基础理论研究的发展。

二、野生稻种质资源

野生稻是重要的水稻种质资源，在中国的水稻遗传改良中发挥了极其重要的作用。从海南岛普通野生稻中发现的细胞质雄性不育株，奠定了我国杂交水稻大面积推广应用的基础。从江西发现的矮败野生稻不育株中选育而成的协青早A和从海南发现的红芒野生稻不育株育成的红莲早A，是我国两个重要的不育系类型，先后转育了一大批杂交水稻品种。利用从广西普通野生稻中发现的高抗白叶枯病基因 *Xa23*，转育成功了一系列高产、抗白叶枯病的栽培品种。从江西东乡野生稻中发现的耐冷材料，已经并继续在耐冷育种中发挥重要作用。

据1978—1982年全国野生稻资源普查、考察和收集的结果，参考1963年中国农业科学院原生态研究室的考察记录，以及历史上台湾发现野生稻的记载，现已明确，中国有3种野生稻：普通野生稻（*O. rufipogon* Griff.）、疣粒野生稻（*O. meyeriana* Baill）和药用野生稻（*O. officinalis* Wall et Watt），分布于广东、海南、广西、云南、江西、福建、湖南、台湾等8个省（自治区）的143个县（市），其中广东53个县（市）、广西47个县（市）、云南19个县（市）、海南18个县（市）、湖南和台湾各2个县、江西和福建各1个县。

普通野生稻自然分布于广东、广西、海南、云南、江西、湖南、福建、台湾等8个省（自治区）的113个县（市），是我国野生稻分布最广、面积最大、资源最丰富的一种。普通野生稻大致可分为5个自然分布区：①海南岛区。该区气候炎热，雨量充沛，无霜期长，极有利于普通野生稻的生长与繁衍。海南省18个县（市）中就有14个县（市）分布有普通野生稻，而且密度较大。②两广大陆区。包括广东、广西和湖南的江永县及福建的漳浦县，为普通野生稻的主要分布区，主要集中分布于珠江水系的西江、北江和东江流域，特别是北回归线以南及广东、广西沿海地区分布最多。③云南区。据考察，在西双版纳傣族自治州的景洪镇、勐罕坝、大勐龙坝等地共发现26个分布点，后又在景洪和元江发现2个普通野生稻分布点，这两个县普通野生稻呈零星分布，覆盖面积小。历年发现的分布点都集中在流沙河和澜沧江流域，这两条河向南流入东南亚，注入南海。④湘赣区。包括湖南茶陵县及江西东乡县的普通野生稻。东乡县的普通野生稻分布于28°14′N，是目前中国乃至全球普通野生稻分布的最北限。⑤台湾区。20世纪50年代在桃园、新竹两县发现过普通野生稻，但目前已消失。

药用野生稻分布于广东、海南、广西、云南4省（自治区）的38个县（市），可分为3个自然分布区：①海南岛区。主要分布在黎母山一带，集中分布在三亚市及陵水、保亭、乐东、白沙、屯昌5县。②两广大陆区。为主要分布区，共包括27个县（市），集中于桂东中南部，包括梧州、苍梧、岑溪、玉林、容县、贵港、武宣、横县、邕宁、灵山等县（市），以及广东省的封开、郁南、德庆、罗定、英德等县（市）。③云南区。主要分布于临沧地区的耿马、永德县及普洱市。

疣粒野生稻主要分布于海南、云南与台湾三省（台湾的疣粒野生稻于1978年消失）的27个县（市），海南省仅分布于中南部的9个县（市），尖峰岭至雅加大山、鹦歌岭至黎母山、大本山至五指山、吊罗山至七指岭的许多分支山脉均有分布，常常生长在背北向南的山坡上。云南省有18个县（市）存在疣粒野生稻，集中分布于哀牢山脉以西的滇西南，东至绿春、元江，而以澜沧江、怒江、红河、李仙江、南汀河等河流下游地区为主要分布区。台湾在历史上曾发现新竹县有疣粒野生稻分布，目前情况不明。

自2002年开始，中国农业科学院作物科学研究所组织江西、湖南、云南、海南、福建、广东和广西等省（自治区）的相关单位对我国野生稻资源状况进行再次全面调查和收集，至2013年底，已完成除广东省以外的所有已记载野生稻分布点的调查和部分生态环境相似地区的调查。调查结果表明，与1980年相比，江西、湖南、福建的野生稻分布点没有变化，但分布面积有所减少；海南发现现存的野生稻居群总数达154个，其中普通野生稻136个，疣粒野生稻11个，药用野生稻7个；广西原有的1 342个分布点中还有325个存在野生稻，且新发现野生稻分布点29个，其中普通野生稻13个，药用野生稻16个；云南在调查的98个野生稻分布点中，26个普通野生稻分布点仅剩1个，11个药用野生稻分布点仅剩2个，61个疣粒野生稻分布点还剩25个。除了已记载的分布点，还发现了1个普通野生稻和10个疣粒野生稻新分布点。值得注意的是，从目前对现存野生稻的调查情况看，与1980年相比，我国70%以上的普通野生稻分布点、50%以上的药用野生稻分布点和30%疣粒野生稻分布点已经消失，濒危状况十分严重。

2010年，国家长期库（北京）保存野生稻种质资源5 896份，其中国内普通野生稻种质资源4 602份，药用野生稻880份，疣粒野生稻29份，国外野生稻385份；进入国家中期库（北京）保存的野生稻种质资源3 200份。考虑到种茎保存能较好地保持野生稻原有的种性，为了保持野生稻的遗传稳定性，现已在广东省农业科学院水稻研究所（广州）和广西农业科学院作物品种资源研究所（南宁）建立了2个国家野生稻种质资源圃，收集野生稻种茎入圃保存，至2013年已入圃保存的野生稻种茎10 747份，其中广州圃保存5 037份，南宁圃保存5 710份。此外，新收集的12 800份野生稻种质资源尚未入编国家长期库（北京）或国家野生稻种质圃长期保存，临时保存于各省（自治区）临时圃或大田中。

近年来，对中国收集保存的野生稻种质资源开展了较为系统的抗病虫鉴定，至2013年底，共鉴定出抗白叶枯病种质资源130多份，抗稻瘟病种质资源200余份，抗纹枯病种质资源10份，抗褐飞虱种质资源200多份，抗白背飞虱种质资源180多份。但受试验条件限制，目前野生稻种质资源抗旱、耐寒、抗盐碱等的鉴定较少。

第四节　栽培稻品种的遗传改良

中华人民共和国成立以来，水稻品种的遗传改良获得了巨大成就，纯系选择育种、杂交育种、诱变育种、杂种优势利用、组织培养（花粉、花药、细胞）育种、分子标记辅助育种等先后成为卓有成效的育种方法。65年来，全国共育成并通过国家、省（自治区、直辖市）、地区（市）农作物品种审定委员会审定（认定）的常规和杂交水稻品种共8 117份，其中1991—2014年，每年种植面积大于6 667hm^{2}的品种已从1991年的255个增加到2014年的869个（图1-4）。20世纪50年代后期至70年代的矮化育种、70～90年代的杂交水稻育种，以及近20年的超级稻育种，在我国乃至世界水稻育种史上具有里程碑意义。

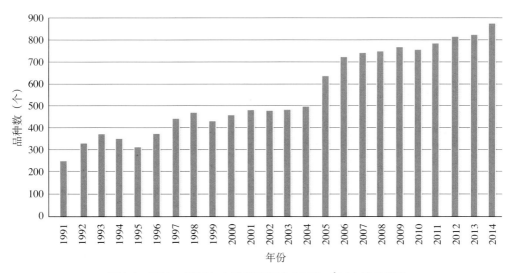

图1-4　1991—2014年年种植面积在6 667hm^{2}以上的品种数

一、常规品种的遗传改良

（一）地方农家品种改良（20世纪50年代）

20世纪50年代初期，全国以种植数以万计的高秆农家品种为主，以高秆（>150cm）、易倒伏为品种主要特征，主要品种有夏至白、马房籼、红脚早、湖北早、黑谷子、竹桠谷、油占子、西瓜红、老来青、霜降青、有芒早粳等。50年代中期，主要采用系统选择法对地方农家品种的某些农艺性状进行改良以提高防倒伏能力，增加产量，育成了一批改良农家品种。在全国范围内，早籼确定38个、中籼确定20个、晚粳确定41个改良农家品种予以大面积推广，连续多年种植面积较大的品种有早籼：南特号、雷火占；中籼：胜利籼、乌嘴川、长粒籼、万利籼；晚籼：红米冬占、浙场9号、粤油占、黄禾子；早粳：有芒早粳；中粳：桂花球、洋早十日、石稻；晚粳：新太湖青、猪毛簇、红须粳、四上裕等。与此同时，通过简单杂交和系统选育，育成了一批高秆改良品种。改良农家品种和新育成的高秆改良品种的产量一般为 2 500 ～ 3 000kg/hm^2，比地方高秆农家品种的产量高5%～15%。

（二）矮化育种（20世纪50年代后期至70年代）

20世纪50年代后期，育种家先后发现籼稻品种矮仔占、矮脚南特和低脚乌尖，以及粳稻品种农垦58等，具有优良的矮秆特性：秆矮（＜100cm），分蘖强，耐肥，抗倒伏，产量高。研究发现，这4个品种都具有半矮秆基因 *Sd1*。矮仔占来自南洋，20世纪前期引入广西，是我国20世纪50年代后期至60年代前期种植的最主要的矮秆品种之一，也是60～90年代矮化育种最重要的矮源亲本之一。矮脚南特是广东农民由高秆品种南特16的矮秆变异株选得。低脚乌尖是我国台湾省的农家品种，是国内外矮化育种最重要的矮源亲本之一。农垦58则是50年代后期从日本引进的粳稻品种。

可利用的 *Sd1* 矮源发现后，立即开始了大规模的水稻矮化育种。如华南农业科学研究所从矮仔占中选育出矮仔占4号，随后以矮仔占4号与高秆品种广场13杂交育成矮秆品种广场矮。台湾台中农业改良场用矮秆的低脚乌尖与高秆地方品种菜园种杂交育成矮秆的台中本地1号（TN1）。南特号是双季早籼品种极其重要的育种亲源，以南特号为基础，衍生了大量品种，包括矮脚南特（南特号→南特16→矮脚南特）、广场13、莲塘早和陆财号等4个重要骨干品种。农垦58则迅速成为长江中下游地区中粳、晚粳稻的育种骨干亲本。广场矮、矮脚南特、台中本地1号和农垦58这4个具有划时代意义的矮秆品种的育成、引进和推广，标志中国步入了大规模的卓有成效的籼、粳稻矮化育种，成为水稻矮化育种的里程碑。

从20世纪60年代初期开始，全国主要稻区的农家地方品种均被新育成的矮秆、半矮秆品种所替代。这些品种以矮秆（80～85cm）、半矮秆（86～105cm）、强分蘖、耐肥、抗倒伏为基本特征，产量比当地主要高秆农家品种提高15%～30%。著名的籼稻矮秆品种有矮脚南特、珍珠矮、珍珠矮11、广场矮、广场13、莲塘早、陆财号等；著名的粳稻矮秆品种有农垦58、农垦57（从日本引进）、桂花黄（Balilla，从意大利引进）。60年代后期至70年代中期，年种植面积曾经超过30万hm^{2}的籼稻品种有广陆矮4号、广选3号、二九青、广二104、原丰早、湘矮早9号、先锋1号、矮南早1号、圭陆矮8号、桂朝2号、桂朝13、南京1号、窄叶青8号、红410、成都矮8号、泸双1011、包选2号、包胎矮、团结1号、广二选二、广秋矮、二白矮1号、竹系26、青二矮等；年种植面积超过20万hm^{2}的粳稻矮秆品种有农垦58、农垦57、农虎6号、吉粳60、武农早、沪选19、嘉湖4号、桂花糯、双糯4号等。

（三）优质多抗育种（20世纪80年代中期至90年代）

1978—1984年，由于杂交水稻的兴起和农村种植结构的变化，常规水稻的种植面积大大压缩，特别是常规早稻面积逐年减少，部分常规双季稻被杂交中籼稻和杂交晚籼稻取代。因此，常规品种的选育多以提高稻米产量和品质为主，主要的籼稻品种有广陆矮4号、二九青、先锋1号、原丰早、湘矮早9号、湘早籼13、红410、二九丰、浙733、浙辐802、湘早籼7号、嘉育948、舟903、广二104、桂朝2号、珍珠矮11、包选2号、国际稻8号（IR8）、南京11、754、团结1号、二白矮1号、窄叶青8号、粳籼89、湘晚籼11、双桂1号、桂朝13、七桂早25、鄂早6号、73-07、青秆黄、包选2号、754、汕二59、三二矮等；主要的粳稻品种有秋光、合江19、桂花黄、鄂晚5号、农虎6号、嘉湖4号、鄂宜105、鄂晚5号、秀水04、武育粳2号、秀水48、秀水11等。

自矮化育种以来，由于密植程度增加，病虫害逐渐加重。因此，90年代常规品种的选育重点在提高产量的同时，还须兼顾提高病虫抗性和改良品质，提高对非生物压力的耐性，因而育成的品种多数遗传背景较为复杂。突出的籼稻品种有早籼31、鄂早18、粤晶丝苗2号、嘉育948、籼小占、粤香占、特籼占25、中鉴100、赣晚籼30、湘晚籼13等；重要的粳稻品种有空育131、辽粳294、龙粳14、龙粳20、吉粳88、垦稻12、松粳6号、宁粳16、垦稻8号、合江19、武育粳3号、武育粳5号、早丰9号、武运粳7号、秀水63、秀水110、秀水128、嘉花1号、甬粳18、豫粳6号、徐稻3号、徐稻4号、武香粳14等。

1978—2014年，最大年种植面积超过40万hm²的常规稻品种共23个，这些都是高产品种，产量高，适应性广，抗病虫力强（表1-3）。

表1-3　1978—2014年最大年种植面积超过40万hm²的常规水稻品种

品种名称	品种类型	亲本/血缘	最大年种植面积（万hm²）	累计种植面积（万hm²）
广陆矮4号	早籼	广场矮3784/陆财号	495.3（1978）	1 879.2（1978—1992）
二九青	早籼	二九矮7号/青小金早	96.9（1978）	542.0（1978—1995）
先锋1号	早籼	广场矮6号/陆财号	97.1（1978）	492.5（1978—1990）
原丰早	早籼	IR8种子⁶⁰Co辐照	105.0（1980）	436.7（1980—1990）
湘矮早9号	早籼	IR8/湘矮早4号	121.3（1980）	431.8（1980—1989）
余赤231-8	晚籼	余晚6号/赤块矮3号	41.1（1982）	277.7（1981—1999）
桂朝13	早籼	桂阳矮49/朝阳早18，桂朝2号的姐妹系	68.1（1983）	241.8（1983—1990）
红410	早籼	珍龙410系选	55.7（1983）	209.3（1982—1990）
双桂1号	早籼	桂阳矮C17/桂朝2号	81.2（1985）	277.5（1982—1989）
二九丰	早籼	IR29/原丰早	66.5（1987）	256.5（1985—1994）
73-07	早籼	红梅早/7055	47.5（1988）	157.7（1985—1994）
浙辐802	早籼	四梅2号种子辐照	130.1（1990）	973.1（1983—2004）
中嘉早17	早籼	中选181/育嘉253	61.1（2014）	171.4（2010—2014）
珍珠矮11	中籼	矮仔占4号/惠阳珍珠早	204.9（1978）	568.2（1978—1996）
包选2号	中籼	包胎白系选	72.3（1979）	371.7（1979—1993）
桂朝2号	中籼	桂阳矮49/朝阳早18	208.8（1982）	721.2（1982—1995）
二白矮1号	晚籼	秋二矮/秋白矮	68.1（1979）	89.0（1979—1982）
龙粳25	早粳	佳禾早占/龙花97058	41.1（2011）	119.7（2010—2014）
空育131	早粳	道黄金/北明	86.7（2004）	938.5（1997—2014）
龙粳31	早粳	龙花96-1513/垦稻8号的F₁花药培养	112.8（2013）	256.9（2011—2014）
武育粳3号	中粳	中丹1号/79-51//中丹1号/扬粳1号	52.7（1997）	560.7（1992—2012）
秀水04	晚粳	C21///辐农709//辐农709/单209	41.4（1988）	166.9（1985—1993）
武运粳7号	晚粳	嘉40/香糯9121//丙815	61.4（1999）	332.3（1998—2014）

二、杂交水稻的兴起和遗传改良

20世纪70年代初，袁隆平等在海南三亚发现了含有胞质雄性不育基因 cms 的普通野生稻，这一发现对水稻杂种优势利用具有里程碑的意义。通过全国协作攻关，1973年实现不育系、保持系、恢复系三系配套，1976年中国开始大面积推广"三系"杂交水稻。1980年全国杂交水稻种植面积479万 hm^2，1990年达到1 665万 hm^2。70年代初期，中国最重要的不育系二九南1号A和珍汕97A，是来自携带 cms 基因的海南普通野生稻与中国矮秆品种二九南1号和珍汕97的连续回交后代；最重要的恢复系来自国际水稻研究所的IR24、IR661和IR26，它们配组的南优2号、南优3号和汕优6号成为20世纪70年代后期到80年代初期最重要的籼型杂交水稻品种。南优2号最大年种植面积（1978年）298万 hm^2，1976—1986年累计种植面积666.7万 hm^2；汕优6号最大年种植面积（1984年）173.9万 hm^2，1981—1994年累计种植面积超过1 000万 hm^2。

1973年10月，石明松在晚粳农垦58田间发现光敏雄性不育株，经过10多年的选育研究，1987年光敏核不育系农垦58S选育成功并正式命名，两系杂交水稻正式进入攻关阶段，两系杂交水稻优良品种两优培九通过江苏省（1999）和国家（2001）农作物品种审定委员会审定并大面积推广，2002年该品种年种植面积达到82.5万 hm^2。

20世纪80～90年代，针对第一代中国杂交水稻稻瘟病抗性差的突出问题，开展抗稻瘟病育种，育成明恢63、测64、桂33等抗稻瘟病性较强的恢复系，形成第二代杂交水稻汕优63、汕优64、汕优桂33等一批新品种，从而中国杂交水稻又蓬勃发展，80年代湖北出现6 666.67 hm^2 汕优63产量超9 000kg/ hm^2 的记录。著名的杂交水稻品种包括：汕优46、汕优63、汕优64、汕优桂99、威优6号、威优64、协优46、D优63、冈优22、Ⅱ优501、金优207、四优6号、博优64、秀优57等。中国三系杂交水稻最重要的强恢复系为IR24、IR26、明恢63、密阳46（Miyang 46）、桂99、CDR22、辐恢838、扬稻6号等。

1978—2104年，最大年种植面积超过40万 hm^2 的杂交稻品种共32个，这些杂交稻品种产量高，抗病虫力强，适应性广，种植年限长，制种产量也高（表1-4）。

表1-4　1978—2014年最大年种植面积超过40万 hm^2 的杂交稻品种

杂交稻品种	类型	配组亲本	恢复系中的国外亲本	最大年种植面积（万 hm^2）	累计种植面积（万 hm^2）
南优2号	三系，籼	二九南1号A/IR24	IR24	298.0（1978）	＞666.7（1976—1986）
威优2号	三系，籼	V20A/IR24	IR24	74.7（1981）	203.8（1981—1992）
汕优2号	三系，籼	珍汕97A/IR24	IR24	278.3（1984）	1 264.8（1981—1988）
汕优6号	三系，籼	珍汕97A/IR26	IR26	173.9（1984）	999.9（1981—1994）
威优6号	三系，籼	V20A/IR26	IR26	155.3（1986）	821.7（1981—1992）
汕优桂34	三系，籼	珍汕97A/桂34	IR24、IR30	44.5（1988）	155.6（1986—1993）
威优49	三系，籼	V20A/测64-49	IR9761-19	45.4（1988）	163.8（1986—1995）
D优63	三系，籼	D汕A/明恢63	IR30	111.4（1990）	637.2（1986—2001）

（续）

杂交稻品种	类型	配组亲本	恢复系中的国外亲本	最大年种植面积（万hm²）	累计种植面积（万hm²）
博优64	三系，籼	博A/测64-7	IR9761-19-1	67.1（1990）	334.7（1989—2002）
汕优63	三系，籼	珍汕97A/明恢63	IR30	681.3（1990）	6 288.7（1983—2009）
汕优64	三系，籼	珍汕97A/测64-7	IR9761-19-1	190.5（1990）	1 271.5（1984—2006）
威优64	三系，籼	V20A/测64-7	IR9761-19-1	135.1（1990）	1 175.1（1984—2006）
汕优桂33	三系，籼	珍汕97A/桂33	IR24、IR36	76.7（1990）	466.9（1984—2001）
汕优桂99	三系，籼	珍汕97A/桂99	IR661、IR2061	57.5（1992）	384.0（1990—2008）
冈优12	三系，籼	冈46A/明恢63	IR30	54.4（1994）	187.7（1993—2008）
威优46	三系，籼	V20A/密阳46	密阳46	51.7（1995）	411.4（1990—2008）
汕优46*	三系，籼	珍汕97A/密阳46	密阳46	45.5（1996）	340.3（1991—2007）
汕优多系1号	三系，籼	珍汕97A/多系1号	IR30、Tetep	68.7（1996）	301.7（1995—2004）
汕优77	三系，籼	珍汕97A/明恢77	IR30	43.1（1997）	256.1（1992—2007）
特优63	三系，籼	龙特甫A/明恢63	IR30	43.1（1997）	439.3（1984—2009）
冈优22	三系，籼	冈46A/CDR22	IR30、IR50	161.3（1998）	922.7（1994—2011）
协优63	三系，籼	协青早A/明恢63	IR30	43.2（1998）	362.8（1989—2008）
Ⅱ优501	三系，籼	Ⅱ-32A/明恢501	泰引1号、IR26、IR30	63.5（1999）	244.9（1995—2007）
Ⅱ优838	三系，籼	Ⅱ-32A/辐恢838	泰引1号、IR30	79.1（2000）	663.0（1995—2014）
金优桂99	三系，籼	金23A/桂99	IR661、IR2061	40.4（2001）	236.2（1994—2009）
冈优527	三系，籼	冈46A/蜀恢527	古154、IR24、IR1544-28-2-3	44.6（2002）	246.4（1999—2013）
冈优725	三系，籼	冈46A/绵恢725	泰引1号、IR30、IR26	64.2（2002）	469.4（1998—2014）
金优207	三系，籼	金23A/先恢207	IR56、IR9761-19-1	71.9（2004）	508.7（2000—2014）
金优402	三系，籼	金23A/R402	古154、IR24、IR30、IR1544-28-2-3	53.5（2006）	428.6（1996—2014）
培两优288	两系，籼	培矮64S/288	IR30、IR36、IR2588	39.9（2001）	101.4（1996—2006）
两优培九	两系，籼	培矮64S/扬稻6号	IR30、IR36、IR2588、BG90-2	82.5（2002）	634.9（1999—2014）
丰两优1号	两系，籼	广占63S/扬稻6号	IR30、R36、IR2588、BG90-2	40.0（2006）	270.1（2002—2014）

* 汕优10号与汕优46的父、母本和育种方法相同，前期称为汕优10号，后期统称汕优46。

三、超级稻育种

国际水稻研究所从1989年起开始实施理想株型（Ideal plant type，俗称超级稻）育种计划，试图利用热带粳稻新种质和理想株型作为突破口，通过杂交和系统选育及分子育种方法育成新株型品种［New plant type（NPT），超级稻］供南亚和东南亚稻区应用，设计产量希望比当地品种增产20%～30%。但由于产量、抗病虫力和稻米品质不理想等原因，迄今还无突出的品种在亚洲各国大面积应用。

为实现在矮化育种和杂交育种基础上的产量再次突破，农业部于1996年启动中国超级稻研究项目，要求育成高产、优质、多抗的常规和杂交水稻新品种。广义要求，超级稻的主要性状如产量、米质、抗性等均应显著超过现有主栽品种的水平；狭义要求，应育成在抗性和米质与对照品种相仿的基础上，产量有大幅度提高的新品种。在育种技术路线上，超级稻品种采用理想株型塑造与杂种优势利用相结合的途径，核心是种质资源的有效利用或有利多基因的聚合，育成单产大幅提高、品质优良、抗性较强的新型水稻品种（表1-5）。

表1-5 超级稻品种的主要指标

项　目	长江流域早熟早稻	长江流域中迟熟早稻	长江流域中熟晚稻、华南感光性晚稻	华南早晚兼用稻、长江流域迟熟晚稻、东北早熟粳稻	长江流域一季稻、东北中熟粳稻	长江上游迟熟一季稻、东北迟熟粳稻
生育期（d）	≤105	≤115	≤125	≤132	≤158	≤170
产量（kg/hm²）	≥8 250	≥9 000	≥9 900	≥10 800	≥11 700	≥12 750
品　质	北方粳稻达到部颁二级米以上（含）标准，南方晚籼稻达到部颁三级米以上（含）标准，南方早籼稻和一季稻达到部颁四级米以上（含）标准					
抗　性	抗当地1～2种主要病虫害					
生产应用面积	品种审定后2年内生产应用面积达到每年3 125hm²以上					

近年有的育种家提出"绿色超级稻"或"广义超级稻"的概念，其基本思路是将品种资源研究、基因组研究和分子技术育种紧密结合，加强水稻重要性状的生物学基础研究和基因发掘，全面提高水稻的综合性状，培育出抗病、抗虫、抗逆、营养高效、高产、优质的新品种。2000年超级杂交稻第一期攻关目标大面积如期实现产量10.5t/hm²，2004年第二期攻关目标大面积实现产量12.0t/hm²。

2006年，农业部进一步启动推进超级稻发展的"6236工程"，要求用6年的时间，培育并形成20个超级稻主导品种，年推广面积占全国水稻总面积的30%，即900万hm²，单产比目前主栽品种平均增产900kg/hm²，以全面带动我国水稻的生产水平。2011年，湖南隆回县种植的超级杂交水稻品种Y两优2号在7.5hm²的面积上平均产量13 899kg/hm²；2011年宁波农业科学院选育的籼粳型超级杂交晚稻品种甬优12单产14 147kg/hm²；2013年，湖南隆回县种植的超级杂交水稻Y两优900获得14 821kg/hm²的产量，宣告超级杂交水稻第三期攻关目标大面积产量13.5t/hm²的实现。据报道，2015年云南个旧市的"超级杂交水稻示范基地"百亩连片水稻攻关田，种植的超级稻品种超优千号，百亩片平均单产16 010kg/hm²；2016年山东临沂市莒南县大店镇的百亩片攻关基地种植的超级杂交稻超优千号，实测单产15 200kg/hm²，创造了杂交水稻高纬度单产的世界纪录，表明已稳定实现了超级杂交水稻第四期大面积产量潜力达到15t/m²的攻关目标。

截至2014年，农业部确认了111个超级稻品种，分别是：

常规超级籼稻7个：中早39、中早35、金农丝苗、中嘉早17、合美占、玉香油占、桂农占。

常规超级粳稻28个：武运粳27、南粳44、南粳45、南粳49、南粳5055、淮稻9号、长白25、莲稻1号、龙粳39、龙粳31、松粳15、镇稻11、扬粳4227、宁粳4号、楚粳28、连粳7号、沈农265、沈农9816、武运粳24、扬粳4038、宁粳3号、龙粳21、千重浪、辽星1号、楚粳27、松粳9号、吉粳83、吉粳88。

籼型三系超级杂交稻46个：F优498、荣优225、内5优8015、盛泰优722、五丰优615、天优3618、天优华占、中9优8012、H优518、金优785、德香4103、Q优8号、宜优673、深优9516、03优66、特优582、五优308、五丰优T025、天优3301、珞优8号、荣优3号、金优458、国稻6号、赣鑫688、Ⅱ优航2号、天优122、一丰8号、金优527、D优202、Q优6号、国稻1号、国稻3号、中浙优1号、丰优299、金优299、Ⅱ优明86、Ⅱ优航1号、特优航1号、D优527、协优527、Ⅱ优162、Ⅱ优7号、Ⅱ优602、天优998、Ⅱ优084、Ⅱ优7954。

粳型三系超级杂交稻1个：辽优1052。

籼型两系超级杂交稻26个：两优616、两优6号、广两优272、C两优华占、两优038、Y两优5867、Y两优2号、Y两优087、准两优608、深两优5814、广两优香66、陵两优268、徽两优6号、桂两优2号、扬两优6号、陆两优819、丰两优香1号、新两优6380、丰两优4号、Y优1号、株两优819、两优287、培杂泰丰、新两优6号、两优培九、准两优527。

籼粳交超级杂交稻3个：甬优15、甬优12、甬优6号。

超级杂交水稻育种正在继续推进，面临的挑战还有很多。从遗传角度看，目前真正能用于超级稻育种的有利基因及连锁分子标记还不多，水稻基因研究成果还不足以全面支撑超级稻分子育种，目前的超级稻育种仍以常规杂交技术和资源的综合利用为主。因此，需要进一步发掘高产、优质、抗病虫、抗逆基因，改进育种方法，将常规育种技术与分子育种技术相结合起来，培育出广适性的可大幅度减少农用化学品（无机肥料、杀虫剂、杀菌剂、除草剂）而又高产优质的超级稻品种。

第五节　核心育种骨干亲本

分析65年来我国育成并通过国家或省级农作物品种审定委员会审（认）定的8 117份水稻、陆稻和杂交水稻现代品种，追溯这些品种的亲源，可以发现一批极其重要的核心育种骨干亲本，它们对水稻品种的遗传改良贡献巨大。但是由于种质资源的不断创新与交流，尤其是育种材料的交流和国外种质的引进，育种技术的多样化，有的品种含有多个亲本的血缘，使得现代育成品种的亲缘关系十分复杂。特别是有些品种的亲缘关系没有文字记录，或者仅以代号留存，难以查考。另外，籼、粳稻品种的杂交和选择，出现了大量含有籼、粳血缘的中间品种，难以绝对划分它们的籼、粳类别。毫无疑问，品种遗传背景的多样性对于克服品种遗传脆弱性，保障粮食生产安全性极为重要。

考虑到这些相互交错的情况，本节品种的亲源一般按不同亲本在品种中所占的重要性和比率确定，可能会出现前后交叉和上下代均含数个重要骨干亲本的情况。

一、常规籼稻

据不完全统计，我国常规籼稻最重要的核心育种骨干亲本有22个，衍生的大面积种植（年种植面积>6 667hm²）的品种数超过2 700个（表1-6）。其中，全国种植面积较大的常规籼稻品种是：浙辐802、桂朝2号、双桂1号、广陆矮4号、湘早籼45、中嘉早17等。

表1-6　籼稻核心育种骨干亲本及其主要衍生品种

品种名称	类型	衍生的品种数	主要衍生品种
矮仔占	早籼	>402	矮仔占4号、珍珠矮、浙辐802、广陆矮4号、桂朝2号、广场矮、二九青、特青、嘉育948、红410、泸红早1号、双桂36、湘早籼7号、广二104、珍汕97、七桂早25、特籼占13
南特号	早籼	>323	矮脚南特、广场13、莲塘号、陆财号、广场矮、广选3号、矮南早1号、广陆矮4号、先锋1号、青小金早、湘早籼3号、湘矮早3号、湘矮早7号、嘉育293、赣早籼26
珍汕97	早籼	>267	珍竹19、庆元2号、闽科早、珍汕97A、Ⅱ-32A、D汕A、博A、中A、29A、天丰A、枝A不育系及汕优63等大量杂交稻品种
矮脚南特	早籼	>184	矮南早1号、湘矮早7号、青小金早、广选3号、温选青
珍珠矮	早籼	>150	珍龙13、珍汕97、红梅早、红410、红突31、珍珠矮6号、珍珠矮11、7055、6044、赣早籼9号
湘早籼3号	早籼	>66	嘉育948、嘉育293、湘早籼10号、湘早籼13、湘早籼7号、中优早81、中86-44、赣早籼26
广场13	早籼	>59	湘早籼3号、中优早81、中86-44、嘉育293、嘉育948、早籼31、嘉兴香米、赣早籼26
红410	早籼	>43	红突31、8004、京红1号、赣早籼9号、湘早籼5号、舟优903、中优早3号、泸红早1号、辐8-1、佳禾早占、鄂早16、余红1号、湘晚籼9号、湘晚籼14
嘉育293	早籼	>25	嘉育948、中98-15、嘉兴香米、嘉早43、越糯2号、嘉育143、嘉早41、嘉早935、中嘉早17
浙辐802	早籼	>21	香早籼11、中516、浙9248、中组3号、皖稻45、鄂早10号、赣早籼50、金早47、赣早籼56、浙852、中选181
低脚乌尖	中籼	>251	台中本地1号（TN1）、IR8、IR24、IR26、IR29、IR30、IR36、IR661、原丰早、洞庭晚籼、二九丰、滇瑞306、中选8号
广场矮	中籼	>151	桂朝2号、双桂36、二九矮、广场矮5号、广场矮3784、湘矮早3号、先锋1号、泸南早1号
IR8	中籼	>120	IR24、IR26、原丰早、滇瑞306、洞庭晚籼、滇陇201、成矮597、科六号、滇屯502、滇瑞408
IR36	中籼	>108	赣早籼15、赣早籼37、赣早籼39、湘早籼3号
IR24	中籼	>79	四梅2号、浙辐802、浙852、中156，以及一批杂交稻恢复系和杂交稻品种南优2号、汕优2号
胜利籼	中籼	>76	广场13、南京1号、南京11、泸胜2号、广场矮系列品种
台中本地1号（TN1）	中籼	>38	IR8、IR26、IR30、BG90-2、原丰早、湘晚籼1号、滇瑞412、扬稻1号、扬稻3号、金陵57

（续）

品种名称	类型	衍生的品种数	主要衍生品种
特青	中晚籼	>107	特籼占13、特籼占25、盐稻5号、特三矮2号、鄂中4号、胜优2号、丰青矮、黄华占、茉莉新占、丰矮占1号、丰澳占，以及一批杂交稻恢复系镇恢084、蓉恢906、浙恢9516、广恢998
秋播了	晚籼	>60	516、澄秋5号、秋长3号、东秋播、白花
桂朝2号	中晚籼	>43	豫籼3号、镇籼96、扬稻5号、湘晚籼8号、七山占、七桂早25、双朝25、双桂36、早桂1号、陆青早1号、湘晚籼32
中山1号	晚籼	>30	包胎红、包胎白、包选2号、包胎矮、大灵矮、钢枝占
粳籼89	晚籼	>13	赣晚籼29、特籼占13、特籼占25、粤野软占、野黄占、粤野占26

矮仔占源自早期的南洋引进品种，后成为广西容县一带农家地方品种，携带 sd1 矮秆基因，全生育期约140d，株高82cm左右，节密、耐肥，有效穗多，千粒重26g左右，单产 4 500～6 000kg/hm²，比一般高秆品种增产20%～30%。1955年，华南农业科学研究所发现并引进矮仔占，经系选，于1956年育成矮仔占4号。采用矮仔占4号/广场13，1959年育成矮秆品种广场矮；采用矮仔占4号/惠阳珍珠早，1959年育成矮秆品种珍珠矮。广场矮和珍珠矮是矮仔占最重要的衍生品种，这2个品种不但推广面积大，而且衍生品种多，随后成为水稻矮化育种的重要骨干亲本，广场矮至少衍生了151个品种，珍珠矮至少衍生了150个品种。因此，矮仔占是我国20世纪50年代后期至60年代最重要的矮秆推广品种，也是60～80年代矮化育种最重要的矮源。至今，矮仔占至少衍生了402个品种，其中种植面积较大的衍生品种有广场矮、珍珠矮、广陆矮4号、二九青、先锋1号、特青、桂朝2号、双桂1号、湘早籼7号、嘉育948等。

南特号是20世纪40年代从江西农家品种鄱阳早的变异株中选得，50年代在我国南方稻区广泛作早稻种植。该品种株高100～130cm，根系发达，适应性广，全生育期105～115d，较耐肥，每穗约80粒，千粒重26～28g，单产3 750～4 500kg/hm²，比一般高秆品种增产13%～34%。南特号1956年种植面积达333.3万hm²，1958—1962年，年种植面积达到400万hm²以上。南特号直接系选衍生出南特16、江南1224和陆财号。1956年，广东潮阳县农民从南特号发现矮秆变异株，经系选育成矮脚南特，具有早熟、秆矮、高产等优点，可比高秆品种增产20%～30%。经分析，矮脚南特也含有矮秆基因 sd1，随后被迅速大面积推广并广泛用作矮化育种亲本。南特号是双季早籼品种极其重要的育种亲源，至少衍生了323个品种，其中种植面积较大的衍生品种有广场矮、广场13、矮南早1号、莲塘早、陆财号、广陆矮4号、先锋1号、青小金早、湘矮早2号、湘矮早7号、红410等。

低脚乌尖是我国台湾省的农家品种，携带 sd1 矮秆基因，20世纪50年代后期因用低脚乌尖为亲本（低脚乌尖/菜园种）在台湾育成台中本地1号（TN1）。国际水稻研究所利用 Peta/低脚乌尖育成著名的IR8品种并向东南亚各国推广，引发了亚洲水稻的绿色革命。祖国大陆育种家利用含有低脚乌尖血缘的台中本地1号、IR8、IR24和IR30作为杂交亲本，至少衍生了251个常规水稻品种，其中IR8（又称科六或691）衍生了120个品种，台中本地1号衍生了38个品种。利用IR8和台中本地1号而衍生的、种植面积较大的品种有原丰早、科梅、双科1号、湘矮早9号、二九丰、扬稻2号、泸红早1号等。利用含有低脚乌尖血缘的IR24、IR26、IR30等，又育成了大量杂交水稻恢复系，有的恢复系可直接作为常规品种种植。

早籼品种珍汕97对推动杂交水稻的发展作用特殊、贡献巨大。该品种是浙江省温州农业科学研究所用珍珠矮11/汕矮选4号于1968年育成，含有矮仔占血缘，株高83cm，全生育期约120d，分蘖力强，千粒重27g左右，单产约5 500kg/hm²。珍汕97除衍生了一批常规品种外，还被用于杂交稻不育系的选育。1973年，江西省萍乡市农业科学研究所以海南普通野生稻的野败材料为母本，用珍汕97为父本进行杂交并连续回交育成珍汕97A。该不育系早熟、配合力强，是我国使用范围最广、应用面积最大、时间最长、衍生品种最多的不育系。珍汕97A与不同恢复系配组，育成多种熟期类型的杂交水稻品种，如汕优6号、汕优46、汕优63、汕优64等供华南、长江流域作双季晚稻和单季中、晚稻大面积种植。以珍汕97A为母本直接配组的年种植面积超过6 667hm²的杂交水稻品种有92个，36年来（1978—2014年）累计推广面积超过14 450万hm²。

特青是广东省农业科学院用特矮/叶青伦于1984年育成的早、晚兼用的籼稻品种，茎秆粗壮，叶挺色浓，株叶形态好，耐肥，抗倒伏，抗白叶枯病，产量高，大田产量6 750～9 000kg/hm²。特青被广泛用于南方稻区早、中、晚籼稻的育种亲本，主要衍生品种有特籼占13、特籼占25、盐稻5号、特三矮2号、鄂中4号、胜优2号、黄华占、丰矮占1号、丰澳占等。

嘉育293（浙辐802/科庆47//二九丰///早丰6号/水原287////HA79317-7）是浙江省嘉兴市农业科学研究院育成的常规早籼品种。全生育期约112d，株高76.8cm，苗期抗寒性强，株型紧凑，叶片长而挺，茎秆粗壮，生长旺盛，耐肥，抗倒伏，后期青秆黄熟，产量高，适于浙江、江西、安徽（皖南）等省作早稻种植，1993—2012年累计种植面积超过110万hm²。嘉育293被广泛用于长江中下游稻区的早籼稻育种亲本，主要衍生品种有嘉育948、中98-15、嘉兴香米、嘉早43、越糯2号、嘉育143、嘉早41、嘉早935、中嘉早17等。

二、常规粳稻

我国常规粳稻最重要的核心育种骨干亲本有20个，衍生的种植面积较大（年种植面积>6 667hm²）的品种数超过2 400个（表1-7）。其中，全国种植面积较大的常规粳稻品种有：空育131、武育粳2号、武育粳3号、武运粳7号、鄂宜105、合江19、宁粳4号、龙粳31、农虎6号、鄂晚5号、秀水11、秀水04等。

旭是日本品种，从日本早期品种日之出选出。对旭进行系统选育，育成了京都旭以及关东43、金南风、下北、十和田、日本晴等日本品种。至20世纪末，我国由旭衍生的粳稻品种超过149个。如利用旭及其衍生品种进行早粳育种，育成了辽丰2号、松辽4号、合江20、合江21、早丰、吉粳53、吉粳88、冀粳1号、五优稻1号、龙粳3号、东农416等；利用京都旭及其衍生品种农垦57（原名金南风）进行中、晚粳育种，育成了金垦18、南粳11、徐稻2号、镇稻4号、盐粳4号、扬粳186、盐粳6号、镇稻6号、淮稻6号、南粳37、阳光200、远杂101、鲁香粳2号等。

表1-7 常规粳稻最重要核心育种骨干亲本及其主要衍生品种

品种名称	类型	衍生的品种数	主要衍生品种
旭	早粳	>149	农垦57、辽丰2号、松辽4号、合江20、合江21、早丰、吉粳53、吉粳88、冀粳1号、五优稻1号、龙粳3号、东农416、吉粳60、东农416
笹锦	早粳	>147	丰锦、辽粳5号、龙粳1号、秋光、吉粳69、龙粳1号、龙粳4号、龙粳14、垦稻8号、藤系138、京稻2号、辽盐2号、长白8号、吉粳83、青系96、秋丰、吉粳66
坊主	早粳	>105	石狩白毛、合江3号、合江11、合江22、龙粳2号、龙粳14、垦稻3号、垦稻8号、长白5号
爱国	早粳	>101	丰锦、宁粳6号、宁粳7号、辽粳5号、中花8号、临稻3号、冀粳6号、岩1号、辽盐2号、沈农265、松粳10号、沈农189
龟之尾	早粳	>95	宁粳4号、九稻1号、东农4号、松辽5号、虾夷、松辽5号、九稻1号、辽粳152
石狩白毛	早粳	>88	大雪、滇榆1号、合江12、合江22、龙粳1号、龙粳2号、龙粳14、垦稻8号、垦稻10号
辽粳5号	早粳	>61	辽粳68、辽粳288、辽粳326、沈农159、沈农189、沈农265、沈农604、松粳3号、松粳10号、辽星1号、中辽9052
合江20	早粳	>41	合江23、吉粳62、松粳3号、松粳9号、五优稻1号、五优稻3号、松粳21、龙粳3号、龙粳13、绥粳1号
吉粳53	早粳	>27	长白9号、九稻11、双丰8号、吉粳60、新稻2号、东农416、吉粳70、九稻44、丰选2号
红旗12	早粳	>26	宁粳9号、宁粳11、宁粳19、宁粳23、宁粳28、宁稻216
农垦57	中粳	>116	金垦18、双丰4号、南粳11、南粳23、徐稻2号、镇粳4号、盐粳4号、扬201、扬粳186、盐粳6号、南粳36、镇稻6号、淮稻6号、扬粳9538、南粳37、阳光200、远杂101、鲁香粳2号
桂花黄	中粳	>97	南粳32、矮粳23、秀水115、徐稻2号、浙粳66、双糯4号、临稻10号、宁粳9号、宁粳23、镇稻2号
西南175	中粳	>42	云粳3号、云粳7号、云粳9号、云粳134、靖粳10号、靖粳16、京黄126、新城糯、楚粳5号、楚粳22、合系41、滇靖8号
武育粳3号	中粳	>22	淮稻5号、淮稻6号、镇稻99、盐稻8号、武运粳11、华粳2号、广陵香粳、武育粳5号、武香粳9号
滇榆1号	中粳	>13	合系34、楚粳7号、楚粳8号、楚粳24、凤稻14、楚粳14、靖粳8号、靖粳优2号、靖粳优3号、云粳优1号
农垦58	晚粳	>506	沪选19、鄂宜105、农虎6号、辐农709、秀水48、农红73、矮粳23、秀水04、秀水11、秀水63、宁67、武运粳7号、武育粳3号、宁粳1号、甬粳18、徐稻3号、武香粳9号、鄂晚5号、嘉991、镇稻99、太湖糯
农虎6号	晚粳	>332	秀水664、嘉湖4号、祥湖47、秀水04、秀水11、秀水48、秀水63、桐青晚、宁67、太湖糯、武香粳9号、甬粳44、香血糯335、辐农709、武运粳7号
测21	晚粳	>254	秀水04、武香粳14、秀水11、宁粳1号、秀水664、武粳15、武运粳8号、秀水63、甬粳18、祥湖84、武香粳9号、武运粳21、宁67、嘉991、矮糯21、常农粳2号、春江026
秀水04	晚粳	>130	武香粳14、秀水122、武运粳23、秀水1067、武粳13、甬优6号、秀水17、太湖粳2号、甬优1号、宁粳3号、皖稻26、运9707、甬优9号、秀水59、秀水620
矮宁黄	晚粳	>31	老来青、沪晚23、八五三、矮粳23、农红73、苏粳7号、安庆晚2号、浙粳66、秀水115、苏稻1号、镇稻1号、航育1号、祥湖25

辽粳5号(丰锦////越路早生/矮脚南特//藤坂5号/BaDa///沈苏6号)是沈阳市浑河农场采用籼、粳稻杂交,后代用粳稻多次复交,于1981年育成的早粳矮秆高产品种。辽粳5号集中了籼、粳稻特点,株高80～90cm,叶片宽、厚、短、直立上举,色浓绿,分蘖力强,株型紧凑,受光姿态好,光能利用率高,适应性广,较抗稻瘟病,中抗白叶枯病,产量高。适宜在东北作早粳种植,1992年最大种植面积达到9.8万hm²。用辽粳5号作亲本共衍生了61个品种,如辽粳326、沈农159、沈农189、松粳10号、辽星1号等。

合江20(早丰/合江16)是黑龙江省农业科学院水稻研究所于20世纪70年代育成的优良广适型早粳品种。合江20全生育期133～138d,叶色浓绿,直立上举,分蘖力较强,抗稻瘟病性较强,耐寒性较强,耐肥,抗倒伏,感光性较弱,感温性中等,株高90cm左右,千粒重23～24g。70年代末至80年代中期在黑龙江省大面积推广种植,特别是推广水稻旱育稀植以后,该品种成为黑龙江省的主栽品种。作为骨干亲本合江20衍生的品种包括松粳3号、合江21、合江23、黑粳5号、吉粳62等。

桂花黄是我国中、晚粳稻育种的一个主要亲源品种,原名Balilla(译名巴利拉、伯利拉、倍粒稻),1960年从意大利引进。桂花黄为1964年江苏省苏州地区农业科学研究所从Balilla变异单株中选育而成,亦名苏粳1号。桂花黄株高90cm左右,全生育期120～130d,对短日照反应中等偏弱,分蘖力弱,穗大,着粒紧密,半直立,千粒重26～27g,一般单产5 000～6 000kg/hm²。桂花黄的显著特点是配合力好,能较好地与各类粳稻配组。据统计,40年来（1965—2004年）桂花黄共衍生了97个品种,种植面积较大的品种有南粳32、矮粳23、秀水115、徐稻2号、浙粳66、双糯4号、临稻10号等。

农垦58是我国最重要的晚粳稻骨干亲本之一。农垦58又名世界一（经考证应该为Sekai系列中的1个品系）,1957年农垦部引自日本,全生育期单季晚稻160～165d,连作晚稻135d,株高约110cm,分蘖早而多,株型紧凑,感光,对短日照反应敏感,后期耐寒,抗稻瘟病,适应性广,千粒重26～27g,米质优,作单季晚稻单产一般6 000～6 750kg/hm²。该品种20世纪60～80年代在长江流域稻区广泛种植,1975年种植面积达到345万hm²,1960—1987年累计种植面积超过1 100万hm²。50年来（1960—2010年）以农垦58为亲本衍生的品种超过506个,其中直接经系统选育而成的品种59个。具有农垦58血缘并大面积种植的品种有:鄂宜105、农虎6号、辐农709、农红73、秀水04、秀水11、秀水63、宁67、武运粳7号、武育粳3号、宁粳1号、甬粳18、徐稻3号等。从农垦58田间发现并命名的农垦58S,成为我国两系杂交稻光温敏核不育系的主要亲本之一,并衍生了多个光温敏核不育系如培矮64S等,配组了大量两系杂交稻如两优培九、两优培特、培两优288、培两优986、培两优特青、培杂山青、培杂双七、培杂泰丰、培杂茂三等。

农虎6号是我国著名的晚粳品种和育种骨干亲本,由浙江省嘉兴市农业科学研究所于1965年用农垦58与老虎稻杂交育成,具有高产、耐肥、抗倒伏、感光性较强的特点,仅1974年在浙江、江苏、上海的种植面积就达到72.2万hm²。以农虎6号为亲本衍生的品种超过332个,包括大面积种植的秀水04、秀水63、祥湖84、武香粳14、辐农709、武运粳7号、宁粳1号、甬粳18等。

武育粳3号是江苏省武进稻麦育种场以中丹1号分别与79-51和扬粳1号的杂交后代经复交育成。全生育期150d左右,株高95cm,株型紧凑,叶片挺拔,分蘖力较强,抗倒伏性中等，单产大约8 700kg/hm²，适宜沿江和沿海南部、丘陵稻区中等或中等偏上肥力条件下种植。1992—2008年累计推广面积549万hm²，1997年最大推广面积达到52.7万hm²。以武育粳3号为亲本，衍生了一批中粳新品种，如淮稻5号、镇稻99、香粳111、淮稻8号、盐稻8号、盐稻9号、扬粳9538、淮稻6号、南粳40、武运粳11、扬粳687、扬粳糯1号、广陵香粳、华粳2号、阳光200等。

测21是浙江省嘉兴市农业科学研究所用日本种质灵峰（丰沃/绫锦）为母本，与本地晚粳中间材料虎蕾选（金蕾440/农虎6号）为父本杂交育成。测21半矮生，叶姿挺拔，分蘖中等，株型挺，生育后期根系活力旺盛，成熟时穗弯于剑叶之下，米质优，配合力好。测21在浙江、江苏、上海、安徽、广西、湖北、河北、河南、贵州、天津、吉林、辽宁、新疆等省（自治区、直辖市）衍生并通过审定的常规粳稻新品种254个，包括秀水04、武香粳14、秀水11、宁粳1号、秀水664、武粳15、武运粳8号、秀水63、甬粳18、祥湖84、武香粳9号、武运粳21、宁67、嘉991、矮糯21等。1985—2012年以上衍生品种累计推广种植达2 300万hm²。

秀水04是浙江省嘉兴市农业科学研究所以测21为母本，与辐农70-92/单209为父本杂交于1985年选育而成的中熟晚粳型常规水稻品种。秀水04茎秆矮而硬，耐寒性较强，连晚栽培株高80cm，单季稻95～100cm，叶片短而挺，分蘖力强，成穗率高，有效穗多。穗颈粗硬，着粒密，结实率高，千粒重26g，米质优，产量高，适宜在浙江北部、上海、江苏南部种植，1985—1994年累计推广面积180万hm²。以秀水04为亲本衍生的品种超过130个，包括武香粳14、秀水122、祥湖84、武香粳9号、武运粳21、宁67、武粳13、甬优6号、秀水17、太湖粳2号、宁粳3号、皖稻26等。

西南175是西南农业科学研究所从台湾粳稻农家品种中经系统选择于1955年育成的中粳品种，产量较高，耐逆性强，在云贵高原持续种植了50多年。西南175不但是云贵地区的主要当家品种，而且是西南稻区中粳育种的主要亲本之一。

三、杂交水稻不育系

杂交水稻的不育系均由我国创新育成，包括野败型、矮败型、冈型、印水型、红莲型等三系不育系，以及两系杂交水稻的光敏和温敏不育系。最重要的杂交稻核心不育系有21个，衍生的不育系超过160个，配组的大面积种植（年种植面积>6 667hm²）的品种数超过1 300个。配组杂交稻品种最多的不育系是：珍汕97A、Ⅱ-32A、V20A、冈46A、龙特甫A、博A、协青早A、金23A、中9A、天丰A、谷丰A、农垦58S、培矮64S和Y58S等（表1-8）。

表1-8　杂交水稻核心不育系及其衍生的品种（截至2014年）

不育系	类型	衍生的不育系数	配组的品种数	代表品种
珍汕97A	野败籼型	>36	>231	油优2号、油优22、油优3号、油优36、油优36辐、油优4480、油优46、油优559、油优63、油优64、油优647、油优6号、油优70、油优72、油优77、油优78、油优8号、油优多系1号、油优桂30、油优桂32、油优桂33、油优桂34、油优桂99、油优晚3、油优直龙

（续）

不育系	类型	衍生的不育系数	配组的品种数	代 表 品 种
Ⅱ-32A	印水籼型	>5	>237	Ⅱ优084、Ⅱ优128、Ⅱ优162、Ⅱ优46、Ⅱ优501、Ⅱ优58、Ⅱ优602、Ⅱ优63、Ⅱ优718、Ⅱ优725、Ⅱ优7号、Ⅱ优802、Ⅱ优838、Ⅱ优87、Ⅱ优多系1号、Ⅱ优辐819、优航1号、Ⅱ优明86
V20A	野败籼型	>8	>158	威优2号、威优35、威优402、威优46、威优48、威优49、威优6号、威优63、威优64、威优647、威优77、威优98、威优华联2号
冈46A	冈籼型	>1	>85	冈矮1号、冈优12、冈优188、冈优22、冈优151、冈优188、冈优527、冈优725、冈优827、冈优881、冈优多系1号
龙特甫A	野败籼型	>2	>45	特优175、特优18、特优524、特优559、特优63、特优70、特优838、特优898、特优桂99、特优多系1号
博A	野败籼型	>2	>107	博Ⅲ优273、博Ⅱ优15、博优175、博优210、博优253、博优258、博优3550、博优49、博优64、博优803、博优998、博优桂44、博优桂99、博优香1号、博优湛19
协青早A	矮败籼型	>2	>44	协优084、协优10号、协优46、协优49、协优57、协优63、协优64、协优华联2号
金23A	野败籼型	>3	>66	金优117、金优207、金优253、金优402、金优458、金优191、金优63、金优725、金优77、金优928、金优桂99、金优晚3
K17A	K籼型	>2	>39	K优047、K优402、K优5号、K优926、K优1号、K优3号、K优40、K优52、K优817、K优818、K优877、K优88、K优绿36
中9A	印水籼型	>2	>127	中9优288、中优207、中优402、中优974、中优桂99、国稻1号、国丰1号、先农20
D汕A	D籼型	>2	>17	D优49、D优78、D优162、D优361、D优1号、D优64、D汕优63、D优63
天丰A	野败籼型	>2	>18	天优116、天优122、天优1251、天优368、天优372、天优4118、天优428、天优8号、天优998、天优华占
谷丰A	野败籼型	>2	>32	谷优527、谷优航1号、谷优964、谷优航148、谷优明占、谷优3301
丛广41A	红莲籼型	>3	>12	广优4号、广优青、粤优8号、粤优938、红莲优6号
黎明A	滇粳型	>11	>16	黎57、滇杂32、滇杂34
甬粳2A	滇粳型	>1	>11	甬优2号、甬优3号、甬优4号、甬优5号、甬优6号
农垦58S	光温敏	>34	>58	培矮64S、广占63S、广占63-4S、新安S、GD-1S、华201S、SE21S、7001S、261S、N5088S、4008S、HS-3、两优培九、培两优288、培两优特青、丰两优1号、扬两优6号、新两优6号、粤杂122、华两优103
培矮64S	光温敏	>3	>69	培两优210、两优培九、两优培特、培两优288、培两优3076、培两优981、培两优986、培两优特青、培杂山青、培杂双七、培杂桂99、培杂67、培杂泰丰、培杂茂三
安农S-1	光温敏	>18	>47	安两优25、安两优318、安两优402、安两优青占、八两优100、八两优96、田两优402、田两优4号、田两优66、田两优9号
Y58S	光温敏	>7	>120	Y两优1号、Y两优2号、Y两优6号、Y两优9981、Y两优7号、Y两优900、深两优5814
株1S	光温敏	>20	>60	株两优02、株两优08、株两优09、株两优176、株两优30、株两优58、株两优81、株两优839、株两优99

　　珍汕97A属野败胞质不育系，是江西省萍乡市农业科学研究所以海南普通野生稻的野败材料为母本，以迟熟早籼品种珍汕97为父本杂交并连续回交于1973年育成。该不育系配合力强，是我国使用范围最广、应用面积最大、时间最长、衍生品种最多的不育系。与不同恢复系配组，育成多种熟期类型的杂交水稻供华南早稻、华南晚稻、长江流域的双季早稻和双季晚稻及一季中稻利用。以珍汕97A为母本直接配组的年种植面积超过6 667hm^{2}的杂交水稻品种有92个，30年来（1978—2007年）累计推广面积13 372万hm^2。

　　V20A属野败胞质不育系，是湖南省贺家山原种场以野败/6044//71-72后代的不育株为母本，以早籼品种V20为父本杂交并连续回交于1973年育成。V20A一般配合力强，异交结实率高，配组的品种主要作双季晚稻使用，也可用作双季早稻。V20A是全国主要的不育系之一，配组的威优6号、威优63、威优64等系列品种在20世纪80～90年代曾经大面积种植，其中威优6号在1981—1992年的累计种植面积达到822万hm^2。

　　Ⅱ-32A属印水胞质不育系。为湖南杂交水稻研究中心从印尼水田谷6号中发现的不育株，其恢保关系与野败相同，遗传特性也属于孢子体不育。Ⅱ-32A是用珍汕97B与IR665杂交育成定型株系后，再与印水珍鼎（糯）A杂交、回交转育而成。全生育期130d，开花习性好，异交结实率高，一般制种产量可达3 000～4 500kg/hm^2，是我国主要三系不育系之一。Ⅱ-32A衍生了优ⅠA、振丰A、中9A、45A、渝5A等不育系，与多个恢复系配组的品种，包括Ⅱ优084、Ⅱ优46、Ⅱ优501、Ⅱ优63、Ⅱ优838、Ⅱ优多系1号、Ⅱ优辐819、Ⅱ优明86等，在我国南方稻区大面积种植。

　　冈型不育系是四川农学院水稻研究室以西非晚籼冈比亚卡（Gambiaka Kokum）为母本，与矮脚南特杂交，利用其后代分离的不育株杂交转育的一批不育系，其恢保关系、雄性不育的遗传特性与野败基本相似，但可恢复性比野败好，从而发现并命名为冈型细胞质不育系。冈46A是四川农业大学水稻研究所以冈二九矮7号A为母本，用"二九矮7号/V41//V20/雅矮早"的后代为父本杂交、回交转育成的冈型早籼不育系。冈46A在成都地区春播，播种至抽穗历期75d左右，株高75～80cm，叶片宽大，叶色淡绿，分蘖力中等偏弱，株型紧凑，生长繁茂。冈46A配合力强，与多个恢复系配组的74个品种在我国南方稻区大面积种植，其中冈优22、冈优12、冈优527、冈优151、冈优多系1号、冈优725、冈优188等曾是我国南方稻区的主推品种。

　　中9A是中国水稻研究所1992年以优ⅠA为母本，优ⅠB/L301B//菲改B的后代作父本，杂交、回交转育成的早籼不育系，属印尼水田谷6号质源型，2000年5月获得农业部新品种权保护。中9A株高约65cm，播种至抽穗60d左右，育性稳定，不育株率100%，感温，异交结实率高，配合力好，可配组早籼、中籼及晚籼3种栽培型杂交水稻，适用于所有籼型杂交稻种植区。以中9A配组的杂交品种产量高，米质好，抗白叶枯病，是我国当前较抗白叶枯病的不育系，与抗稻瘟病的恢复系配组，可育成双抗的杂交稻品种。配组的国稻1号、国丰1号、中优177、中优448、中优208等49个品种广泛应用于生产。

　　谷丰A是福建省农业科学院水稻研究所以地谷A为母本，以[龙特甫B/宙伊B（V41B/汕优菲一//IRs48B）]F$_4$作回交父本，经连续多代回交于2000年转育而成的野败型三系不育系。谷丰A株高85cm左右，不育性稳定，不育株率100%，花粉败育以典败为主，异交特性好，较抗稻瘟病，适宜配组中、晚籼类型杂交品种。谷优系列品种已在中国南方稻区大面积推广应用，成为稻瘟病重发区杂交水稻安全生产的重要支撑。利用谷丰 A 配组育成了谷优 527、谷优 964、谷优 5138 等 32 个品种通过省级以上农作物品种审定委员会审（认）定，其中 4 个品种通过国家农作物品种审定委员会审定。

甬粳 2A 是滇粳型不育系，是浙江省宁波市农业科学院以宁 67A 为母本，以甬粳 2 号为父本进行杂交，以甬粳 2 号为父本进行连续回交转育而成。甬粳 2A 株高 90cm 左右，感光性强，株型下紧上松，须根发达，分蘖力强，茎韧秆壮，剑叶挺直，中抗白叶枯病、稻瘟病、细菌性条纹病，耐肥，抗倒伏性好。采用粳不／籼恢三系法途径，甬粳 2A 配组育成了甬优 2号、甬优 4 号、甬优 6 号等优质高产籼粳杂交稻。其中，甬优 6 号（甬粳 2A/K4806）2006 年在浙江省鄞州取得单季稻 12 510kg/hm² 的高产，甬优 12（甬粳 2A/F5032）在 2011 年洞桥"单季百亩示范方"取得 13 825kg/hm² 的高产。

培矮 64S 是籼型温敏核不育系，由湖南杂交水稻研究中心以农垦 58S 为母本，籼爪型品种培矮 64（培迪／矮黄米//测 64）为父本，通过杂交和回交选育而成。培矮 64S 株高 65 ~ 70cm，分蘖力强，亲和谱广，配合力强，不育起点温度在 13h 光照条件下为 23.5℃ 左右，海南短日照（12h）条件下不育起点温度超过 24℃。目前已配组两优培九、两优培特、培两优 288 等 30 多个通过省级以上农作物品种审定委员会审定并大面积推广的两系杂交稻品种，是我国应用面积最大的两系核不育系。

安农 S-1 是湖南省安江农业学校从早籼品系超 40/H285//6209-3 群体中选育的温敏型两用核不育系。由于控制育性的遗传相对简单，用该不育系作不育基因供体，选育了一批实用的两用核不育系如香 125S、安湘 S、田丰 S、田丰 S-2、安农 810S、准 S360S 等，配组的安两优 25、安两优 318、安两优 402、安两优青占等品种在南方稻区广泛种植。

Y58S（安农 S-1/常菲 22B//安农 S-1/Lemont///培矮 64S）是光温敏不育系，实现了有利多基因累加，具有优质、高光效、抗病、抗逆、优良株叶形态和高配合力等优良性状。Y58S 目前已选配 Y 两优系列强优势品种 120 多个，其中已通过国家、省级农作物品种审定委员会审（认）定的有 45 个。这些品种以广适性、优质、多抗、超高产等显著特性迅速在生产上大面积推广，代表性品种有 Y 两优 1 号、Y 两优 2 号、Y 两优 9981 等，2007—2015 年累计推广面积已超过 310 万 hm²。2013 年，在湖南隆回县，超级杂交水稻 Y 两优 900 获得 14 821kg/hm² 的高产。

四、杂交水稻恢复系

我国极大部分强恢复系或强恢复源来自国外，包括 IR24、IR26、IR30、密阳 46 等，它们均含有我国台湾省地方品种低脚乌尖的血缘（*sd1* 矮秆基因）。20 世纪 70 ~ 80 年代，IR24、IR26、IR30、IR36、IR58 直接作恢复系利用，随着明恢 63（IR30/圭 630）的育成，我国的杂交稻恢复系走上了自主创新的道路，育成的恢复系其遗传背景呈现多元化。目前，主要的已广泛应用的核心恢复系 17 个，它们衍生的恢复系超过 510 个，配组的种植面积较大（年种植面积＞ 6 667hm²）的杂交品种数超过 1 200 个（表 1-9）。配组品种较多的恢复系有：明恢 63、明恢 86、IR24、IR26、多系 1 号、测 64-7、蜀恢 527、辐恢 838、桂 99、CDR22、密阳 46、广恢 3550、C57 等。

表1-9 我国主要的骨干恢复系及配组的杂交稻品种（截至2014年）

骨干亲本名称	类型	衍生的恢复系数	配组的杂交品种数	代 表 品 种
明恢63	籼型	>127	>325	D优63、Ⅱ优63、博优63、冈优12、金优63、马协优63、全优63、汕优63、特优63、威优63、协优63、优Ⅰ63、新香优63、八两优63
IR24	籼型	>31	>85	矮优2号、南优2号、汕优2号、四优2号、威优2号
多系1号	籼型	>56	>78	D优68、D优多系1号、Ⅱ优多系1号、K优5号、冈优多系1号、汕优多系1号、特优多系1号、优Ⅰ多系1号
辐恢838	籼型	>50	>69	辐优803、B优838、Ⅱ优838、长优838、川香838、辐优838、绵5优838、特优838、中优838、绵两优838、天优838
蜀恢527	籼型	>21	>45	D奇宝优527、D优13、D优527、Ⅱ优527、辐优527、冈优527、红优527、金优527、绵5优527、协优527
测64-7	籼型	>31	>43	博优49、威优49、协优49、汕优49、D优64、汕优64、威优64、博优64、常优64、协优64、优Ⅰ64、枝优64
密阳46	籼型	>23	>29	汕优46、D优46、Ⅱ优46、Ⅰ优46、金优46、汕优10、威优46、协优46、优I46
明恢86	籼型	>44	>76	Ⅱ优明86、华优86、两优2186、汕优明86、特优明86、福优86、D297优86、T优8086、Y两优86
明恢77	籼型	>24	>48	汕优77、威优77、金优77、优Ⅰ77、协优77、特优77、福优77、新香优77、K优877、K优77
CDR22	籼型	24	34	汕优22、冈优22、冈优3551、冈优363、绵5优3551、宜香3551、冈优1313、D优363、Ⅱ优936
桂99	籼型	>20	>17	汕优桂99、金优桂99、中优桂99、特优桂99、博优桂99（博优903）、华优桂99、秋优桂99、枝优桂99、美优桂99、优Ⅰ桂99、培两优桂99
广恢3550	籼型	>8	>21	Ⅱ优3550、博优3550、汕优3550、汕优桂3550、特优3550、天丰优3550、威优3550、协优3550、优优3550、枝优3550
IR26	籼型	>3	>17	南优6号、汕优6号、四优6号、威优6号、威优辐26
扬稻6号	籼型	>1	>11	红莲优6号、两优培九、扬两优6号、粤优938
C57	粳型	>20	>39	黎优57、丹粳1号、辽优3225、9优418、辽优5218、辽优5号、辽优3418、辽优4418、辽优1518、辽优3015、辽优1052、泗优422、皖稻22、皖稻70
皖恢9号	粳型	>1	>11	70优9号、培两优1025、双优3402、80优98、Ⅲ优98、80优9号、80优121、六优121

明恢63是我国最重要的育成恢复系，由福建省三明市农业科学研究所以IR30/圭630于1980年育成。圭630是从圭亚那引进的常规水稻品种，IR30来自国际水稻研究所，含有IR24、IR8的血缘。明恢63衍生了大量恢复系，其衍生的恢复系占我国选育恢复系的65%～70%，衍生的主要恢复系有CDR22、辐恢838、明恢77、多系1号、广恢128、恩恢58、明恢86、绵恢725、盐恢559、镇恢084、晚3等。明恢63配组育成了大量优良的杂交稻品种，包括汕优63、D优63、协优63、冈优12、特优63、金优63、汕优桂33、汕优多系1号等，这些杂交稻品种在我国稻区广泛种植，对水稻生产贡献巨大。直接以明恢63为恢复系配组的年种植面积超过6 667hm²的杂交水稻品种29个，其中，汕优63（珍汕97A/

明恢63）1990年种植面积681万hm²，累计推广面积（1983—2009年）6 289万hm²；D优63（D珍汕97A/明恢63）1990年种植面积111万hm²，累计推广面积（1983—2001年）637万hm²。

密阳46（Miyang 46）原产韩国，20世纪80年代引自国际水稻研究所，其亲本为统一/IR24//IR1317/IR24，含有台中本地1号、IR8、IR24、IR1317（振兴/IR262//IR262/IR24）及韩国品种统一（IR8//蜻/台中本地1号）的血缘。全生育期110d左右，株高80cm左右，株型紧凑，茎秆细韧、挺直，结实率85%～90%，千粒重24g，抗稻瘟病力强，配合力强，是我国主要的恢复系之一。密阳46衍生的主要恢复系有蜀恢6326、蜀恢881、蜀恢202、蜀恢162、恩恢58、恩恢325、恩恢995、恩恢69、浙恢7954、浙恢203、Y111、R644、凯恢608、浙恢208等；配组的油优46(原名油优10号)、协优46、威优46等是我国南方稻区中、晚稻的主栽品种。

IR24，其姐妹系为IR661，均引自国际水稻研究所（IRRI），其亲本为IR8/IR127。IR24是我国第一代恢复系，衍生的重要恢复系有广恢3550、广恢4480、广恢290、广恢128、广恢998、广恢372、广恢122、广恢308等；配组的矮优2号、南优2号、汕优2号、四优2号、威优2号等是我国20世纪70～80年代杂交中晚稻的主栽品种，IR24还是人工制恢的骨干亲本之一。

测64是湖南省安江农业学校从IR9761-19中系选测交选出。测64衍生出的恢复系有测64-49、测64-8、广恢4480（广恢3550/测64）、广恢128（七桂早25/测64）、广恢96（测64/518）、广恢452（七桂早25/测64//早特青）、广恢368（台中籼育10号/广恢452）、明恢77（明恢63/测64）、明恢07（泰宁本地/圭630//测64///777/CY85-43）、冈恢12（测64-7/明恢63）、冈恢152（测64-7/测64-48）等。与多个不育系配组的D优64、汕优64、威优64、博优64、常优64、协优64、优I64、枝优64等是我国20世纪80～90年代杂交稻的主栽品种。

CDR22（IR50/明恢63）系四川省农业科学院作物研究所育成的中籼迟熟恢复系。CDR22株高100cm左右，在四川成都春播，播种至抽穗历期110d左右，主茎总叶片数16～17叶，穗大粒多，千粒重29.8g，抗稻瘟病，且配合力高，花粉量大，花期长，制种产量高。CDR22衍生出了宜恢3551、宜恢1313、福恢936、蜀恢363等恢复系24个；配组的汕优22和冈优22强优势品种在生产中大面积推广。

辐恢838是四川省原子能应用技术研究所以226（糯）/明恢63辐射诱变株系r552育成的中籼中熟恢复系。辐恢838株高100～110cm，全生育期127～132d，茎秆粗壮，叶色青绿，剑叶硬立，叶鞘、节间和稃尖无色，配合力高，恢复力强。由辐恢838衍生出了辐恢838选、成恢157、冈恢38、绵恢3724等新恢复系50多个；用辐恢838配组的Ⅱ优838、辐优838、川香9838、天优838等20余个杂交品种在我国南方稻区广泛应用，其中Ⅱ优838是我国南方稻区中稻的主栽品种之一。

多系1号是四川省内江市农业科学研究所以明恢63为母本，Tetep为父本杂交，并用明恢63连续回交育成，同时育成的还有内恢99-14和内恢99-4。多系1号在四川内江春播，播种至抽穗历期110d左右，株高100cm左右，穗大粒多，千粒重28g，高抗稻瘟病，且配合力高，花粉量大，花期长，利于制种。由多系1号衍生出内恢182、绵恢2009、绵恢2040、明恢1273、明恢2155、联合2号、常恢117、泉恢131、亚恢671、亚恢627、航148、晚R-1、中恢8006、宜恢2308、宜恢2292等56个恢复系。多系1号先后配组育成了汕优多系1号、Ⅱ优多系1号、冈优多系1号、D优多系1号、D优68、K优5号、特优多系1号等品种，在我国南方稻区广泛作中稻栽培。

明恢77是福建省三明市农业科学研究所以明恢63为母本，测64作父本杂交，经多代选择于1988年育成的籼型早熟恢复系。到2010年，全国以明恢77为父本配组育成了11个组合通过省级以上农作物品种审定委员会审定，其中3个品种通过国家农作物品种审定委员会审定，从1991—2010年，用明恢77直接配组的品种累计推广面积达744.67万 hm^2。到2010年，全国各育种单位利用明恢77作为骨干亲本选育的新恢复系有R2067、先恢9898、早恢9059、R7、蜀恢361等24个，这些新恢复系配组了34个品种通过省级以上农作物品种审定委员会审定。

明恢86是福建省三明市农业科学研究所以P18（IR54/明恢63//IR60/圭630）为母本，明恢75（粳187/IR30//明恢63）作父本杂交，经多代选择于1993年育成的中籼迟熟恢复系。到2010年，全国以明恢86为父本配组育成了11个品种通过省级以上农作物品种审定委员会品种审定，其中3个品种通过国家农作物品种审定委员会审定。从1997—2010年，用明恢86配组的所有品种累计推广面积达221.13万 hm^2。到2011年止，全国各育种单位以明恢86为亲本选育的新恢复系有航1号、航2号、明恢1273、福恢673、明恢1259等44个，这些新恢复系配组了65个品种通过省级以上农作物品种审定委员会审定。

C57是辽宁省农业科学院利用"籼粳架桥"技术，通过籼（国际水稻研究所具有恢复基因的品种IR8）/籼粳中间材料（福建省具有籼稻血统的粳稻科情3号）//粳（从日本引进的粳稻品种京引35），从中筛选出的具有1/4籼核成分的粳稻恢复系。C57及其衍生恢复系的育成和应用推动了我国杂交粳稻的发展，据不完全统计，约有60%以上的粳稻恢复系具有C57的血缘，如皖恢9号、轮回422、C52、C418、C4115、徐恢201、MR19、陆恢3号等。C57是我国第一个大面积应用的杂交粳稻品种黎优57的父本。

参考文献

陈温福，徐正进，张龙步，等，2002.水稻超高产育种研究进展与前景[J].中国工程科学，4(1): 31-35.

程式华，曹立勇，庄杰云，等，2009.关于超级稻品种培育的资源和基因利用问题[J].中国水稻科学，23(3): 223-228.

程式华，2010.中国超级稻育种[M].北京:科学出版社: 493.

方福平，2009.中国水稻生产发展问题研究[M].北京:中国农业出版社: 19-41.

韩龙植，曹桂兰，2005.中国稻种资源收集、保存和更新现状[J].植物遗传资源学报，6(3): 359-364.

林世成，闵绍楷，1991.中国水稻品种及其系谱[M].上海:上海科学技术出版社: 411.

马良勇，李西民，2007.常规水稻育种[M]//程式华，李健.现代中国水稻.北京:金盾出版社: 179-202.

闵捷，朱智伟，章林平，等，2014.中国超级杂交稻组合的稻米品质分析[J].中国水稻科学，28(2): 212-216.

庞汉华，2000.中国野生稻资源考察、鉴定和保存概况[J].植物遗传资源科学，1(4): 52-56.

汤圣祥，王秀东，刘旭，2012.中国常规水稻品种的更替趋势和核心骨干亲本研究[J].中国农业科学，5(8): 1455-1464.

万建民，2010.中国水稻遗传种与品种系谱[M].北京:中国农业出版社: 742.

魏兴华, 汤圣祥, 余汉勇, 等, 2010. 中国水稻国外引种概况及效益分析[J]. 中国水稻科学, 24(1): 5-11.

魏兴华, 汤圣祥, 2011. 中国常规稻品种图志[M]. 杭州: 浙江科学技术出版社: 418.

谢华安, 2005. 汕优63选育理论与实践[M]. 北京: 中国农业出版社: 386.

杨庆文, 陈大洲, 2004. 中国野生稻研究与利用[M]. 北京: 气象出版社.

杨庆文, 黄娟, 2013. 中国普通野生稻遗传多样性研究进展[J]. 作物学报, 39(4): 580-588.

袁隆平, 2008. 超级杂交水稻育种进展[J]. 中国稻米(1): 1-3.

Khush G S, Virk P S, 2005. IR varieties and their impact[M]. IRRI, Malina, Philippines, 163.

Tang S X, Ding L, Bonjean A P A, 2010. Rice production and genetic improvement in China[M]//Zhong H, Bonjean Alain A P A, ed. Cereals in China. Mexico: CIMMYT.

Yuan L P, 2014. Development of hybrid rice to ensure food security[J]. Rice Science, 21(1): 1-2.

第二章
福建和台湾稻作区划与品种改良概述

第一节　福建稻作区划

福建省位于中国大陆东南部、东海之滨，介于北纬23°33′～28°20′、东经115°50′～120°40′之间。各地年平均气温14.7～21.0℃，闽东14.7～19.3℃，闽中18.0～21.0℃，闽南19.5～21.0℃，闽北17.0～19.0℃，闽西18.7～21.0℃。气候区域差异较大，闽东南沿海地区属南亚热带气候，闽东北、闽北和闽西属中亚热带气候，各气候带内水热条件的垂直差异也较明显。年降水量1 400～2 000mm，是中国雨量最丰富的省份之一。

福建的地理特点是依山傍海，90%陆地面积为丘陵，素称"八山一水一分田"。地形复杂，立体气候明显，在同一纬度不同海拔高度可种植不同气候带的作物，农时季节不仅南北差异大，垂直差异也十分明显。生态多样性形成了福建繁多的稻作类型，按播种期与生育期分，有早稻、中稻和晚稻；按栽培方式分，有直播、育秧移栽和再生稻；按栽培品种分，有常规稻品种和杂交稻品种；按耕作制度分，有单季稻和双季稻。

根据福建省自然条件、社会经济条件、生产技术水平等基本特点，参考《福建省稻作研究与实践》（中国农业科学技术出版社，2007）和《福建省粮食作物种植区划》（福建省农业厅，1989），以水稻耕作制度的特点为主要依据，兼顾双季稻生长≥10℃的活动积温为热量指标，一般早稻品种从播种到成熟需要的温度在10～20℃的积温2 500～2 700℃，晚稻从插秧到齐穗需要的温度在10～20℃的积温1 500～1 700℃，安全保证率80%。从大致相同的角度，概括地将全省划分5个水稻种植区。即闽南南亚热带双季稻区，闽东中亚热带双季稻区，闽东北单季稻区，闽西北中亚热带单、双季稻区，闽西南双季稻区。

一、闽南南亚热带双季稻区

闽南南亚热带双季稻区包括福州市（福清市、平潭市）、莆田市（仙游县、莆田郊区）、泉州市（晋江市、南安市、惠安县、安溪县、永春县、泉州郊区）、漳州市（龙海市、漳浦县、云霄县、诏安县、东山县、长泰县、南靖县、平和县、华安县、漳州郊区）、厦门市（同安区、厦门郊区）等。本区属南亚热带农业气候，年平均气温20～21℃，无霜期310d以上，年日照2 000～2 300h，年降水量1 300～1 400mm，≥10℃的积温6 500℃以上，其中在10～20℃的积温5 500℃以上，11～12月份≤0℃平均出现日数≤3d。光温资源丰富，温雨同季，适宜喜温喜湿的水稻生长。

本区水田的灌溉条件较好，有兴化、泉州、漳州三大平原，地势平坦，土壤肥沃，渠网密布，灌溉便利。耕地面积47.55万hm²，占全省37.16%，其中水田31.14万hm²，占本区耕地69.49%，占全省30.11%。有效灌溉面积30.52万hm²，占耕地面积64.19%，占本区水田面积98%，旱涝保收田18.24万hm²，占耕地38.36%，占本区水田面积59%。稻作以双季稻为主。本区文化教育发达，交通方便，耕作技术高，经验丰富，是福建省水稻主产区之一，也是粮食高产区。

二、闽东中亚热带双季稻区

闽东中亚热带双季稻区包括福州市（长乐区、闽侯县、连江县、罗源县、永泰县、闽清县、福州郊区）和宁德（福安市、福鼎市、霞浦县、宁德郊区）等。本区属中亚热带农业气候，年平均气温17～20℃，年无霜期260～320d，≥10℃的积温5 500～6 500℃，其中在10～20℃的积温4 500～5 500℃，年日照时数1 600～2 000h，年降水量1 300～1 800mm，11～2月≤0℃平均出现日数为3～8d，光热水资源能满足双三熟制的需要。

本区三面背山，东面临海，境内除福州平原（489km²）外，多为低山丘陵和河流间不规则的平原，河流纵横密布，耕地面积19.08万hm²，占全省14.91%，其中水田14.70万hm²，占全省14.31%，占本区耕地77.60%，农田有效灌溉面积10.20万hm²，占耕地53.46%，占水田面积69%，旱涝保收田面积6.48万hm²，占耕地33.69%，占水田43%。

三、闽东北单季稻区

闽东北单季稻区包括宁德市（古田县、屏南县、寿宁县、周宁县、柘荣县）等。本区鹫峰山脉蜿蜒境内，丘陵山地占土地面积80%以上，海拔高度均在600m左右，寿宁、屏南县城海拔高达800m。≥10℃的积温≤5 500℃，其中在10～20℃的积温≤4 500℃，11月至翌年2月≤0℃平均出现日数>25d，冬季时有下雪，年日照时数1 800h，年降水量1 800mm，最冷月平均气温<5℃，以种植单季稻为主。

本区水资源丰富，耕地7.04万hm²，占全省5.5%，其中水田5.95万hm²，占全省5.75%，占本区耕地84.56%，有效灌溉面积占耕地面积41.61%，旱涝保收田占耕地22.30%。本区粮食作物以单季稻为主，占稻田面积87.4%。1984年粮食作物播种面积占全省4.19%，产量占全省3.71%；其中，水稻播种面积占全省4.26%，产量占全省3.78%；其中单季稻播种面积占全省17.86%，占本区粮食播种面积61.8%，产量占全省16.78%，占本区粮食产量71.16%。

四、闽西北中亚热带单、双季稻区

闽西北中亚热带单、双季稻区包括南平市（延平区、建阳区、顺昌县、浦城县、光泽县、松溪县、政和县、邵武市、武夷山市、建瓯市、南平郊区）、三明市（梅列区、三元区、永安市、沙县、尤溪县、大田县、明溪县、清流县、宁化县、将乐县、泰宁县、建宁县、三明郊区）和泉州市（德化县）等。本区属中亚热带气候，温暖多湿，山区垂直气候十分显著，年平均气温16～20℃，年无霜期180～320d，≥10℃的积温5 500～6 500℃，其中在10～20℃的积温4 500～5 500℃，11月至翌年2月≤0℃平均出现日数8～25d，浦城、崇安有下雪；年降水量1 400～2 000mm，年日照时数1 700～1 900h，温暖而湿润。

本区灌溉条件好，山多山高林密，森林覆盖率高，水资源丰富。耕地面积40.56万hm²，占全省31.69%，其中水田38.59万hm²，占全省37.3%，占本区耕地95.15%，有效灌溉面积27.89万hm²，占耕地68.6%，占本区水田73%，旱涝保收田13.71万hm²，占耕地33.72%。双季稻占稻田面积58.8%，双季稻占水稻播种面积74%，为双单季稻交叉种植区。

五、闽西南双季稻区

闽西南双季稻区包括龙岩市（新罗区、永定区、长汀县、连城县、上杭县、武平县、漳平市、龙岩郊区）等。本区农业气候温暖湿润，年平均气温16～20℃、无霜期260～310d，≥10℃的积温5 000～6 500℃，在10～20℃的积温4 500～5 500℃，年日照时数1 600～2 000h，年降水量1 400～1 800mm，11月至翌年2月≤0℃平均出现日数3～20d，光热资源南部5县比较丰富。

本区山丘面积比较大，丘陵和谷地交错分布，耕地面积13.74万hm²，占全省10.74%，其中水田13.96万hm²，占全省12.53%，占本区耕地94.38%，农田有效灌溉面积占耕地面积64.67%，旱涝保收田面积占耕地39.66%。粮食作物以水稻为主，播种面积22.46万hm²，占全省11.14%，其中水稻播种面积21.15万hm²，占全省13.33%，双季稻播种面积占水稻面积87%，为双季稻种植区。

第二节　台湾稻作区划

台湾是中国第一大岛，世界第38大岛屿，位于北纬21°45′～25°56′，东经119°18′～124°34′，南北长395km，东西最宽处144km，总面积3.6万km²。北回归线穿过台湾中南部的嘉义、花莲等地，将台湾南北划为两个气候区，中部及北部属亚热带季风气候，南部属热带季风气候。平原多分布在西部面向福建一侧，面积占全岛的1/3，共分台南、屏北、宜兰和花莲四大片。全年平均温度在22℃左右，平原地区长夏无冬。气候温和、霜雪期绝少，全年都是生长期，雨量充沛，河渠纵横，有利于灌溉，宜于稻作。年降水量1 500～3 000mm，6月至9月是台风季，台风提供丰沛的水分，但降雨空间和时间分布不均，易引发洪水与泥石流等灾害。

台湾有24%的土地适于耕种，农业生产效率高，盛产稻米，一年有二至三熟，米质好，产量高，种植面积和产量均占农业生产的首位，但自20世纪80年代起面积和产量呈下降趋势。1981年稻作面积为66.8万hm²，产量（糙米）为237.5万t，每人每年稻米消费量为99.7kg。至2012年稻作面积减为26.0万hm²，产量（糙米）下降至136.8万t，每人每年稻米消费量亦大幅降低为45.6kg，不足1981年的一半。由于台湾水稻新品种的育成及栽培技术改进，水稻单位面积产量成倍增加，比较2012年与1946年之平均单位面积产量（糙米），增加3.3倍。2011年水稻单位产量为5 301kg/hm²。另外，大幅增加的是稻田休耕面积，高达20.0万hm²。

根据台湾各县市稻作分布的空间地理资料及稻作插秧的时间地理资料，参考《MODIS间序列影像应用于稻米之判释》（2009），台湾稻作种植形态分为二期稻作和一期稻作。二期稻作在一年中收成2次，二期稻作第一次插秧自上一年11月中旬起，至当年8月中旬收获完毕。稻作第二次插秧自当年6月上旬起，至12月中旬收获完毕。台湾于1984年开始推动稻田转作休耕制度，以政策性方式变更二期稻作为一期稻作。一期稻作休耕期复杂的种植形态，时序变化和其他自然植物时序变化相似，并非如二期稻作在时序变化中有完整的周期性。台湾二期稻作主要分布在16个县、市，包括桃园县、新竹县、苗栗县、台中县、彰化县、南投县、云林县、嘉义县、台南县、台东县、花莲县、嘉义市、台中市、新竹市、高雄县、屏东县。台湾一期稻作主要分布在19个县、市，包括桃园县、新竹县、苗栗县、台中县、彰化县、南投县、云林县、嘉义县、台南县、台东县、花莲县、嘉义市、台中市、高雄县、屏东县、宜兰县、台南市、高雄市、台北县。

第三节　福建水稻品种改良历程

一、常规稻品种改良

（一）地方稻种的利用和改良

福建地方稻种在20世纪60年代推广矮秆品种以前，对福建水稻生产发挥了重要作用，同时对国际水稻研究所以及南亚、东南亚国家培育水稻品种起了很大作用，其主体亲本是从福建引入的地方菜园种。20世纪30～40年代，着重筛选鉴定省外引进品种及地方品种，同时开展纯系育种，评选出早籼南特号、双季晚籼乌梨等一批优良水稻品种；征集并保存710个地方稻种资源，并进行了品种主要特征特性的评价与整理分类。1948年仙游县农民育种家陆财从南特号突变系后代中发现和育成新品种陆财号，该品种具有耐肥，耐旱，耐涝，适应性广，较抗倒伏等优点，平均产量3.75t/hm²，一度成为华南各省的主推品种，最高年份1965年在福建省种植达15.93万hm²，全国种植在66.67万hm²以上。

1950—1952年，以征集优良地方品种，引进省外良种进行品种比较鉴定和省内水稻良种区域试验为主，同时结合进行系统选种和杂交育种工作。育成了黑穗青尖、凤湖青尖、早籼7号、早籼9号、早籼13、早籼5号、早籼12、梨利种、杂交38、福粳1号等一批水稻新品种应用于生产。此外，评选出一些地方品种在生产上推广，主推品种有：双季早籼半天子、广东早、南特号；单季早籼小南粘、胜利籼、万利籼、中农43、中籼399；双季晚籼乌梨、乌壳尖、九担倒；早粳三冬早、农林16、卫国等。1956—1957年，征集整理水稻地方品种3 917份材料。

（二）矮化育种

20世纪50年代后期至70年代初期，由于生产上使用的多是高秆易倒品种，严重制约单产的提高，同时受到国内外育种趋势的影响，50年代后期，以降低株高、增加种植密度和增强抗倒伏性和耐肥力，从而提高单产水平为主要育种目标的矮化育种在全省蓬勃开展。先后育成福矮早20、福矮早42、卷叶白等品种。高产良种红410，一般产量6 000～6 750kg/hm²，龙海县榜山公社曾创单产超越9.0t/hm²的最高纪录，1980年最大推广面积达28.30万hm²以上，1983—1989年累计推广面积为129.17万hm²。

（三）抗稻瘟病育种

20世纪70～80年代，主要进行高产抗病新品种选育，育成溪选4号、长早1号、光大白、闽晚6号、珍木85和爱红1号等品种。1981年和1982年，福建省闽西北稻瘟病大流行，78130、77-175、红云33和科辐红2号等品种表现较抗稻瘟病等特点，在大面积生产中起了积极作用，保证了粮食的持续增产。其中较抗稻瘟病品种78130抗稻瘟病小种率达40%，抗菌株率达72.5%，显示出较抗强势生理小种的能力，同时兼抗白叶枯病，1984—2003年该品种累计推广超过118.53万hm^2。

（四）高产、优质、抗病常规稻育种

20世纪80年代以来，主要研究高产、优质、抗病新品种，通过籼粳交创造增产潜力更大的新品种。1984年起，进行了籼粳高产育种研究，育成满仓515、世纪137、闽科早1号、籼128、闽科早22、47-104、闽科早55等高产新品种通过福建省农作物品种审定委员会审定，初步达到选育高产品种的目标，这些品种1987—2007年在省内外累计推广面积167万hm^{2}以上。同时育成糯稻品种闽糯706、闽糯580和谷秆两用稻东南201等。

福建由于地少人多，病害流行，一度把高产、抗病作为水稻的主要育种目标，而对有计划地选育优质稻起步较晚。随着人们生活水平的不断提高，物质条件的不断改善，人们对稻米的需求从温饱转向品质，城市居民对稻米要求是品质，农村居民对水稻要求是效益，因而对优质稻品种的需求日益显著。由此，福建省逐渐选育成一批优质常规稻品种，如用珍木85和四优2号杂交选育出珍优1号，利用花粉辐射等人工诱变手段，选育出佳禾7号、佳禾早占等。1997年评出厦门大学生命科学院选育的佳禾早占优质稻，2003—2007年累计推广面积达25.13万hm^2，1998年评选出南厦060优质稻，2002—2007年累计推广面积达1.4万hm^2。佳辐占糙米率、胶稠度、蛋白质含量等10项达到部颁一级优质米标准，直链淀粉含量1项达到部颁二级优质米标准；佳禾早占早稻的稻米品质基本符合部颁二级优质食用米标准，佳禾早占晚稻的稻米品质完全符合一级优质食用米标准。

二、杂交稻品种改良

（一）三系杂交稻选育

福建省杂交水稻研究始于20世纪60年代末，1971年组建"福建省水稻雄性不育与杂种优势利用研究协作组"，1975育成V41A，具有育性稳定、配合力强、异交率高、米质优等优良特性，特别是异交率高，是当时国内四大不育系之一。1974—1976年用V41A测交了1 741个品种，确定IR24、IR661、IR26、印尼矮禾为强恢复系，它们与V41A配成组合四优2号、四优3号、四优6号、闽优3号。这批品种表现杂种优势强、米质优、适应性广、制种产量高，成为福建省的杂交水稻先锋品种。其中四优2号制种产量高，是当时福建省最主要的推广品种，1978年在福建省推广面积20.00万hm^2。四优6号曾有偿转让给美国圆环公司。

1981年谢华安等育成优良恢复系明恢63，具有抗稻瘟病好、恢复性强、米质优、制种产量高等优点。它是用地理远缘的水稻品种IR30与圭630杂交，通过多年、多点、多代、大群体的逆境胁迫选择，实现了双亲优异基因的聚合。明恢63的利用改变了当时局限于引用IRRI品种作为杂交水稻恢复系的局面，对我国杂交水稻的更新换代起到里程碑的作用。它是我国创制的第一个取得突出成效的优良恢复系，所配组的杂交稻品种应用范围最广、应用持续时间最长、推广面积最大的恢复系。据统计，1984—2010年直接以明恢63为父本配组并通过国家和省级农作物品种审定委员会审定的杂交稻品种达34个，这些品种累计推广面积达8 414.4万hm^2。明恢63是广适强优势优异种质。到2010年，全国以明恢63亲本培育的恢复系达543个，利用这些恢复系配组并通过省级以上农作物品种审定委员会审定的品种达922个，其中167个品种通过国家农作物品种审定委员会审定，从1990—2010年，这

些品种累计推广面积达 8 101.3 万 hm²。明恢 63 聚合了大量的有利基因，是水稻分子生物学、遗传学和分子育种研究的优异材料。

福建省利用水稻航天育种在新品种培育及产业化等方面取得一系列重大突破。利用航天诱变育种选育的航 1 号、航 2 号两个恢复系配组的特优航 1 号、Ⅱ优航 1 号、特优航 2 号、两优航 2 号等新品种通过省级或国家农作物品种审定委员会审定。还利用空间诱变的材料与粳稻杂交，育成了一批较好的三系恢复系，并用这些三系恢复系配组育成了Ⅱ优航 148、Ⅱ优 936、宜优 673 等优良的杂交水稻新品种。其中宜优 673 稻米品质 9 项达部颁一级优质米标准，3 项达部颁二级优质米标准，是福建省首个 12 项达部颁二级优质米标准的优质杂交水稻品种。

福建省的恢复系主要有明恢、福恢、南恢、闽恢、泉恢等系列，利用高产恢复系闽恢 3301 配组的品种乐优 3301、钱优 3301、泰丰优 3301、花 2 优 3301、闽丰优 3301、谷优 3301、天优 3301、Ⅱ优 3301 等通过福建省农作物品种审定委员会审定，利用优质恢复系福恢 673 配组的品种宜优 673、广优 673、Ⅱ优 673、聚两优 673 等通过福建省农作物品种审定委员会审定。

在三系不育系选育上形成了独具特色的抗稻瘟育种技术体系，形成了有利基因不断累加的不育系系谱，育成抗稻瘟病不育系福伊 A、谷丰 A、全丰 A、广抗 13A、繁源 A 等，这些不育系高抗稻瘟病、不育性稳定，在米质和配合力等方面也有很大提高。利用福伊 A 配制的福优 77、福优晚 3、福优 964 等 22 个福优系列品种，从 1997—2014 年累计推广种植 100 万 hm²。利用谷丰 A 育成谷优 527、谷优 2736、谷优 039、谷优 1186 等品种，将产量和抗性较成功融于一体；利用全丰 A 育成全优 77、全优 527 等性状较为全面的品种；利用乐丰 A 与 R94 配组的新品种乐优 94 表现抗稻瘟病、米质优；利用广抗 13A 育成广优 673、广优 3186、广优明 118 等中抗品种。

福建省还从普通野生稻中挖掘出一种新型雄性不育细胞质（CMS-FA），与生产大面积应用的野败型、红莲型细胞质的恢保关系完全不同，其细胞质育性基因相互不等位，细胞核恢复基因也相互不等位，育成金农系列新质源不育系并实现三系配套，配组的高产优质杂交稻新品种金农 2 优 3 号和金农 3 优 3 号通过福建省农作物品种审定委员会审定。在糯稻研究方面，用糯稻不育系嘉农 wxA1 与嘉糯恢 6 号配组育成嘉糯 1 优 6 号，是福建省首个通过农作物品种审定委员会审定的杂交糯稻品种。

（二）两系杂交水稻选育

1973 年，湖北省石明松从晚粳品种农垦 58 中发现雄性不育变异株，育成第一个光敏核不育系——农垦 58S。随后，全国相关科研院所开展两系法杂交水稻研究，使我国水稻杂种优势利用进入新阶段。1987 年，福建省科委立项研究两系法杂交水稻，牵头组织福建省科研单位协作攻关，1989 年，杨聚宝率先提出并设计应用"生态压力法"选育水稻两系核不育系。1995 年，育成核不育系 FJS-1（不育起点温度均低于 24℃），不育性能稳定、不育期长、早熟，并通过福建省科技成果鉴定。1997 年，育成我国首个光补型水稻核不育系 SE21S，其不育性稳定，转育整齐稳定，制种安全高产，产量一般可达 3t/hm²，有效地解决了福建省两系杂交稻制种风险，使两系杂交稻在生产上大面积应用成为现实。采用生态压力选择技术，先后育成不育起点温度更低的 152S、45S、86315S 等核不育系，均通过福建省科技成果鉴定。

利用SE21S、152S、45S、86315S、金山S-2、福龙S2、FJS-1、福ⅡeS等核不育系配制两优2186、两优2163、福两优63、两优3773、两优816、两优3156、两优456、两优多系1号、福龙两优29、福两优1587等优质、高产两系杂交稻品种。其中两优2186是福建省推广面积最大、产生社会效益最大的两系杂交稻品种。两优2186、两优2163已在福建、广西、安徽、湖北、江西、湖南等省份大面积推广，从2000—2014年累计应用46.00万hm²以上，稻米品质得到明显改善，创造较大的社会经济效益。两优2163获得福建省第一届优质稻评选二等奖，两优3773获得福建省首届地产优质米评选银奖，米质可与泰国优质米相媲美。

（三）超级稻育种

1996年农业部立项启动"中国超级稻育种计划"，2005年实施超级稻新品种选育与示范推广项目，组织包括福建在内的20多个科研团队，历经16年联合攻关，在超级稻育种理论、育种材料创制、新品种选育与推广等取得重大突破。至2014年，农业部冠名的超级稻示范推广品种有111个，其中福建省培育的超级稻品种有Ⅱ优明86、Ⅱ优航1号、特优航1号、Ⅱ优航2号、天优3301、宜优673、两优616等。

以谢华安为首的福建省农业科学院水稻育种团队，利用航天育种等高新技术，与传统育种技术结合，采用理想株型塑造与亚种间杂种优势利用相结合，以选育强恢复力的超级稻恢复系为突破口，培育出产量高、品质优、抗逆性较强的超级稻品种。在云南省永胜县涛源乡，2001年种植超级稻特优175，产量达17 782.5kg/hm²，打破了印度于1974年创造的世界纪录（产量17 772kg/hm²）。同年9月2日，超级稻Ⅱ优明86产量验收测产达17 947.5kg/hm²，再创世界超高产纪录。2004年Ⅱ优航1号在福建省尤溪县创下头季6.67hm²单产13 924.5kg/hm²的纪录，成为全国首个单季6.67hm²单产跨过13 500kg/hm²大关的超级稻，标志着中国超级再生稻技术趋于成熟。超级稻品种Ⅱ优航148，2005年在云南涛源乡创下了单产18 052.5kg/hm²的超高产纪录，创航天水稻最高纪录。

第四节　台湾水稻品种改良历程

追溯台湾栽培稻品种的演变过程，依据不同来源和品种特性，可分为4个阶段。第一阶段为波利尼西亚品种时期，自611年起，由东南亚地区移民带入台湾的水稻品种，即现在台湾农业试验所保存的台湾山地稻品种。这些品种植株高大，穗长而重，其中部分品种为糯性。第二阶段为汉族人引种时期，从1368年起汉族人就陆续移民台湾，随之带入了约390个籼稻品种，称为在来稻，其中有部分品种的名称冠有"矮""矮脚"或"低脚"。1945年以后，从大陆又引进了660个品种，其中有的品种带"矮""矮脚"及"下脚"的名称，部分品种株高在90cm以下。第三阶段为蓬来稻时期。1922年台湾就开始试种日本水稻，称为蓬来稻，以后便利用日本品种相互杂交，选育出适应台湾栽培的粳稻品种，最有代表品种为台中65，由龟治和台中特2号杂交育成，是1958年前台湾推广面积最大的品种，此后逐渐被高产品种嘉南8号和台南5号取代，直到1979年后又由秆粗、抗倒伏适于机械化栽培的品种台农67及新竹64代替。1985年台湾命名推广的粳稻品种是台南9号和台农70，这两个品种品质优良。第四阶段为"半矮性稻"时期，用籼稻的半矮性基因，进行籼稻品种改良。自1956年台中区农业改良场育成的台中本地1号开始，台中本地1号是用矮秆、多分蘖的低脚乌尖与高秆抗病的菜园种杂交育成的，植株高80～90cm，具有高产、耐肥、抗倒伏、抗稻瘟病的特性。台中本地1号的育成，半矮性基因开始得以重视和利用。

一、粳稻品种改良

台湾光复后，第一阶段是以利用日本粳稻品种相互杂交为基础，选育适合台湾栽培的粳稻，台中65是这类品种的代表。第二阶段是以改良台中65的缺点，尤其抗病性为育种目标。该阶段育成的主要品种如：嘉南8号是以台中65和南育183杂交育成的；台中150是台中65和NC4号杂交育成的；新竹4号是台中65和台农16杂交育成的；高雄53是台中65和光复401杂交育成的。这些品种都是以台中65为中心品种。以上两个阶段由于亲缘太近没有突破性成就，其后开始利用野生稻及引进国外抗性材料进行远缘杂交。如台湾农业试验所利用普通野生稻（*Oryza rufipogon*）来改良台农62对褐飞虱及白背飞虱的抗性，于1984年育成了台农69。台湾农业试验所嘉义分所以Mudgo的抗虫因子改良台农67对褐飞虱的抗虫性，于1985年育成了台农70。

值得一提的是，台农67于1978年命名，表现不易倒伏，适合机械收割，具高产潜力，适应性广，其后推广迅速，至1979年推广面积达23.70万hm²，超越当时主推品种台南5号成为排名第一的粳稻品种。台农67居领先地位长达20年，其间次要品种有台南5号、新竹64、台农70、台粳2号及台粳8号。台粳8号为优质米之主推品种，自1994年起栽培面积仅次于台农67，居第二位，于1999年起超越台农67，成为领先品种，目前栽培面积约占粳稻总面积1/3，次要品种包括台农67、台粳2号、台粳8号、台粳9号及高雄139。2005年起主要品种有台南11、台粳14、台粳16、台农71等。

二、籼稻品种改良

台湾农业试验所于1951年开始调查鉴定籼稻品种，属第一期稻特性的有75个品种，从中又选出白米粉、蚁公包、柳州、低脚乌尖、乌尖、短广花螺、矮脚仔、柳头仔等供第一期作栽培。敏党、格仔、菁果占、霜降、低脚敏党、白壳、圆粒及菊仔等品种供第二期作栽培。1956年台中区农业改良场育成第一个籼稻改良品种台中本地1号，该品种在印度和美国曾受到重视。由于台中本地1号极易感染褐飞虱、白叶枯病及纹枯病，而且米质较差，因此又引进许多岛外多抗及优质品种与岛内籼稻品种杂交，先后选育成了台中籼3号、台中籼10号、台农籼12等品种。台中籼3号是以国际水稻研究所引进的IR661-1-1-140-3-54与敏党杂交，于1976年选育成的半矮性品种，比台中本地1号高产、优质，1979年推广面积达2.50万hm²，占籼稻总面积的41.6%。但长粒型的台中籼3号不适应台湾食用短粒型的习惯，而且碾米率低，又不抗褐飞虱，后来逐渐被台中籼10号所取代。台中籼10号是台中试204和嘉农育14杂交组合中选育出的，1979年登记命名推广，其农艺特性与台中籼3号相似，对褐飞虱的抗性较强，粒型较短，分蘖数较少，茎较粗，穗粒数较多，1984年起已成为籼稻品种中种植面积最广的品种，当时主要品种还有高雄籼7号、台籼1号。2000年起主要籼稻品种有台籼2号、台中籼17等。

三、抗性育种

（一）对褐飞虱抗性的研究与利用

台湾系统研究了水稻抗褐飞虱基因对生物小种的反应，提出了两大类抗虫育种材料的划分，第一类为保存品种，如Mudgo、TKM6、ASD7、Rathu Heenati、Babawee等，由于农艺特性较差，可用于育种早期，以回交方法加以利用。第二类为改良品系或品种，如IR1561、IR13427、IR13429、IR15314、IR15315、IR36等，可利用于育种后期。这些抗虫材料均属籼稻，育种多以单交法为主，于F_2或F_3开始筛选。粳稻的育种则多采用回交法，以粳稻品种为轮回亲本，将抗虫基因导入粳稻，一般BC_1就进行抗虫性鉴定，经多次回交，再以系谱法筛选并固定具有抗虫性的优良品系。近几年台湾已育成具有抗虫性的粳稻品系，可作为粳稻育种直接利用。台湾育成的抗褐飞虱品种或品系有：嘉农籼1号、台农籼12、台农籼14、台农籼18、台农籼19、台中籼10号、台中籼16、台农68、台农69、台农70。

（二）稻瘟病抗性育种研究

据台湾农业试验所分析，台湾水稻抗病品种带有*Pi4*、*Pi13*、*Pi22*及*Pi25*等4对不同基因。台湾原设有宜兰、台中、屏东、台东、嘉义等五处稻瘟病检定圃，从事测验杂交亲本及其后代的抗病性。1969年仅由台湾农业试验所嘉义分所及台东区农业改良场（关山）两处开展鉴定汇总。据历年鉴定与统计，在抗叶稻瘟病方面，中抗以上的品系比率，由1968年的35.4%提高到1983年的69.3%，尤其籼稻的新育成品系抗叶稻瘟达中抗以上。对稻瘟病抗性的稳定性问题方面，台湾农业试验所以混合品种和多品系品种等方法进行田间试验。用台南5号与嘉农8号为轮回亲本进行回交育种，在台北、台中、嘉义等地的田间病圃中选育出的品系组成混合品种，并以不同生理小种的病原菌在室内进行人工接种选育出的同源系构成多品系品种。这些混合品种和多品系品种，对叶稻瘟病的抗性均比原品种强，尤其混合品种表现较佳，表明田间病圃选育抗稻瘟病品种的方法，比室内接种选育法效率高。

参考文献

程振琇,1986.台湾水稻品种的演变与改良[J].台湾农业探索(2): 11-15.

邓耀宗,1999.台湾稻米产生之回顾与展望[M]//台湾稻作发展史.台北: 丰年社,757-770.

邓耀宗,1999.台湾稻作发展之演变及背景[M]//台湾稻作发展史.台北: 丰年社,9-18.

黄荣华,范富英,程祖锌,等,2011.高产、优质杂交糯稻新组合嘉糯1优6号的选育与应用[J].福建稻麦科技,29(3): 1-4.

黄庭旭,郑家团,游晴如,等,2012.福建省杂交水稻选育研究现状与展望[J].福建农业学报,27(3): 312-318.

江川,李书柯,李清华,等,2012.福建稻种资源收集、保存、鉴定评价与利用研究[J].福建稻麦科技,30(4): 85-88.

林世成,闵绍楷,1991.中国水稻品种及其系谱[M].上海: 上海科学技术出版社.

施能浦,1983.福建省主要水稻良种的系谱剖析[J].福建农业科技(1): 7-13.

王金英,江川,陈卫伟,等,1996.福建优异稻种资源[J].福建稻麦科技,14(4): 27-35.

王乃元, 2006. 野生稻(*O.rufipogon*)新胞质改良不育系稻米品质的研究[J]. 作物学报, 32(2): 253-259.

肖承和, 谢华安, 刘德金, 2007. 福建稻作研究与实践[M]. 北京: 中国农业科学技术出版社: 4-5.

谢华安, 郑家团, 张受刚, 等, 1996. 中国种植面积最大的水稻品种汕优63培育的理论与实践[J]. 福建省农科院学报, 11(4): 1-6.

谢华安, 2004. 中国特别是福建的超级稻研究进展[J]. 中国稻米(2): 34-37.

谢华安, 2005. 汕优63选育理论与实践[M]. 北京: 中国农业出版社: 386.

郑家团, 游年顺, 黄庭旭, 等, 2010. 福建省优质、高产、多抗杂交水稻选育研究进展[J]. 福建稻麦科技, 28(3): 1-8.

郑九如, 黄书针, 1995. 福建水稻育种成就(1983—1994)及今后工作思路[J]. 福建农业科技(5): 2-3.

郑九如, 林文彬, 杨惠杰, 等, 1986. 福建省水稻常规育种的状况分析与今后品种改良技术的探讨[J]. 福建省农科院学报(2): 4-13.

郑秀平, 林强, 吴志源, 等, 2006. 超级稻育种技术和途径的探讨[J]. 中国农学通报, 22(7): 205-208.

第三章
品种介绍

ZHONGGUO SHUIDAO PINZHONGZHI·FUJIAN TAIWAN JUAN

第一节 常规籼稻

119 (119)

品种来源：福建省南平市农业科学研究所以红410和湘矮早9号为亲本杂交，采用系谱法选育而成。分别通过福建省（1986）、国家（1991）农作物品种审定委员会审定。

形态特征和生物学特性：属籼型常规中熟早籼水稻。在福建作早稻全生育期118d，株高74～84cm，茎秆粗壮坚韧，株型适中，每穗总粒数63～73粒，千粒重26～28g。

品质特性：糙米率78.1%，精米率69.1%，整精米率57.5%，糙米长宽比2.2，碱消值4.5级，胶稠度50mm，直链淀粉含量26.8%，蛋白质含量10.05%。

抗性：较抗稻瘟病，中感白叶枯病。

产量及适宜地区：1984—1985年两年福建省早稻区域试验，平均单产分别为6 030kg/hm² 和6 180kg/hm²，比对照红410分别增产8.6%和5.6%。1986年国家南方稻区区域试验，平均单产6 559.5kg/hm²，比对照广陆矮4号增产5.8%。1985—1996年在全国累计推广种植29.13万hm²。适宜福建、江西、浙江等省种植。

栽培技术要点：在福建作早稻栽培，宜稀播育壮秧，秧龄25～30d，插足30万～37.5万穴/hm²，每穴栽插5～8苗。基肥应占总施肥量60%～70%；苗肥应占总追肥量80%～90%，分2～3次于插后15～20d内完成追肥，幼穗分化时看苗巧施穗肥，促大穗；氮、磷、钾的比例以1∶0.6∶1.1为宜。灌溉要求前期浅灌，适期搁田，后期干湿交替，以湿为主。及时防治病虫草害。

233（233）

品种来源：福建农学院以珍龙410//珍龙410/石轮棒为杂交方式，采用系谱法选育而成。1983年通过福建省农作物品种审定委员会审定。

形态特征和生物学特性：属籼型常规早籼水稻。感温性强。株型紧凑，剑叶较宽，但短而挺直，叶鞘、颖尖均为绿色，茎秆较粗壮。耐寒性较差，春寒易引起烂秧，"五月寒"易导致不结实。每穗总粒数80粒，结实率80%，千粒重25g。

品质特性：糙米率一般70%，米质较红410优，食味好。

抗性：对稻瘟病、白叶枯病和纹枯病的抗病力较弱，易在穗上发芽。

适宜地区：1983—1987年在福建省累计推广种植10.47万hm²。适宜福建省莆田、晋江、龙溪等地区种植。

栽培技术要点：在福建作早稻栽培，莆田地区一般春分前后播种，谷雨前后插秧，秧龄25d左右。插植规格采用16.5cm×13cm或16.5cm×16.5cm，每穴栽插7~8苗。后期氮肥不宜过量，增施磷、钾肥。病虫草害防治注意以农业综合防治为主，辅之以药物防治，减轻"三病"的发生和可能造成的损失。

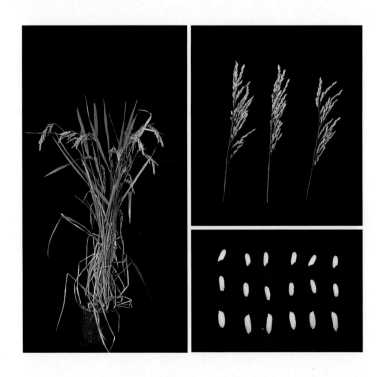

47-104 (47-104)

品种来源：福建省农业科学院水稻研究所以卷2/IR58//窄叶青/龙菲313为杂交方式，采用系谱法选育而成。1993年通过福建省农作物品种审定委员会审定。

形态特征和生物学特性：属籼型常规中熟晚籼水稻。全生育期123～125d，株高88～100cm，穗长20cm，每穗总粒数90～100粒，结实率94%，千粒重28g。

品质特性：米质中等，精米率71%～72%。

抗性：较抗稻瘟病。

产量及适宜地区：1989—1990年两年福建省晚籼品种中熟组区域试验，平均单产分别为5 998.5kg/hm² 和5 769kg/hm²，比对照矮脚塘竹分别增产15.0%和7.5%。1994—2003年在福建省累计推广种植9.67万hm²。适宜福建省作晚稻种植。

栽培技术要点：在福建作晚稻栽培，秧田播种量600～750kg/hm²，秧龄早稻25d左右；晚稻20d左右。福州一带应在7月5日前播种，7月底插秧。每穴栽插4～5苗，插植规格以16.5cm×16.5cm或13.5cm×23cm或20cm×16.5cm均可。基肥占总肥量60%以上，插后两周内施足追肥，幼穗分化前酌情补肥。及时防治病虫草害，沿海地带注意防治白叶枯病。

601（601）

品种来源：福建省三明市农业科学研究所以78130和CQ06为亲本杂交，采用系谱法选育而成。1993年通过福建省农作物品种审定委员会审定。

形态特征和生物学特性：属籼型常规迟熟早籼水稻。感温性较弱。全生育期127.8d，株高90cm，株叶形态好，茎秆粗壮，根系发达，转色好，每穗总粒数110粒，结实率83%～94%，千粒重27g。

品质特性：米质一般。

抗性：中抗稻瘟病。

产量及适宜地区：1990年福建省区域试验，平均单产6 029.3kg/hm²，比对照78130增产0.6%。1991—1998年在福建省累计推广种植41.93万hm²。适宜福建省作早稻种植。

栽培技术要点：在福建作早稻栽培，适时早播、稀播育壮秧，每穴栽插6～8苗，密植规格20cm×17cm或20cm×20cm。底肥要足，追肥要早，中期施保花肥。前期浅水促蘖，450万苗/hm²即轻搁田，控苗促壮秆大穗，后期湿润为主，防止过早断水。及时做好防治稻瘟病、纹枯病、稻飞虱和螟虫等工作。

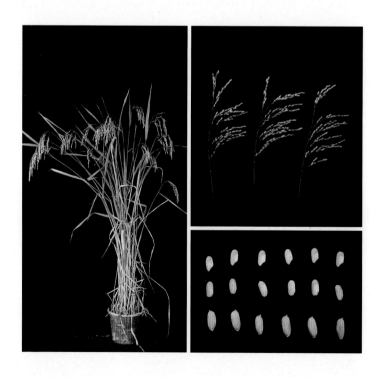

71-20（71-20）

品种来源：福建省明溪县良种场以沙矮早5号和珍汕97为亲本杂交，采用系谱法选育而成。1983年通过福建省农作物品种审定委员会审定。

形态特征和生物学特性：属籼型常规早籼水稻。感温性强。在福建作早稻栽培全生育期110～116d，株高70～80cm，穗长16～17cm，每穗总粒数80～90粒，结实率70%～75%，千粒重22～23g。

品质特性：糙米率75%～78%，米色白，腹白小，米质中上，食味较好。

抗性：较抗稻瘟病，中感纹枯病。

适宜地区：1983—1986年在福建省累计推广种植9.20万hm²。适宜闽西北和闽东中低产地区作早稻推广种植。

栽培技术要点：在福建作早稻栽培，3月上、中旬播种，4月上中旬插秧，插秧播种量2 250kg/hm²左右，株行距16.5cm×13cm或16.5cm×16.5cm，每穴栽插7～8苗，插足36万～45万穴/hm²。为了促进稻苗早生快发，在施足基肥的基础上，一般插后15d内完成两次追肥。后期要防止偏施氮肥，以防稻瘟病的发生。一般插后20～25d，达到525万苗/hm²时搁田，复水后干干湿湿水分管理。注意防治稻瘟病、纹枯病和卷叶虫、三化螟。

77-175 (77-175)

品种来源: 福建省龙岩市农业科学研究所以红410和珍珠矮11为亲本杂交,采用系谱法选育而成。1983年通过福建省农作物品种审定委员会审定。

形态特征和生物学特性: 属籼型常规中熟偏迟早籼水稻。全生育期121 ~ 141d,株高66 ~ 91cm,每穗总粒数94.8粒,结实率86.8%,千粒重24 ~ 25g。

品质特性: 米质和食味比红410好。

抗性: 较抗稻瘟病,中抗紫秆病,轻感白叶枯病,对稻飞虱的抗性也较好。

产量及适宜地区: 据1980年龙岩地区多点试种,一般单产5 250 ~ 6 750kg/hm²,高的达7 500kg/hm²以上。1983—1985年在福建省累计推广种植15.93万hm²。适宜福建省龙岩等地作早稻种植。

栽培技术要点: 在福建作早稻栽培,早稻一般低海拔地区掌握在3月上中旬播种,4月上中旬出现5叶1心时插秧;中海拔地区因回暖较迟,应掌握在3月中下旬播种,4月下旬插秧。一般采用20cm×13cm、20cm×16.5cm或20cm×20cm的插植规格,每穴栽插5 ~ 7苗,采用小株密植为好。在施足基肥、早施分蘖肥的基础上,还应注意中后期的施肥,以满足争多穗、攻大穗。根据几年来的试验,氮的总用量以碳酸氢铵为例,应掌握在750 ~ 825kg/hm²较为适宜。灌溉要求前期浅水勤灌,够苗及时烤田,中后期干干湿湿或干湿交替,注意烤田不宜过重。在氮肥施用过多、发生轻度叶、穗稻瘟病时,应及时防治。

78130（78130）

品种来源：福建省漳州市农业学校以汕优2号和威20B为亲本杂交，采用系谱法选育而成。1985年通过福建省农作物品种审定委员会审定。

形态特征和生物学特性：属籼型常规中迟熟早籼水稻。感温性较强。全生育期135d，株高95～100cm，穗长21～23cm，每穗总粒数85～105粒，结实率90%～97%，千粒重27～28.5g。

品质特性：米质一般。

抗性：高抗稻瘟病，兼抗白叶枯病和稻曲病。

适宜地区：1984—2003年在福建省累计推广种植118.53万hm²。适宜福建省作早稻种植。

栽培技术要点：在福建作早稻栽培，3月上、中旬播种，秧龄35～45d。大田用种量150kg/hm²左右，秧地播种量750～1 125kg/hm²，插植规格20cm×17cm，每穴栽插8～10苗，基本苗240万～300万苗/hm²，力争有效穗达375万～420万穗/hm²。施肥方法采取"攻头、适中、补尾"，即施足基肥，早施重施分蘖肥，适时适量增施穗粒肥。水分管理采用"前期浅水勤灌促分蘖，中期搁、烤壮秆抗病，后期干湿交替增粒重"的方法。及时防治纹枯病等病虫害，确保丰产丰收。

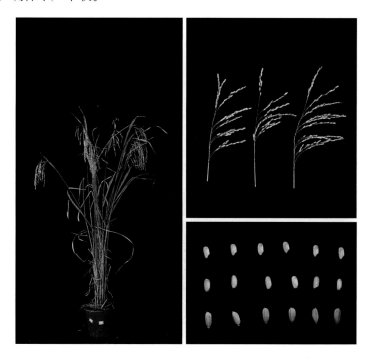

79106（79106）

品种来源：福建省漳州市农业学校以汕优2号和威20B为亲本杂交，采用系谱法选育而成。1987年通过福建省农作物品种审定委员会审定。

形态特征和生物学特性：属籼型常规迟熟早籼水稻。全生育期125～135d，株高100cm，穗长21～22cm，每穗总粒数100～120粒，结实率95%～97%，千粒重27～28g。

品质特性：米质较优，精米率72%。

抗性：高抗稻瘟病和白叶枯病，抗纹枯病，稻飞虱为害轻。

适宜地区：1985—1988年在福建省累计推广种植76.13万hm²。适宜福建省作早稻种植。

栽培技术要点：在福建作早稻栽培，3月上、中旬播种，秧龄30～35d，秧田播种量750～900kg/hm²，大田用种量112.5～150kg/hm²，插秧规格23cm×16cm或20cm×16cm或双龙出海（33+16）cm×16cm，每穴栽插8苗左右，插30万穴/hm²，争取有效穗达375万穗/hm²。施足基肥，增施磷钾肥，施纯氮120～150kg/hm²、纯磷120kg/hm²、纯钾112.5～135kg/hm²。基肥应占总施肥量的70%～80%，经烤田叶色退赤后，结合复水施20%的穗肥。水分管理要求前期浅水勤灌促分蘖，中期苗够适时烤田壮秆，后期薄水湿润增粒重。

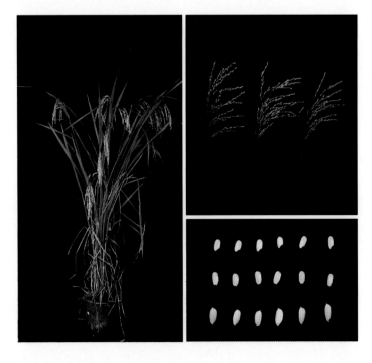

7944（7944）

品种来源：福建省莆田地区农业科学研究所以晚籼22和占老农为亲本杂交，采用系谱法选育而成。1983年通过福建省农作物品种审定委员会审定。

形态特征和生物学特性：属籼型常规中熟早籼水稻。全生育期120d，株高80～85cm，株型紧凑，茎秆粗壮，穗长16～18cm，每穗总粒数55～65粒，结实率75%～80%，千粒重31～32g。

品质特性：米质一般。

抗性：抗稻瘟病较强，中感纹枯病。

适宜地区：1983—1985年在福建省累计推广种植17.87万hm²。适宜闽西北、闽东地区平原和中低海拔山区栽培。

栽培技术要点：在福建作早稻栽培，一般在3月中旬播种，秧田播种量900kg/hm²，秧龄30d左右，肥田每穴栽插5～6苗，插37.5万穴/hm²左右，基本苗225万～300万苗/hm²。据明溪县夏阳一队试验产稻谷6 000kg/hm²，则需纯氮126kg/hm²、五氧化二磷525kg/hm²、氧化钾112.5kg/hm²。始穗至齐穗期用0.2%磷酸二氢钾喷雾，有助于提高结实率和千粒重。灌溉要求中后期水层管理一般以干湿交替灌溉为好。烤田只宜轻搁不宜重烤，收割前3～5d排水，不要断水过早，以防早衰。及时防治病虫草害。

8303 （8303）

品种来源：福建省漳州市农业学校以78130和梅红早5号为亲本杂交，采用系谱法选育而成。1992年通过福建省农作物品种审定委员会审定。

形态特征和生物学特性：属籼型常规中熟早籼水稻。在福建作早稻种植全生育期125～128d，株高90～95cm，穗长20～21cm，每穗总粒数90～100粒，结实率90%～96%，千粒重27～28g。

品质特性：精米率72%，米质中上。

抗性：抗稻瘟病和白叶枯病，兼抗细菌性条斑病和稻曲病，纹枯病较轻，稻飞虱较少。

产量及适宜地区：一般单产6 000～6 750kg/hm²。1988—1991年在福建省累计推广种植6.53万hm²。适宜福建省作早稻种植。

栽培技术要点：在福建作早稻栽培，一般在3月上、中旬播种，叶龄25～30d，于4月上、中旬插秧。秧田播种量600～750kg/hm²，大田用种量112.5～150kg/hm²。插秧规格采用13cm×18cm或15cm×18cm，每穴栽插6～8苗，基本苗掌握在180万～225万苗/hm²。施肥需施纯氮150～187.5kg/hm²，五氧化二磷105～120kg/hm²，氧化钾120～150kg/hm²，氮、磷、钾三要素比例为1∶0.65∶0.8。应施足基肥，增施有机肥和磷、钾肥，做到氮、

磷、钾因地、因时、因苗制宜，合理配方施用。基蘖肥占总施肥量的80%，穗粒肥占20%，后期根外追肥2～3次。科学水分管理，掌握"前浅，中露，后湿润"的原则，做到寸水返青，浅水促分蘖，够苗露田落干轻搁控蘖促壮秆，有水抽穗、湿润灌浆，后期不宜过早断水，以利养根保叶增粒重。及时防治纹枯病、稻蓟马、叶蝉、负泥虫、稻纵卷叶螟、稻飞虱、螟虫等，做到农业综合防治为主，药剂防治为辅，确保丰产增收。

8706 （8706）

品种来源：福建省三明市农业科学研究所以78130和温抗3号为亲本杂交，采用系谱法选育而成。1991年通过福建省三明市农作物品种审定委员会审定。

形态特征和生物学特性：属籼型常规迟熟早籼水稻。全生育期115～121.7d，株高87cm，每穗总粒数78.1粒，结实率89.3%，千粒重24.7g。

品质特性：精米率68.2%，食味较好。

抗性：中抗稻瘟病。

产量及适宜地区：1988年福建省三明市联合区域试验，平均产量5 704.5kg/hm^2。1990年在福建省累计推广种植0.73万hm^2。适宜福建省三明市作早稻种植。

栽培技术要点：在福建作早稻栽培，闽北地区宜在3月15～20日播种，4月中旬插秧，切忌早播，育秧方式以湿润育壮秧为佳，秧田播种量1 050kg/hm^2，秧龄应在30d以内，喷施多效唑培育壮秧，插30万穴/hm^2，基本苗150万～210万苗/hm^2。在施肥上，早施分蘖肥，主攻低节位分蘖成穗，提高抽穗整齐度。水分管理掌握"浅灌促苗，够苗搁田，后期干湿交替"原则。综合防治纹枯病要加强孕穗期以后的水分管理，做到浅灌、勤灌与自然落干交替，搁田复水，结合喷施井冈霉素，抑制纹枯病的发生和蔓延。

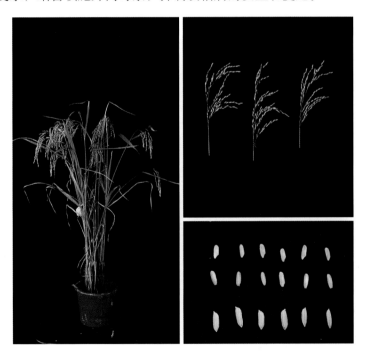

东联5号（Donglian 5）

品种来源：福建省南安市码头镇东联农业科技示范场以广科81变异株辐射培育而成。2007年通过福建省农作物品种审定委员会审定。

形态特征和生物学特性：属籼型常规晚籼水稻。全生育期124.9d，株高105.2cm，穗长25.1cm，每穗总粒数129.8粒，结实率81.83%，千粒重23.8g。

品质特性：糙米率80.1%，精米率71.2%，整精米率63.8%，糙米粒长6.2mm，垩白粒率24.0%，垩白度6.5%，透明度1级，碱消值3.2级，胶稠度85.0mm，直链淀粉含量16.4%，蛋白质含量9.0%。

抗性：感稻瘟病。

产量及适宜地区：2004—2005年两年福建省晚稻优质组区域试验，平均单产分别为6 476.85kg/hm² 和6 471kg/hm²，分别比对照两优2163减产1.1%和增产2.1%。2006年生产试验，平均单产7 075.4kg/hm²，比对照汕优63增产2.6%。2010—2014年在福建省累计推广种植5.53万hm²。适宜福建省稻瘟病轻发区作晚稻种植。

栽培技术要点：在福建作晚稻栽培，闽中于7月初、闽南于7月中旬播种，秧龄15 ~ 20d，闽西北地区和闽东地区于6月下旬播种，秧龄25d左右，每穴栽插6 ~ 7苗，插足21万 ~ 22.5万穴/hm²，基本苗达到120万苗/hm²以上。施纯氮165 ~ 180kg/hm²，氮、磷、钾比例为1：0.5：0.8；前期肥占70%，中期肥占20%，后期肥占10%。水分管理采取"深水返青、浅水促蘖、适时烤田、后期干湿交替"，不宜过早断水。及时防治病虫草害。

东南201（Dongnan 201）

品种来源：福建省农业科学院水稻研究所以洲8203和IR36为亲本杂交，采用系谱法选育而成。2004年通过福建省农作物品种审定委员会审定。2005年获国家植物新品种保护授权。

形态特征和生物学特性：属籼型常规早籼水稻。全生育期145d，株高105cm，穗长23.5cm，每穗总粒数125粒，结实率90%，千粒重25g。

品质特性：糙米率79%，精米率72.7%，整精米率61.8%，糙米粒长6.5mm，糙米长宽比2.8，垩白度4.7%，透明度2级，碱消值7.0级，胶稠度82mm，直链淀粉含量19.5%，蛋白质含量9.5%。

抗性：抗稻瘟病一般。

产量及适宜地区：一般单产6 000 ～ 7 500kg/hm^2。2004—2008年在福建省累计推广种植3.20万hm^2。适宜福建省莆田以南水肥条件较好的地区。

栽培技术要点：在福建作早稻栽培，宜提早播种，秧龄以30 ～ 35d为宜；作晚稻栽培时，秧龄控制在20d为宜。栽插规格以17cm×20cm为宜，每穴栽插4 ～ 5苗。施肥应掌握基肥足追肥速，前期（含基肥和分蘖肥）施用量占总施用量的70%，中后期占30%。为了提高谷秆两用稻稻草的营养价值，水稻在抽穗后14d施用尿素60 ～ 75kg/hm^2。水分管理采取前期浅水勤灌，中期干湿灌溉，后期间歇灌溉，防止中期重晒，孕穗、齐穗期缺水和后期过早断水。及时防治病虫草害。

钢白矮4号 （Gangbai'ai 4）

品种来源：广东省农业科学院水稻研究所以化杀杂交稻组合钢枝占/二白矮后代材料为亲本，通过系谱法于1979年育成。福建省漳州市农业科学研究所1982年引进，1989年通过福建省农作物品种审定委员会审定。

形态特征和生物学特性：属籼型常规晚籼水稻。全生育期155d，每穗总粒数110～120粒，结实率93%～97%，千粒重23g。

品质特性：糙米率80.4%，精米率72.7%，米质中上。

抗性：抗白叶枯病和细菌性条斑病，兼抗稻飞虱和卷叶螟，但较易感纹枯病和稻瘟病。

产量及适宜地区：1984—1987年漳州市和福建省晚稻品种区域试验，单产幅度6 375～8 362.5kg/hm²，比对照钢枝占增产1.7%～5.6%。1986—1995年在福建省累计推广种植12.47万hm²。适宜福建省作晚稻种植。

栽培技术要点：在福建作晚稻栽培，闽南稻区的沿海平原地区，宜6月中旬播种，秧龄40～45d，叶龄7.5～8.0叶期插秧为宜；闽南稻区海拔300m以上及三明、龙岩市南部海拔300m以下山区，宜5月中、下旬播种，秧龄50～55d，叶龄9～10叶期插秧为宜。采用烤水秧或两段育秧方式，培育适龄老壮秧，播种量秧地525～600kg/hm²，大田用种

量60～75kg/hm²，插植规格18cm×18cm或18cm×15cm，插24万～30万穴/hm²，每穴栽插6～8苗，基本苗180万～210万苗/hm²。施肥技术采用攻头、促穗、保穗粒重的施肥法，即基蘖肥占60%，穗分化肥占25%，粒肥占15%。施纯氮187.5kg/hm²、五氧化二磷120kg/hm²、氧化钾150kg/hm²，氮、磷、钾比例为1：0.64：0.8。水分管理采用浅水促蘖，够苗搁田，有水抽穗，湿润灌浆的水方法。及时防治病虫草害。

广包 （Guangbao）

品种来源：福建省长泰县良种场1974年从广西壮族自治区玉林地区引进的常规稻。1983年通过福建省农作物品种审定委员会审定。

形态特征和生物学特性：属籼型常规迟熟晚籼水稻。感光性强。全生育期160～165d，株高80～84cm，株型较紧凑，分蘖力强，茎秆粗壮，根系发达，后期转色好。每穗总粒数110～120粒，结实率90%左右，千粒重21～22.5g。

品质特性：米质较好。

抗性：苗期易发生恶苗病，中期易感纹枯病和遭受稻飞虱危害，成熟期有时受到稻曲病危害；耐肥，抗倒伏。

适宜地区：1983—1988年在福建省累计推广种植10.60万hm^2。适宜福建省莆田以南的半山区和沿海平原地区作双季晚稻栽培。

栽培技术要点：在福建作晚稻栽培，播种前应采用石灰水浸种，防治恶苗病。插基本苗225万苗/hm^2。合理安排播插期，使抽穗扬花阶段避过阴雨季节，防止稻曲病发生。

圭辐3号（Guifu 3）

品种来源：福建省农业科学院用^{60}Coγ射线处理圭陆矮8号种子育成的常规稻。1983年通过福建省农作物品种审定委员会审定。

形态特征和生物学特性：属籼型常规早熟早籼水稻。全生育期105～115d，株高75cm，每穗总粒数70粒，千粒重25～26g。

品质特性：米质一般。

抗性：抗稻瘟病能力较强，纹枯病感染较轻，紫秆病也少。

适宜地区：1983—1989年在福建省累计推广种植7.40万hm²。适宜福建省三明、建阳等地区。

栽培技术要点：在福建作早稻栽培，要求短秧龄，施足基肥，早追肥促早发。一般插植密度不小于16cm×16cm，以保证一定的产量水平。在病区种植，应采取以农业技术为主药剂为辅的综合防治措施。在门口田、高肥田种植，应酌量用肥，防止后期贪青。

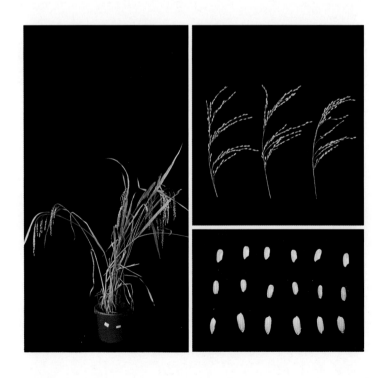

红410 (Hong 410)

品种来源：福建省同安县良种场从珍龙410中选择紫鞘紫稃尖单株育成。分别通过广西壮族自治区（1983）、国家（1985）农作物品种审定委员会审定。

形态特征和生物学特性：属籼型常规中熟早籼水稻。全生育期117d，株高70～80cm，每穗总粒数少。

品质特性：米质一般。

抗性：较抗稻瘟病。

适宜地区：1983—1989年在全国累计推广种植156.00万hm²。适宜福建、湖南、江西、广西、广东等省（自治区）种植。

栽培技术要点：在福建作早稻栽培，早稻以气温相对稳定在13℃以上的时期为播种适期，在肥力中等以上的田，一般苗数以每穴栽插4～5苗，基本苗225万～300万苗/hm²为好。瘦田、农改田、麦田，苗数可多些，基本苗375万苗/hm²左右。总施肥量折算精肥为4000～5000kg。其中基肥及前期分蘖肥应占80%，穗肥及壮尾肥占20%（晚稻穗肥占30%左右）。在抽穗至灌浆阶段，进行2～3次根外追肥。灌溉应掌握"前浅，中烤，后湿润"的灌水方法。烤田掌握"早、轻、勤"的原则。对纹枯病要预防为主，除合理烤田、

排灌为基础，在幼穗分化前，用稻脚青防治外，以后发现纹枯病可用井冈霉素喷治，在抽穗前，也可用0.1%菌敌溶液喷治。治螟要比其他品种多施一次药。一般可采用长效农药杀虫脒，至分蘖穗全部抽齐为止，对卷叶虫、稻飞虱等要加强测报防治。

红云33（Hongyun 33）

品种来源：福建省三明市农业科学研究所以红410//尤溪糯/云Ⅱ32为杂交方式，采用系谱法，于1980年育成。1983年通过福建省农作物品种审定委员会审定。

形态特征和生物学特性：属籼型常规早籼水稻。全生育期104～106d，株高70～80cm，每穗总粒数50粒，结实率77.5%，千粒重33g。

品质特性：米质差。

抗性：抗稻瘟病强，感紫秆病和纹枯病。

产量及适宜地区：1983—1985年在福建省累计推广种植9.20万hm²。适宜福建省稻瘟病轻发区作双季早稻和倒种种植。

栽培技术要点：在福建作早稻栽培，闽北地区宜在3月15～20日播种，4月中旬插秧，秧龄以30d以内为好，育秧方式以培育湿润大苗为佳，适当密植，插37.5万穴/hm²，基本苗255万～270万苗/hm²。施肥掌握"攻头、控中、保尾"，应在基肥配合下，于移栽成活后施足攻蘖促穗肥，于颖花分化期根据苗情补施穗肥。水分管理采取"浅灌保苗、够苗晒田、后期干湿交替"的原则，孕穗期以后做到浅灌、勤灌与自然落干交替，晒田复水后结合喷施井冈霉素，防治、抑制纹枯病的发生和蔓延。综合防治纹枯病，避免选用深烂、渍水田种植，避免施过头肥或过足下肥。

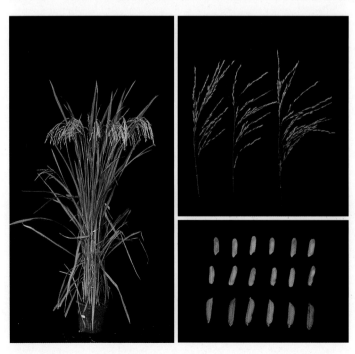

惠农早1号 （Huinongzao 1）

品种来源：福建省惠安县农业科学研究所以不落秈糯和红410为亲本杂交，采用系谱法，于1983年育成。1988年通过福建省农作物品种审定委员会审定。

形态特征和生物学特性：属秈型常规中熟早秈水稻。全生育期115～120d，株高75cm，穗长13.7～18.6cm，每穗总粒数86.3粒，结实率80%以上，千粒重27.6～29.6g。

品质特性：直链淀粉含量29.2%，米质一般。

抗性：较抗稻瘟病。

产量及适宜地区：1985—1986年两年福建省早稻中熟组区域试验，平均单产分别为6 265.5kg/hm² 和5 781kg/hm²，比对照红410分别增产7.7%和15.1%。1988—1990年在福建省累计推广种植3.93万hm²。适宜福建省作早稻种植。

栽培技术要点：在福建作早稻栽培，播种一般在3月15日左右，播种量1 350kg/hm²，提倡湿润秧田播种，出苗后水分管理。插植株行距20cm×10cm或17cm×15cm，每穴栽插8～7苗，基本苗300万苗/hm²，最高不超过375万苗/hm²。扦插时做到薄水浅插，要求入土不超过0.33cm，以促进分蘖成穗，穗大粒多。肥料施用需做到基肥足、追肥早。基肥：土杂肥30 000～45 000kg/hm²，过磷酸钙375～600kg/hm²，碳酸氢铵300kg/hm²混合施面肥。追肥：早施分蘖肥，插后7～10d施尿素225kg/hm²。穗分化肥应根据苗情酌施，施用期掌握在插后20d，主茎叶片数达到9叶。灌溉要求后期忌过早断水，做到适时收获。及时防治病虫草害，虫害防治与红410相同，该品种幼穗分化较红410早，为防田鼠结群为害，应抓住灭鼠良机进行毒杀。

佳辐占（Jiafuzhan）

品种来源：厦门大学生命科学学院以佳禾早占和佳辐418为亲本杂交，采用系谱法，于2000年育成。2003年通过福建省农作物品种审定委员会审定。

形态特征和生物学特性：属籼型常规迟熟早籼水稻。全生育期123.6d，株高105cm，结实率90%，千粒重30g。

品质特性：整精米率40.4%～70%，垩白粒率1%～12%，垩白度0.1%～1.7%，胶稠度50～86mm，直链淀粉含量13.6%～18.1%。基本达到部颁一级优质米标准。

抗性：中抗稻瘟病。

产量及适宜地区：2001—2002年两年福建省早籼优质组区域试验，平均单产分别为6 260.7kg/hm² 和6 275.55kg/hm²，分别比对照78130减产7.45%和佳禾早占增产3.6%。2003—2014年在福建省累计推广种植69.07万hm²。适宜福建省作早稻种植。

栽培技术要点：在福建作早稻栽培，一般在3月上、中旬播种，播种量750kg/hm²左右，种子应消毒、催芽，露白时播种，秧龄30d左右。晚稻倒种应根据各地具体情况播种，秧龄控制在15d左右，立秋前插秧。插植规格16.7cm×16.7cm，要插足30万穴/hm²，每穴栽插3～4苗。施肥要重施基肥。施用氮肥（纯氮）150～195kg/hm²，五氧化二磷45～60kg/hm²，氧化钾90～120kg/hm²。氮肥按基肥、分蘖肥、穗肥比例6：3：1分施，插秧后15d内结合除草追肥两次，烤田前施钾肥，穗肥以施复合肥为主，抽穗期结合除虫进行根外追磷肥。

灌溉要求插（抛）秧后薄层水促进扎根、返青，当苗数达到390万苗/hm²左右时，即抢晴天晒田，田裂露白根后返水；孕穗、抽穗期要灌深层水，黄熟期干湿交替；后期不宜过早断水，在小穗90%以上成熟时才收割，以确保优良的稻米品质。要注意防治各种螟虫、稻飞虱等虫害及病害，老鼠对优质稻为害特别严重，整个种植期间，都应抓好灭鼠工作。

佳禾早占（Jiahezaozhan）

品种来源：厦门大学生物系以E94/广东大粒种//713///外引30为杂交方式，采用系谱法选育而成。1999年通过福建省农作物品种审定委员会审定。

形态特征和生物学特性：属籼型常规早籼水稻。全生育期125d，株高100～105cm，每穗总粒数90粒，千粒重26.8g。

品质特性：糙米率79.6%，精米率71.4%，整精米率40.5%，糙米粒长7.0mm，糙米长宽比3.4，垩白粒率1.7%，垩白度3.0%，透明度2.0级，碱消值6.5级，胶稠度90mm，直链淀粉含量16.4%，蛋白质含量7.8%。

抗性：抗白叶枯病，较抗细条病。

产量及适宜地区：1997—1998年两年福建省早稻区域试验，平均单产分别为5 934kg/hm²和5 533.5kg/hm²，比对照78130分别减产6%和1.7%。2003—2007年在福建省累计推广种植25.13万hm²。适宜福建省作早稻种植。

栽培技术要点：在福建作早稻栽培，一般在3月上中旬播种，播种量750kg/hm²左右，种子应消毒、催芽、露白时播种，秧龄30d左右。晚稻倒种应根据各地的具体情况播种，秧龄控制在15d左右，立秋前插秧。插植规格：16.7cm×16.7cm，每穴栽插3～4苗，插27万～30万穴/hm²，一定要插足120万～150万苗/hm²基本苗。施用氮肥150～187.5kg/hm²，五氧化二磷45～60kg/hm²，氧化钾90～120kg/hm²。氮肥按基肥、分蘖肥、穗肥比例5：4：1分施，插秧后15d内结合除草追肥两次。烤田前施钾肥，送嫁肥以施复合肥为主，抽穗期结合除虫进行根外追磷肥。插（抛）秧后薄层水促扎根、返青，当苗数达到420万～450万苗/hm²时，即抢晴天晒田，田裂露白根后返水。孕穗、抽穗期要灌深层水，黄熟期干湿交替，不宜过早断水，在成熟度90%以上才收割，以确保稻米品质优良。适时防治稻瘟病、纹枯病、螟虫、稻飞虱、鼠等病虫鼠害，鼠对优质稻为害特别严重，在整个种植期间，都应抓好灭鼠工作。

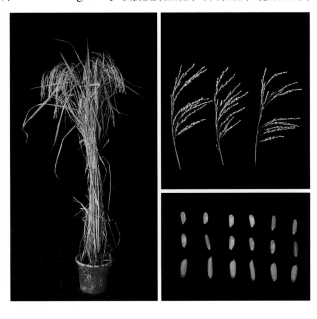

佳早1号（Jiazao 1）

品种来源：厦门大学生命科学学院以佳辐占和外引8号为亲本杂交，采用系谱法选育而成。2007年通过福建省农作物品种审定委员会审定。

形态特征和生物学特性：属籼型常规早籼水稻。全生育期平均122.7d。株型适中，分蘖力较弱，后期转色好，株高95.9cm，穗长21.5cm，每穗总粒数85.7粒，结实率89.5%，千粒重27.4g。

品质特性：糙米率75.8%，精米率67.7%，整精米率63.5%，糙米粒长6.8mm，垩白粒率9.0%，垩白度4.4%，透明度1级，碱消值6.0级，胶稠度56.0mm，直链淀粉含量16.6%，蛋白质含量12.5%。达部颁三级优质食用米标准。

抗性：中感稻瘟病。

产量及适宜地区：2004—2005年两年福建省早籼优质组区域试验，平均单产分别为6 766.8kg/hm² 和5 726.85kg/hm²，比对照佳禾早占分别增产4.2%和6.7%。2006年生产试验，平均单产5 983.35kg/hm²，比对照威优77减产7.0%。2012—2013年在福建省累计推广种植面积1.33万hm²。适宜福建省稻瘟病轻发区作早稻种植。

栽培技术要点：在福建作早稻栽培，一般3月上旬播种，秧龄约30d，插植规格18cm×18cm。施纯氮150～195kg/hm²，氮、磷、钾比例为7：2：4，基肥、分蘖肥、穗肥、粒肥比例6：3：1：1。水分管理采取"深水返青、浅水促蘖、适时烤田、后期干湿交替"。及时防治病虫草害，同时做好鼠害防治。

建农早11（Jiannongzao 11）

品种来源：福建省南平市农业科学研究所以（圭辐3号//胞胎矮/IR24）F_1和（红南/红云33）F_1为亲本杂交，采用系谱法，于1988年育成。1995年通过福建省南平地区农作物品种审定委员会审定。

形态特征和生物学特性：属籼型常规中熟早籼水稻。全生育期115～120d，株高75～80cm，茎秆粗壮，株叶形态好，每穗总粒数144～175粒，千粒重24～25g。

品质特性：米质较优。

抗性：较抗稻瘟病。

产量及适宜地区：1989—1990年两年福建省南平地区早稻区域试验，平均单产分别为5 667kg/hm² 和6 124.5kg/hm²，分别比对照圭福3号和金早6号增产13.5%和5.7%。1994—1996年在福建省累计推广种植4.33万hm²。适宜福建省作早稻种植。

栽培技术要点：在福建作早稻栽培，闽西北以3月中旬播种为宜，采用薄膜覆盖、湿润育秧，秧田播种量控制在750kg/hm²以内，稀播匀播，秧龄控制在25～30d，一般在4月10日前后插秧。插植规格采用17cm×17cm或20cm×13cm，每穴栽插5～7苗，基本苗225万苗/hm²，力争有效穗420万～450万穗/hm²。施肥掌握"重施基肥、早追分蘖肥、看苗施好穗肥"，基肥施碳酸氢铵375kg/hm²、过磷酸钙300kg/hm²、氯化钾150kg/hm²，配施有机肥，施肥量占总量60%～70%；插秧后1周左右，追施分蘖肥，施碳酸氢铵300kg/hm²、过磷酸钙150kg/hm²、氯化钾75kg/hm²；在幼穗分化期酌施复合肥或尿素75kg/hm²。闽西北稻区苗期常遇低温阴雨寡照，应注重水分管理，掌握"浅水插秧、深水护苗、浅水促蘖、够苗中烤"的原则。及时防治病虫草害。

金晚3号（Jinwan 3）

品种来源：福建农学院以^{60}Co辐照窄叶青8号，采用系谱法选育而成。1986年通过福建省农作物品种审定委员会审定。

形态特征和生物学特性：属籼型常规晚籼水稻。

品质特性：糙米率83%，精米率74%，整精米率62.48%，糙米粒长6.3mm，直链淀粉含量22%，蛋白质含量10.06%。

抗性：对稻瘟病抗性较好。

产量及适宜地区：1985年在福建省推广种植0.80万hm²。适宜福建省作晚稻种植。

栽培技术要点：在福建作晚稻栽培，应稀播种，秧田最好播种375～600kg/hm²。作连作晚稻栽培的，闽中、南宜于7月上旬播种，7月底插秧；在闽东北、闽西北的洋田，应于6月20日前播种，7月20日前插秧。作单季中、晚稻栽培的，5月份播种，6月份插秧，南部稍迟，北部早些。要少苗密植，每穴栽插3～4苗，株行距20cm×13.3cm或23.3cm×10cm。施肥要求施足基肥和分蘖肥，注重施用磷钾肥，防止偏施氮肥，以促进产量构成因素的平衡协调发展。灌溉要求后期注意烤田壮秆。及时防治病虫草害，注意防治稻瘟病。

金早14 （Jinzao 14）

品种来源：福建农林大学作物科学学院以菲一／籼矮早9号∥南京11/IR58为杂交方式，采用系谱法育成。1991年通过福建省三明地区农作物品种审定委员会审定。

形态特征和生物学特性：属籼型常规中熟早籼水稻。全生育期125d，株高82cm，每穗总粒数81粒，结实率81.6%，千粒重28.5g。

品质特性：米质较优。

抗性：较抗稻瘟病和白叶枯病。

产量及适宜地区：1988年福建省三明市早稻早熟组区域试验，平均单产5 791.5kg/hm²，比对照圭福3号增产32.2%。1991—1998年在福建省累计推广种植8.47万hm²。适宜福建省三明地区作早稻种植。

金早6号（Jinzao 6）

品种来源：福建农学院以IR58/南京11//南京11为杂交方式，采用系谱法选育而成。1988年通过福建省农作物品种审定委员会审定。

形态特征和生物学特性：属籼型常规中熟早籼水稻。感温性强。全生育期121～125d，株高90～95cm，穗长24cm，每穗总粒数95粒，结实率80%，千粒重27g。

品质特性：精米率70%，糙米粒长8.5mm，糙米长宽比2.5，碱消值5.0级，胶稠度30mm，直链淀粉含量26.5%。

抗性：中抗稻瘟病。

产量及适宜地区：1986—1987年两年福建省早稻区域试验，平均单产分别为5 991kg/hm² 和6 076.5kg/hm²，比对照红410分别增产19.3%和24.8%。1998—1999年在福建省累计推广种植2.00万hm²。适宜福建省作早稻种植。

栽培技术要点：在福建作早稻栽培，由于苗期抗寒性强，在闽西北、闽东稻区可适当早播，一般宜在3月中旬播种，秧龄25d左右，插秧规格以17cm×20cm或20cm×20cm，每穴栽插5～7苗为宜，争取有效穗达330万～345万穗/hm²。适宜中高肥力水平种植，肥料以基肥和早期追肥为主。及时防治病虫草害。

晋南晚（Jinnanwan）

品种来源：福建省晋江地区农业科学研究所于1971年利用从华南农业大学引进的杂种第二代材料，通过系谱法选育，于1973年育成。1983年通过福建省农作物品种审定委员会审定。

形态特征和生物学特性：属籼型常规偏迟晚籼水稻。感光性较强。全生育期155d，株高86～97cm，每穗总粒数74.4粒，结实率86.3%，千粒重24.1g。

品质特性：糙米率86.5%，精米率73.7%，腹白中等大小，食味中等。

抗性：抗稻瘟病和稻飞虱。

适宜地区：1983—1986年在福建省推广种植5.07万hm²。适宜福建省作晚稻种植。

栽培技术要点：在福建作晚稻栽培，可在芒种前播种，大暑后插秧，力争小雪前成熟，以利冬种，插植要求小株密植。插后7d左右追施分蘖肥，插后40d左右重施穗肥，争取多穗、大穗、大粒。水分管理要求后期田里宜保持干湿交替，并且不能断水过早，否则易发生小球菌核病，最好在成熟前1周断水。及时防治病虫草害。成熟时较易落粒，要适时收获。

科辐红2号 (Kefuhong 2)

品种来源：福建省连城县良种场以IR8和红410为亲本杂交，采用系谱法，于1981年育成。1983年通过福建省农作物品种审定委员会审定。

形态特征和生物学特性：属籼型常规早籼水稻。全生育期112～127d，株高75～90cm，穗长18～22cm，每穗总粒数60～75粒，结实率75%～80%，千粒重30～32g。

品质特性：米粒腹白小，米质好，饭软有黏性和香味。

抗性：中抗稻瘟病，中感纹枯病、紫秆病，易受稻纵卷叶螟、稻飞虱为害。

适宜地区：1983—1987年在福建省累计推广种植8.33万hm²。适宜福建省龙岩、三明等地区种植。

栽培技术要点：在福建作早稻栽培，一般3月中旬播种，秧龄25～30d，播种量600～750kg/hm²，插植规格可以16.5cm×13cm、16.5cm×16.5cm和20cm×16.5cm，每穴栽插4～6苗，插基本苗180万～225万苗/hm²。前期施肥要攻头，以发足茎蘖数，但要防止过量，造成分蘖过多降低成穗率，中期要稳，后期保尾。水分管理要求前期以薄水促蘖，在苗数达450万～525万苗/hm²时，应及时烤田，控制无效蘖；沙质田则宜搁不宜烤。在幼穗发育期间需水量大，要经常保持水层，最好灌跑马水，保持田间湿润。及时防治病虫草害和适时收割。

满仓515（Mancang 515）

品种来源：福建省农业科学院水稻研究所以434大穗/FR1034//珍珠矮///闽科早1号为杂交方式，采用系谱法选育而成。1996年通过福建省农作物品种审定委员会审定。

形态特征和生物学特性：属籼型常规中迟熟早籼水稻。感温性强。全生育期134d。株高95～100cm，株型较紧凑，叶片较挺，穗长22～25cm，每穗总粒数120～130粒，结实率91%～94%，千粒重27～28g。

品质特性：糙米率81.8%，精米率75.1%，整精米率45.7%，垩白粒率88%，垩白度22.6%，透明度1级，碱消值6.8级，胶稠度51mm，直链淀粉含量24.7%。

抗性：抗稻瘟病和白叶枯病，对纹枯病、稻飞虱和螟虫有一定耐性，但早稻栽培时易感恶苗病。

产量及适宜地区：1994—1995年两年福建省早稻区域试验，平均单产分别为6 670.05kg/hm²和6 720kg/hm²，比对照汕优桂32分别增产5.8%和10.7%。1994—2003年在福建省累计推广种植35.20万hm²。适宜闽东南沿海地区作中晚稻，闽南及闽西南部低海拔地区可作早稻栽培。

栽培技术要点：在漳州早稻2月中下旬播种；晚稻一般7月10日左右播种，不宜超过8月10日。稀播种育壮秧，秧田播种量450kg/hm²，育粗壮的三叉秧，大田用种量22.5～45kg/hm²。早稻秧龄30d，晚稻秧龄25d，不可长秧龄。肥田每穴栽插2苗，中低产田每穴栽插3～4苗，株行距20cm×20cm或23cm×20cm或20cm×17cm。应重施基肥，早施追肥，插后10～25d内完成追肥，以促早分蘖长大穗。施纯氮225～270kg/hm²，并搭配适量磷、钾肥，施穗肥或根外追肥更佳。灌溉要求抽穗后田间应保持干湿状态。及时防治病虫草害。

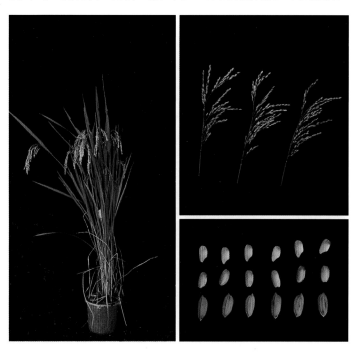

闽科早1号（Minkezao 1）

品种来源：福建省农业科学院水稻研究所以78130为亲本，采用系谱法选育而成。1988年通过福建省农作物品种审定委员会审定。

形态特征和生物学特性：属籼型常规早籼水稻。对温光不敏感。全生育期125～130d，株高90～95cm，穗长19.5cm，每穗总粒数95～102粒，结实率87%，千粒重27g。

品质特性：糙米率81%，精米率70%～72%，整精米率56%～62%，碱消值4.7级，胶稠度42mm，直链淀粉含量24.6%～25.7%，蛋白质含量9.52%。米质白透明、腹白中。

抗性：抗稻瘟病，不抗稻飞虱，轻感纹枯病。

产量及适宜地区：1986—1987年两年福建省早稻区域试验，平均单产分别为6 382.65kg/hm^{2}和5 952kg/hm^2，比对照77-175分别增产12.7%和9.5%。1987—1991年在福建省累计推广种植9.60万hm^2。适宜福建省海拔600m以下的地区作早稻栽培，也可作晚稻倒种栽培。

栽培技术要点：在福建作早稻栽培，一般3月15日播种，秧龄25～30d，插植规格17cm×20cm或20cm×20cm，插195万～225万苗/hm^2；高肥力田每穴栽插3～4苗，低肥力田每穴栽插4～5苗。施纯氮180kg/hm^2，氮、磷、钾比例为1∶0.4∶0.7。基肥以磷氮为主，配合钾肥，磷、氮、钾分别占各自总施肥量的100%、30%、20%；分蘖肥以氮、钾为主，分别占总施肥量的60%和70%；穗粒肥看苗施用，氮、钾结合，分别占总施肥量的10%。水分管理采取寸水插秧促返青，浅水勤灌促分蘖，间歇露田促壮蘖，多次轻搁控群体，孕穗至齐穗浅水养胎，乳熟期后干湿交替，养根保叶促灌浆。分蘖期注意防治负泥虫、蓟马；孕穗至抽穗期注意防治二代三化螟、叶蝉、纹枯病、稻瘟病；灌浆至成熟期注意防治稻飞虱。

闽科早22 (Minkezao 22)

品种来源：福建省农业科学院水稻研究所以田丰/竹科2号//78130为杂交方式，采用系谱法选育而成。分别通过福建省（1992）、国家（1995）农作物品种审定委员会审定。

形态特征和生物学特性：属籼型常规中熟早籼水稻。全生育期115～117d，株高80～90cm，穗长18～20cm，每穗总粒数58.9粒，结实率84.2%，千粒重26.1g。

品质特性：糙米率82.7%，精米率74.2%，整精米率54.4%，胶稠度40mm，直链淀粉含量25.7%，蛋白质含量9.37%。米质一般。

抗性：中抗稻瘟病和白背飞虱，感白叶枯病和褐飞虱。

产量及适宜地区：1989—1990年两年福建省早稻中熟组区域试验，平均单产分别为6 153kg/hm^{2}和5 877kg/hm^2，比对照119分别增产8.3%和2.8%。1991—1998年在全国累计推广种植11.13万hm^2。适宜福建等省作早稻种植。

栽培技术要点：在福建作早稻栽培，播种量600kg/hm^{2}左右，秧龄25～30d，插植规格20cm×16.5cm或20cm×20cm，每穴栽插3～4苗。重施基肥，早施追肥，插后10～15d内追肥，抽穗前20～25d酌施穗肥，以保蘖增穗，施磷、钾肥。水分管理要求注意控水，抑制纹枯病发生。及时防治病虫草害。

闽泉2号（Minquan 2）

品种来源：福建省泉州市农业科学研究所以高丰85和730为亲本杂交，采用系谱法选育而成。2000年通过福建省泉州市农作物品种审定委员会审定。

形态特征和生物学特性：属籼型常规早晚兼用籼稻。在福建泉州作早稻全生育期127d，株高108.9cm，穗长22.4cm，每穗总粒数124粒，结实率87.6%，千粒重26.9g。

品质特性：糙米率82.0%，精米率75%，整精米率63.3%，糙米粒长5.9mm，糙米长宽比2.2，垩白度5.6%，垩白粒率57%，透明度2级，碱消值6级，胶稠度58mm，直链淀粉含量23.6%，蛋白质含量10.6%。

抗性：抗稻瘟病、中感白叶枯病及白背飞虱。

产量及适宜地区：1998年福建省晚稻区域试验，平均单产7 080.15kg/hm²，比对照汕优桂32增产7.5%。2003—2004年在福建省累计推广种植8.13万hm²。适宜福建省泉州市作早晚稻种植。

栽培技术要点：在福建泉州市种植，早稻3月上旬播种，湿润秧秧龄30～35d，旱育秧秧龄25d左右；晚稻7月上旬播种，秧龄18～20d。育秧时要稀播匀播，播种量600kg/hm²左右。移栽株行距20cm×16cm，每穴栽插3～4苗，插足30万穴/hm²，基本苗120万苗/hm²左右。中等肥力田块施纯氮165～195kg/hm²，基肥占60%左右，分蘖肥插后10d内施完，根据实际生长情况，施用适量穗肥，注意增施有机肥，配施磷钾肥，氮、磷、钾比例为1：0.5：0.8为宜。灌溉采取浅水促蘖，够苗烤田，湿润灌浆，后期干湿交替，一般掌握茎蘖数达330万苗/hm²开始排水烤田。病虫草害防治要重点抓好螟虫、稻飞虱及纹枯病防治，稻瘟病重发区也要注意加强稻瘟病综合防治。

闽岩糯（Minyannuo）

品种来源：福建省龙岩市农业科学研究所以闽糯580和早糯717为亲本杂交，采用系谱法选育而成。分别通过福建省（1995）、国家（1997）农作物品种审定委员会审定。

形态特征和生物学特性：属籼型常规早籼糯稻。在福建作早稻全生育期124d，株高85～90cm，每穗总粒数90～100粒，结实率90%，千粒重24～25g。

品质特性：糙米率79.31%，精米率72%，整精米率51.5%～60.7%，糙米粒长5.0～5.5mm，糙米长宽比2.2～2.5，碱消值7级，胶稠度93～100mm，直链淀粉含量1.4%～1.6%，蛋白质含量8.9%。达优质糯米标准。

抗性：中抗稻瘟病，抗白叶枯病。

产量及适宜地区：1993—1994年两年福建省早稻区域试验，平均单产分别为6 010.2kg/hm² 和5 980.8kg/hm²，比对照717分别增产17.1%和15.3%。1994年全国南方8省联合区试，平均单产6 601.2kg/hm²，比对照浙33增产1.2%。1994—2008年在福建省累计推广种植21.33万hm²。适宜福建、江西、广东、广西、浙江、湖南、安徽、四川、贵州南部等地的平原和半山区种植。

栽培技术要点：在福建作早稻栽培，3月中旬播种；晚稻倒种于7月中旬播种。稀播种，秧田播种量450kg/hm²，大田用种量45kg/hm²，培育粗壮秧，采用旱育秧栽培技术为佳。移栽株行距20cm×20cm（或16.5cm），基本苗90万～150万苗/hm²，每穴栽插3～5苗。适宜中等肥力以上田块种植，氮、磷、钾比例以1：0.5：0.8为佳，应巧施穗肥，以磷、钾为主，基肥占总施肥量的60%～70%，追肥在插后12d内施完。灌溉要求前期浅水，中期搁田，后期干湿交替。纹枯病应在分蘖末期防治，注意防治稻飞虱的发生发展。糯稻在晒谷时，需先晒4～6h脱水2～3成后，放回仓库堆积48h左右，然后再一次性晒干，从而提高糯米的品质，夺取丰收。

南保早 （Nanbaozao）

品种来源：福建省南平市农业科学研究所以红云33/谷农13//越冬青/圭辐3号为杂交方式，采用系谱法选育而成。1997年通过福建省农作物品种审定委员会审定。

形态特征和生物学特性：属籼型常规早稻。全生育期119～122d，株高85cm，穗长21cm，每穗总粒数90粒，结实率85%，千粒重30g。

品质特性：糙米率85.4%，精米率71.8%，整精米率54.5%。

抗性：抗稻瘟病。

产量及适宜地区：1994—1995年两年福建省早稻区域试验，平均单产分别为5 671.5kg/hm²和5 929.5kg/hm²，比对照119分别增产6.4%和10.2%。1997—1998年在福建省累计推广种植4.87万hm²。适宜福建省作早稻种植。

栽培技术要点：在福建作早稻栽培，闽西北以3月中旬播种，秧田播种量750kg/hm²，秧龄25～30d，插植规格20cm×16.5cm或20cm×13.5cm，每穴栽插5～7苗，基本苗180万～210万苗/hm²。大田基肥要足，追肥要及时，磷钾肥合理搭配。基肥施碳酸氢铵600kg/hm²、过磷酸钙450kg/hm²；插秧后7d左右，追施分蘖肥，施碳酸氢铵、过磷酸钙各300kg/hm²，氯化钾150～225kg/hm²；在幼穗分化、孕穗期视苗生长状况施复合肥和尿素75kg/hm²左右。

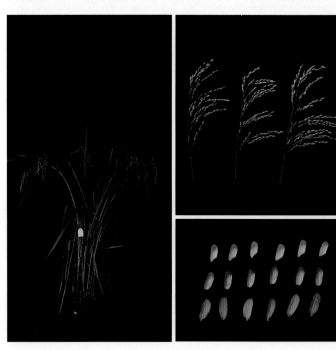

水分管理掌握插后寸水护苗，返青后浅水促蘖，苗够烤田，见土壤裂纹后即复水，抽穗灌浆期干湿交替，后期不宜过早断水。要注意防治恶苗病、纹枯病、螟虫、稻飞虱等病虫害。

南厦060 (Nanxia 060)

品种来源：福建省南平市农业科学研究所和厦门大学以佳禾1号和外引30为亲本，采用系谱法选育而成。2000年通过福建省农作物品种审定委员会审定。

形态特征和生物学特性：属籼型常规早籼水稻。基本营养生长性，偏感温。全生育期120.7d，株高95～110cm，每穗总粒数85.8粒，结实率79.3%，千粒重26.1g。

品质特性：糙米率79.6%，精米率71.4%，整精米率49.6%，糙米长宽比3.5，垩白粒率15%，垩白度5.2%，透明度2级，碱消值7.0级，胶稠度65mm，直链淀粉含量16.4%，蛋白质含量8.2%。米质较优。

抗性：中抗稻瘟病。

产量及适宜地区：1998—1999年两年福建省早稻优质组区域试验，平均单产分别为5 218.5kg/hm² 和 5 353.5kg/hm²，比对照78130分别减产7.3%和12.6%。2002—2003年在福建省累计推广种植1.40万 hm²。适宜福建省作早稻种植。

栽培技术要点：在闽北作早稻种植应在3月中旬播种，秧龄30d左右。作晚稻应在7月上旬播种，秧龄25d左右。秧田播种量900～975kg/hm²，大田用种量75～90kg/hm²，插植规格16.5cm×（16.5～20）cm，每穴栽插5～6苗，并做到浅插，直插。施肥要求基肥：分蘖肥：穗肥为5：3：2，施纯氮240kg/hm²、五氧化二磷105kg/hm²、氧化钾75kg/hm²，分蘖肥可在插后5d左右下，并拌丁草胺100g，穗肥可在幼穗分化2～3期时进行。水分管理掌握少水插秧、浅水促蘖、苗够搁田、深水保胎、寸水扬花、干湿壮籽、乳熟前不断水，后期特别注意防止倒伏。重点要防治纹枯病，在水稻抽穗扬花期用井冈霉素喷雾防治。为获得优质米，尽可能在成熟度达到95%以上时抢晴收割。

宁早517（Ningzao 517）

品种来源：福建省宁德市农业科学研究所以意珍/红410//IR50为杂交方式，采用系谱法选育而成。1994年通过福建省农作物品种审定委员会审定。

形态特征和生物学特性：属籼型常规迟熟早籼水稻。全生育期120d，株高85cm，每穗总粒数75.2粒，结实率86.1%，千粒重29.9g。

品质特性：糙米率80.5%，米粒透明度中等，垩白度中等，米质中等，米饭较软，味适中。

抗性：较抗稻瘟病。

产量及适宜地区：1987—1988年两年福建省早稻迟熟组区域试验，平均单产分别为5 826kg/hm² 和5 506.5kg/hm²，比对照77-175分别增产7.2%和6.2%。1991—1998年在福建省累计推广种植8.47万hm²。适宜闽东、闽西北、闽南作双季早稻或晚稻种植。

栽培技术要点：在福建作早稻栽培，一般3月中旬播种，秧田播种量900kg/hm²左右，培育壮秧，插植规格20cm×13cm或17cm×16cm，每穴栽插6～8苗，争取有效穗达420万～450万穗/hm²。施肥要求施足基肥，早追肥，并增施磷钾肥，促进早生快发，酌情施壮尾肥。水分管理应掌握前浅、中烤、后湿润的原则，一般插后30d分蘖达450万蘖/hm²左右即应烤田，后期不宜过早断水。及时防治病虫草害，要注意防治纹枯病。

泉农3号 (Quannong 3)

品种来源：福建省泉州市农业科学研究所以IR36/78130为杂交方式，采用系谱法选育而成。1996年通过福建省农作物品种审定委员会审定。

形态特征和生物学特性：属籼型常规中迟熟早籼水稻。全生育期124～128d，株高89～95cm，每穗总粒数95粒，千粒重28.6g。

品质特性：糙米率81.7%，精米率74.6%，整精米率54.5%，糙米长宽比2.2，垩白粒率61%，垩白度8.5%，透明度3级，碱消值7级，胶稠度34mm，直链淀粉含量24.2%，蛋白质含量8.9%。

抗性：抗稻瘟病，中抗纹枯病。

产量及适宜地区：1993—1994年两年福建省早稻区域试验，平均单产分别为6 417kg/hm²和6 513kg/hm²，比对照78130分别增产1.9%和5.4%。1996—2004年在福建省累计推广种植33.80万hm²。适宜福建省作早稻种植。

栽培技术要点：在福建作早稻栽培，一般3月中旬末至下旬初播种，秧田播种量为600～750kg/hm²，秧龄30d左右，插植规格为15cm×20cm或13cm×24cm，每穴栽插5～8苗，插30万～33万穴/hm²，基本苗150万～240万苗/hm²。施肥要求基、蘖、穗肥的比例为6：3：1，纯氮150～180kg/hm²，氮、磷、钾比例为1：0.5：0.7。水分管理要求前期浅水勤灌促蘖，苗数360万苗/hm²左右时及时烤田，幼穗分化期间浅露结合，抽穗期保持水层，后期干湿交替，不宜过早断水。及时防治病虫草害，在破口期防治二代三化螟、纹枯病，后期防治稻飞虱。

泉珍10号（Quanzhen 10）

品种来源：福建省泉州市农业科学研究所以轮回422/江恢916//明恢63/DT-713为杂交方式，采用系谱法选育而成。2004年通过福建省农作物品种审定委员会审定。

形态特征和生物学特性：属籼型常规早籼水稻。全生育期118d，株高100cm，穗长22cm，每穗总粒数115粒，结实率82%，千粒重26.5g。

品质特性：糙米率81.0%，精米率74.7%，整精米率47.3%，糙米粒长6.1mm，糙米长宽比2.5，垩白度0.8%，透明度1级，碱消值7.0级，胶稠度92mm，直链淀粉含量16.6%，蛋白质含量7.8%。

抗性：感稻瘟病。

产量及适宜地区：2002—2003年两年福建省早稻优质组区域试验，平均单产分别为6 531.75kg/hm^{2}和6877.05kg/hm^2，比对照佳禾早占分别增产7.9%和13.3%。2004—2014年在福建省累计推广种植27.40万hm^2。适宜福建省低海拔稻瘟病轻发区作早稻种植。

栽培技术要点：在福建作早稻栽培，一般可在3月上旬播种，匀播稀播，培育多蘖壮秧，播种量少于600kg/hm^{2}为宜，并注意加强秧田肥水和病虫害管理。移栽秧龄30d左右，插植规格20cm×20cm为宜，每穴栽插2～3苗，基本苗75万苗/hm^{2}左右。施肥掌握"前重、中控、后补"的原则，重施基肥，少施或不施穗肥，增施磷钾肥，忌偏施氮肥，中等肥力田一般纯氮施用量165kg/hm^2，氮、磷、钾配比掌握1：0.6：0.8左右，基肥中纯氮施用量占总氮量70%。水分管理上，前期深水返青，浅水促蘖，中期注意适时烤田，后期干干湿湿，但忌断水过早，以免影响谷粒充实。在高产栽培条件下，应特别注意做好螟虫、稻飞虱及纹枯病的综合防治工作。在稻瘟病高发区，还应做好稻瘟病防治工作，以确保丰收。

世纪137（Shiji 137）

品种来源：福建省农业科学院水稻研究所以矮窄/姬糯//C98/玉米稻///434大穗/FR1037为杂交方式，采用系谱法选育而成。1999年通过福建省农作物品种审定委员会审定。

形态特征和生物学特性：属籼型常规晚籼水稻。对温度较敏感，对光照不太敏感。全生育期130d，株高95～105cm，每穗总粒数128～135粒，结实率80%，千粒重28g。

品质特性：糙米率81.2%，精米率72.9%，整精米率68.0%，糙米粒长5.9mm，透明度2级，碱消值7.0级，胶稠度44mm，直链淀粉含量24.4%，蛋白质含量11.5%。

抗性：轻感稻瘟病、纹枯病，较耐稻飞虱。

产量及适宜地区：1996—1997年两年福建省晚稻区域试验，平均单产分别为6 387.6kg/hm^{2}和6 255kg/hm^2，比对照汕优桂32分别增产8.7%和8.7%。2000—2007年在福建省累计推广种植2.53万hm^2。适宜福建省轻稻瘟病区作中、晚稻栽培；闽南及闽西南部低海拔地区作早稻栽培。

栽培技术要点：在福建作早稻栽培3月上旬播种，晚稻栽培7月中旬播种。秧田播种量450～600kg/hm^2，大田用种量30～45kg/hm^2，育4叶包心的壮秧。早稻秧龄25～30d为宜，晚稻秧龄以25d左右。移栽每穴栽插2～3苗，株行距一般田20cm×20cm。施肥应重施基肥和攻关肥，插后2周内完成追肥，以促早分蘖长大穗。施氮量180～225kg/hm^2，基肥占30%左右，追肥30%左右，氮、磷、钾比例为1：0.5：0.6。及时防治病虫草害。

溪选早1号（Xixuanzao 1）

品种来源：福建省明溪县良种场以J凡29008品种为亲本，通过系谱法选育而成。1999年通过福建省农作物品种审定委员会审定。

形态特征和生物学特性：属籼型常规早籼水稻。全生育期122.3d，株高95cm，每穗总粒数90粒，结实率85%，千粒重27g。

品质特性：糙米率81.6%，精米率73.6%，整精米率52.7%，糙米粒长6.1mm，糙米长宽比2.4，垩白度17%，透明度3级，碱消值5级，胶稠度85mm，直链淀粉含量21%，蛋白质含量8.2%。

抗性：中抗稻瘟病。

产量及适宜地区：1995年福建省早籼中熟组区域试验，平均单产5 931kg/hm^2，比对照119增产8%。1983年以来在福建省累计推广种植0.73万hm^2。适宜福建省作早稻种植。

栽培技术要点：在福建作早稻栽培，一般3月中旬播种，采用旱育稀播，培育带蘖壮秧，秧龄30d左右，插秧规格17cm×20cm，每穴栽插6～7苗，基本苗180万～210万苗/hm^2。施足基肥，早施追肥，插后7d内完成追肥，后期应避免偏施氮肥。水分管理掌握前浅、中搁、后湿润原则，后期不能过早断水。及时防治病虫草害。

籼128 (Xian 128)

品种来源：福建省农业科学院水稻研究所以78130与矮梅早3号为亲本杂交，采用系谱法选育而成。1991年通过福建省农作物品种审定委员会审定。

形态特征和生物学特性：属籼型常规早籼水稻。全生育期平均128d，株高90～95cm，每穗总粒数90～95粒，结实率90%～92%，千粒重28g。

品质特性：米质一般。

抗性：抗稻瘟病，较抗纹枯病和白叶枯病。

产量及适宜地区：1988—1989年两年福建省早稻区域试验，平均单产分别为6 013.5kg/hm² 和6 387kg/hm²，比对照78130增产2.3%～5.9%。1991—1996年在福建省累计推广种植14.67万hm²。适宜福建省作早稻种植。

栽培技术要点：在福建作早稻栽培，秧田用种量750kg/hm²左右，大田用种量75kg/hm²左右，秧龄25～30d，育4.5～5.5叶的壮秧，插秧规格20cm×16.7cm或20cm×20cm或30cm×13.3cm，每穴最多栽插5～6苗，保证27万～30万穴/hm²。施肥应重施基肥、及时追肥、适当施穗肥，基肥占总施肥量的70%左右，追肥在插后半个月内完成，在高产区还应注意施穗肥或根外追肥，磷钾肥灵活搭配施用。及时防治病虫草害。

漳佳占（Zhangjiazhan）

品种来源：福建省漳州市农业科学研究所以佳禾早占//特丰矮/多系1号为杂交方式，采用系谱法选育而成。2005年通过福建省农作物品种审定委员会审定。

形态特征和生物学特性：属籼型常规早籼水稻。全生育期116.5d，株高102.1cm，每穗总粒数98.9粒，结实率90.0%，千粒重24.3g。

品质特性：糙米率79.0%，精米率70.6%，整精米率36.5%，糙米粒长6.2mm，糙米长宽比2.7，垩白粒率9%，垩白度4.3%，透明度2级，碱消值6级，胶稠度64mm，直链淀粉含量15.9%，蛋白质含量7.4%。

抗性：感稻瘟病。

产量及适宜地区：2002—2003年两年福建省早籼优质组区域试验，平均单产分别为6 267.3kg/hm² 和6 196.8kg/hm²，比对照佳禾早占分别增产3.6%和2.1%，2004年生产试验，平均单产6 934.5kg/hm²，比对照佳禾早占增产3.1%。2005—2007年在福建省累计推广种植7.33万hm²。适宜福建省低海拔稻瘟病轻发区作早稻种植。

栽培技术要点：在福建作早稻栽培，一般可在3月上、中旬播种，秧龄30d左右，株行距20cm×17cm，基本苗在120万苗/hm²。中等肥力田块施纯氮150kg/hm²，增施磷、钾肥。水分管理上忌断水过早，以免影响稻谷充实和稻米品质。重点防治孕穗至抽穗灌浆阶段的螟虫和生长后期的纹枯病，在稻瘟病重病区，应做好稻瘟病的防治工作。

漳龙9104（Zhanglong 9104）

品种来源：福建省漳州市农业科学研究所以台农糯和桂44为亲本杂交，采用系谱法选育而成。1999年通过福建省农作物品种审定委员会审定。

形态特征和生物学特性：属籼型常规中熟晚籼早稻，基本营养生长性。在福建作双晚种植，全生育期130d左右，株高95～100cm，穗长20～21cm，每穗总粒数100粒，结实率85%，千粒重26～27g。

品质特性：糙米率81.3%，精米率74.5%，整精米率64.3%，糙米粒长6.5mm，糙米长宽比2.7，垩白粒率41.5%，垩白度9.0%，透明度1级，碱消值7级，胶稠度48mm，直链淀粉含量25.4%，蛋白质含量8.1%。

抗性：抗稻瘟病，中抗白叶枯病，抗纹枯病，耐寒性强。

产量及适宜地区：1994—1995年两年福建省晚籼中熟组区域试验，平均单产分别为6 440kg/hm^{2}和6 270kg/hm^2，比对照汕优桂32分别增产2.3%和3.3%。2003—2004年在福建省累计推广种植1.53万hm^2。适宜福建省作晚稻种植。

栽培技术要点：在福建作晚稻栽培，7月中旬播种，秧龄22d以内，秧田播种量450kg/hm^2，大田用种量60～75kg/hm^2，采用湿润育秧，培育粗壮秧苗。栽插密度一般20cm×17cm或20cm×20cm，每穴栽插5～6苗，确保基本苗达150万苗/hm^{2}以上。施肥以基肥为主，追肥为辅；肥料以有机肥或复合肥为主，速效氮肥为辅。施足基肥，早施追肥，促进早生快发，提高分蘖成穗率，后期控制氮肥施用，以免贪青徒长，注意看苗补肥。一般产量7 500kg/hm^2，需施纯氮165～225kg/hm^2，五氧化二磷、氧化钾各90～120kg/hm^2。水分管理宜采用浅水插秧、寸水活棵、薄水分蘖，中期达600万苗/hm^{2}时落水搁田，有水壮苞抽穗，齐穗后干湿交替保丰收。要注意防治螟虫、稻飞虱、卷叶虫的为害。

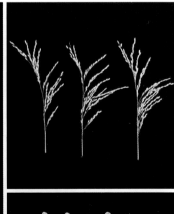
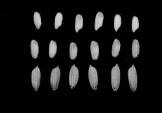

珍优1号 （Zhenyou 1）

品种来源：福建省农业科学院水稻研究所以珍木85和四优2号为亲本杂交，采用系谱法选育而成。1986年通过福建省农作物品种审定委员会审定。

形态特征和生物学特性：属籼型常规早籼水稻，基本营养型。全生育期134d，株高90～100cm，穗长18～23cm，每穗总粒数125粒，结实率85.9%，千粒重23.4g。

品质特性：糙米率82.4%，精米率72.5%，糙米粒长6.6mm，糙米长宽比3.05，垩白度15.0%，透明度1级，碱消值7级。

抗性：中感稻瘟病，中抗纹枯病、白叶枯病，抗稻飞虱。

产量及适宜地区：一般产量6 000kg/hm²。1995—1998年在福建省累计推广种植1.40万hm²。适宜闽东至闽南沿海一线的稻瘟病轻病区或无病区水稻主产区种植。

栽培技术要点：在福建作早稻栽培，3月中、下旬播种，秧龄30d左右，秧田播种量300～450kg/hm²，本田用种量约30kg/hm²。株行距20cm×17cm，每穴栽插3～4苗。要在施足基肥的基础上，早中耕，早追分蘖肥，争取早分蘖，增加有效穗。并注意合理增施磷钾肥，后期看苗下肥，但施肥水平要略低于杂交水稻。水分管理要求前期浅水促分蘖，中期适当搁田，后期干干湿湿，防止倒伏。要注意防治稻瘟病。

第二节 杂交籼稻

Ⅱ优125 （Ⅱ you 125）

品种来源：福建省南平市农业科学研究所以Ⅱ-32A和南恢125配组育成。恢复系南恢125以N175和渝恢6078为亲本杂交，采用系谱法选育而成。分别通过福建省（1996）、国家（2008）农作物品种审定委员会审定。2010年获国家植物新品种权授权。

形态特征和生物学特性：属籼型三系杂交迟熟中籼水稻。在长江中下游作一季中稻全生育期平均135.2d，株高124.2cm，株型紧凑，茎秆粗壮，穗长24.5cm，每穗总粒数159.3粒，结实率82.6%，千粒重27.3g。

品质特性：整精米率59.6%，糙米长宽比2.3，垩白粒率61%，垩白度10.0%，直链淀粉含量23.7%，胶稠度51mm。

抗性：高感稻瘟病，感白叶枯病，高感褐飞虱。

产量及适宜地区：2006—2007年两年长江中下游迟熟中籼组区域试验，平均单产分别为8 632.5kg/hm²和9 066kg/hm²，比对照Ⅱ优838分别增产4.4%和6.8%。2007年生产试验，平均单产8 404.5kg/hm²，比对照Ⅱ优838增产5.2%。2006—2014年在全国累计推广种植21.53万hm²。适宜江西、湖南、湖北、安徽、浙江、江苏的长江流域稻区（武陵山区除外）以及福建北部、河南南部稻区的稻瘟病、白叶枯病轻发区作一季中稻种植。

栽培技术要点：在长江中下游作中稻栽培，秧田播种量150kg/hm²左右，大田用种量11.25～15.0kg/hm²，稀播、匀播，培育带蘖壮秧。移栽秧龄30d左右，栽插规格20cm×（23～26）cm，每穴栽插1～2苗，插足19.5万穴/hm²以上。施肥要求施纯氮180kg/hm²、五氧化二磷90～120kg/hm²、氧化钾150～225kg/hm²，氮、磷、钾比例为1：0.5：1，施足基肥，早施追肥，促早发，提高分蘖率，50%作基肥，40%作为分蘖肥，10%作穗肥。灌溉采取深水返青，浅水促蘖，湿润稳长，及时搁田，中后期湿润灌溉，切忌断水过早。注意及时防治稻瘟病、白叶枯病、稻飞虱、螟虫等病虫害。

Ⅱ优1259（Ⅱ you 1259）

品种来源：福建省三明市农业科学研究所以Ⅱ-32A和明恢1259配组育成。恢复系明恢1259以明恢86//K59/K1729为杂交方式，采用系谱法选育而成。分别通过国家（2006）、海南省（2008）农作物品种审定委员会审定。

形态特征和生物学特性：属籼型三系杂交迟熟中籼水稻。长江中下游作一季中稻全生育期平均136.7d，株高123.4cm，株型适中，茎秆粗壮，长势繁茂。穗长26.6cm，每穗总粒数163.0粒，结实率78.2%，千粒重28.5g。

品质特性：整精米率68.6%，糙米长宽比2.4，垩白粒率40%，垩白度9.5%，直链淀粉含量24.9%，胶稠度68mm。

抗性：高感稻瘟病，感白叶枯病。

产量及适宜地区：2004—2005年两年长江中下游中籼迟熟组区域试验，平均单产分别为9 099.8kg/hm²和8 009.7kg/hm²，比对照汕优63分别增产8.8%和5.8%。2005年生产试验，平均单产7 900.8kg/hm²，比对照汕优63增产4.0%。2006—2014年在全国累计推广种植19.07万hm²。适宜福建、江西、湖南、湖北、安徽、浙江、江苏的长江流域稻区（武陵山区除外）、河南南部稻区的稻瘟病、白叶枯病轻发区作一季中稻种植，海南省各县作早稻以及海南省东部地区作晚稻种植。

栽培技术要点：根据各地中籼生产季节适时播种，一般可在4月中下旬至5月上旬播种。秧田施足基肥，培育带蘖壮秧。秧龄35d左右，栽插密度20cm×20cm，每穴栽插2苗。施肥要求重施基肥，早施追肥。施纯氮180～225kg/hm²、五氧化二磷150kg/hm²、氧化钾120kg/hm²，基肥、分蘖肥、穗肥的比例为7：2：1。水分管理上做到前期浅水、中期轻搁、后期干湿交替，不可断水过早。注意及时防治稻瘟病、白叶枯病、细条病、螟虫、稻瘿蚊等病虫害。

Ⅱ优1273 (Ⅱ you 1273)

品种来源：福建省三明市农业科学研究所以Ⅱ-32A和明恢1273配组育成。恢复系明恢1273以多系1号和明恢86为亲本杂交，采用系谱法选育而成。2004年通过福建省农作物品种审定委员会审定。2006年获国家植物新品种权授权。

形态特征和生物学特性：属籼型三系杂交中籼水稻，基本营养生长性。全生育期145d左右，株高120cm，植株整齐，株型较散，分蘖力中等，后期转色好。穗长26cm，每穗总粒数160粒，结实率86%，千粒重28g。

品质特性：糙米率81.2%，精米率73.9%，整精米率59.4%，糙米粒长6.2mm，糙米长宽比2.5，垩白粒率48%，垩白度9.8%，直链淀粉含量22.7%，透明度2级，碱消值5.5级，胶稠度66mm，蛋白质含量8.6%。

抗性：中抗稻瘟病。

产量及适宜地区：2001—2002年两年福建省中稻组区域试验，平均单产分别为8 295.3kg/hm^{2}和7 823.55kg/hm^2，比对照油优63分别增产8.2%和5.0%。2004—2009年在福建省累计推广种植9.33万hm^2。适宜福建省作中稻种植。

栽培技术要点：在福建作中稻栽培，4月上旬至5月上旬播种，播种量150～225kg/hm^2，5月上旬至6月上旬移栽，秧龄控制在35d以内。插植规格为20.0cm×23.3cm，每穴栽插带蘖秧2苗，插足基本苗45万苗/hm^2。施肥要求基肥要足，追肥要早，基肥着重施用农家肥。施纯氮187.5kg/hm^2，氮、磷、钾肥比例为1：0.5：0.7；基肥施40%纯氮，50%磷钾肥；分蘖肥于移栽后7d以内施用20%的纯氮，50%磷钾肥；30%的纯氮于移栽后15～20d施用。水分管理以湿为主，干湿相间，做到"寸水返青，浅水分蘖，够苗晒田，有水孕穗，干湿壮籽"。重点防治螟虫、纹枯病、细条病。

II优131 （II you 131）

品种来源：福建省泉州市农业科学研究所以 II -32A 和泉恢 131 配组育成。恢复系泉恢 131 以多系 1 号和 Y31-121 为亲本杂交，采用系谱法选育而成。2005 年通过福建省农作物品种审定委员会审定。2007 年获国家植物新品种权授权。

形态特征和生物学特性：属籼型三系杂交晚籼水稻。全生育期 129.9d，株高 105.1cm，株型适中，穗长 23.3cm，每穗总粒数 129.4 粒，结实率 80.4%，千粒重 26.7g。

品质特性：糙米率 79.4%，精米率 74.0%，整精米率 63.7%，糙米粒长 6.3mm，糙米长宽比 2.6，垩白粒率 74%，垩白度 14.1%，直链淀粉含量 20.8%，透明度 1 级，胶稠度 45mm，碱消值 4 级，蛋白质含量 9.4%。

抗性：感稻瘟病。

产量及适宜地区：2002—2003 年两年福建省晚稻优质组区域试验，平均单产分别为 6 489.5kg/hm² 和 7 172.6kg/hm²，比对照两优 2163 分别增产 4.7% 和 8.1%。2004 年生产试验平均单产 7 023.5kg/hm²，比对照两优 2163 增产 2.9%。2007—2009 年在福建省累计推广种植 2.67 万 hm²。适宜福建省稻瘟病轻发区作晚稻种植。

栽培技术要点：在福建作晚稻栽培，闽东南地区一般 6 月底至 7 月初播种，闽西北地区适当提早。移栽秧龄 20 ~ 25d，一般株行距 23cm×23cm 为宜，插 18.75 万 穴/hm² 左右，每穴栽插 2 株。中等肥力田块施用纯氮 225 ~ 240kg/hm²，按"前重、中控、后补"原则，其中基肥占总施氮量 60% ~ 70%，分蘗肥插后 15d 内施完，根据实际情况适量施用穗肥，增施有机肥和磷钾肥。注意加强病虫草害防治。

Ⅱ优15（Ⅱ you 15）

品种来源：福建省南平市农业科学研究所以Ⅱ-32A和大粒香15配组育成。恢复系大粒香15以A04（IR36/7539//306/IR54）为亲本，选择变异单株，采用系谱法选育而成。2001年通过福建省农作物品种审定委员会审定。

形态特征和生物学特性：属籼型三系杂交迟熟晚籼水稻。偏感温，基本营养生长性。全生育期129d，株高105cm左右，株型集散适中。穗长21～25cm，每穗总粒数112粒，结实率83%左右，千粒重29g。

品质特性：糙米率81.4%，精米率75.4%，整精米率56.0%，糙米粒长6.4mm，糙米长宽比2.5，垩白粒率72%，垩白度9.5%，直链淀粉含量23.2%，透明度2级，胶稠度35mm，蛋白质含量8.9%。

抗性：中抗稻瘟病。

产量及适宜地区：1999—2000年两年福建省晚籼迟熟组区域试验，平均单产分别为5 776.1kg/hm²和6 612.3kg/hm²，比对照汕优63分别增产2.0%和4.7%。2000—2004年在福建省累计推广种植15.67万hm²。适宜福建省稻瘟病轻发区作中、晚稻种植。

栽培技术要点：作双晚栽培，一般在6月15～20日播种，秧田播种量150～180kg/hm²，7月中旬插秧，秧龄控制在30d以内，一般采用20.0cm×16.7cm或20.0cm×20.0cm的宽窄行种植，基本苗75万～105万苗/hm²。施肥应注意氮、磷、钾合理搭配，施足基肥，早施追肥，插后7d施尿素105kg/hm²，氯化钾150kg/hm²，再过7d进行第二次追肥，施尿素75kg/hm²，氯化钾120kg/hm²，后期酌施保尾肥。水分管理掌握浅水勤灌，够苗及时烤田，浅水促幼穗分化，后期干湿交替，注意不宜过早断水。搞好病虫测报，坚持综合防治，主要防治纹枯病和螟虫。

II 优183（II you 183）

品种来源：福建省南平市农业科学研究所以 II -32A 和南恢183配组育成。恢复系南恢183以F_1（明恢63/盐恢559）和CDR22为亲本杂交，采用系谱法选育而成。2004年通过福建省农作物品种审定委员会审定。2010年获国家植物新品种权授权。

形态特征和生物学特性：属籼型三系杂交中籼水稻。全生育期145d，株高110cm，株型集散适中，熟期转色好，穗长24cm，每穗总粒数170粒，结实率85%，千粒重27g。

品质特性：糙米率80.9%，精米率75.2%，整精米率61.9%，糙米粒长6.3mm，糙米长宽比2.6，垩白粒率59%，垩白度12.7%，直链淀粉含量22.0%，透明度2级，碱消值6.2级，胶稠度64mm，蛋白质含量9.4%。

抗性：感稻瘟病。

产量及适宜地区：2001—2002年两年福建省中稻组区域试验，平均单产分别为8 242.2kg/hm²和8 038.5kg/hm²，比对照汕优63分别增产7.5%和9.8%。2005—2007年在福建省累计推广种植3.87万hm²。适宜福建省稻瘟病轻发区作中稻种植。

栽培技术要点：在福建作中稻栽培，以4月20日至5月10日播种为宜，播种量150kg/hm²，要求稀播匀播。秧龄控制在35d以内，插植规格一般20cm×17cm，每穴栽插2苗，插30万穴/hm²，基本苗60万～90万苗/hm²。重施底肥，追肥要早，幼穗分化时视情况追施少量穗肥以提高结实率。水分管理做到深水活蔸，浅水分蘖，多次露田，抽穗后期干湿壮籽，切忌脱水过早。

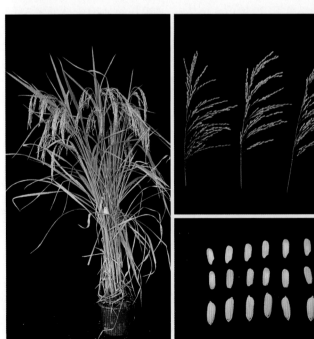

Ⅱ优22（Ⅱ you 22）

品种来源：福建省农业科学院水稻研究所以Ⅱ-32A和福恢22配组育成。2005年通过福建省泉州市区域性农作物品种审定委员会审定。

形态特征和生物学特性：属籼型三系杂交晚籼水稻。全生育期122～126d，株高100cm，穗长22.5cm，每穗总粒数132.3粒，结实率89.9%，千粒重26～27g。

品质特性：糙米率80.7%，精米率72.7%，整精米率64.0%，糙米粒长6.2mm，糙米长宽比2.5，垩白粒率40%，垩白度5.9%，直链淀粉含量22.9%，透明度1级，胶稠度82mm，蛋白质含量10.1%。

抗性：抗稻瘟病。

产量及适宜地区：2001—2002年两年福建省泉州市区域试验，平均单产分别为6 468.9kg/hm^{2}和7 047.9kg/hm^2，比对照特优63分别增产5.4%和2.3%。1996年在福建省推广种植0.80万hm^2。适宜福建省泉州市稻瘟病轻发区作晚稻种植，栽培上应注意防治稻瘟病。

栽培技术要点：作晚稻栽培，7月上旬播种，秧田用种量180kg/hm^2；秧龄25～30d，株行距采用20cm×20cm，插足基本苗90万～120万苗/hm^2。施肥应注意氮、磷、钾合理配比，适当加大钾肥用量，施肥比例为1.0∶0.6∶0.9，一般中等肥力水平田用纯氮150kg/hm^2，基肥用量占总施肥量50%左右，分蘖肥用量占总量40%～45%，穗肥以钾肥为重。灌溉采取浅水勤灌，湿润稳长，苗数达到预定的80%后及时脱水搁田，促进根系深扎，到孕穗期开始复水，后期干湿壮籽，养根保叶，防断水过早，收割前10d左右断水。注意田间病虫调查，做好预测预报，及时防治稻蓟马、螟虫、稻飞虱、稻纵卷叶螟、纹枯病，防治虫害发生，确保丰收。

Ⅱ优3301 (Ⅱ you 3301)

品种来源: 福建省农业科学院生物技术研究所以Ⅱ-32A和闽恢3301配组育成。恢复系闽恢3301以绵恢436和明恢86为亲本杂交,采用系谱法选育而成。分别通过福建省(2008)、国家(2012)、海南省(2013)农作物品种审定委员会审定。

形态特征和生物学特性: 属籼型三系杂交迟熟中籼水稻。长江中下游作一季中稻全生育期135.6d,株高124.3cm,穗长25.3cm,每穗总粒数164.0粒,结实率80.1%,千粒重28.9g。

品质特性: 整精米率61.6%,糙米长宽比2.6,垩白粒率60%,垩白度15.5%,胶稠度81mm,直链淀粉含量22.7%。

抗性: 高感稻瘟病、褐飞虱,感白叶枯病,抽穗期耐热性一般。

产量及适宜地区: 2009—2010年两年长江中下游中籼迟熟组区域试验,平均单产分别为8 997.0kg/hm² 和8 337kg/hm²,比对照Ⅱ优838分别增产7.0%和5.4%。2011年生产试验,平均单产8 472kg/hm²,比对照Ⅱ优838增产1.3%。2009—2014年在全国累计推广种植3.34万hm²。适宜江西、湖南(武陵山区除外)、湖北(武陵山区除外)、安徽、浙江、江苏的长江流域稻区,福建北部、河南南部稻区的稻瘟病、白叶枯病轻发区作一季中稻种植;稻瘟病重发区不宜种植。

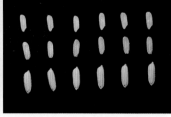

栽培技术要点: 在长江中下游作一季中稻栽培,适时早播,稀播匀播,秧龄30d内,培育多蘖壮秧。株行距20cm×23cm或23cm×23cm,每穴栽插2苗,基本苗60万～90万苗/hm²。施足基肥,适当控氮肥。基肥、分蘖肥、穗肥、粒肥比例为55%、35%、7%、3%,早施分蘖肥,中后期注意增施磷、钾肥。灌溉采取浅水插秧,深水返青,薄水勤灌促分蘖,够苗晒田控分蘖,后期干湿交替,养根保叶防早衰。注意及时防治稻瘟病、白叶枯病、纹枯病、螟虫、稻飞虱等病虫害。

Ⅱ优623（Ⅱ you 623）

品种来源：福建省农业科学院水稻研究所以Ⅱ-32A和福恢623配组育成。恢复系福恢623以明恢86为亲本卫星搭载，采用系谱法选育而成。2007年通过国家农作物品种审定委员会审定。

形态特征和生物学特性：属籼型三系杂交迟熟中籼水稻。在长江中下游作一季中稻种植全生育期平均135.1d，株高128.7cm，株型适中，茎秆粗壮，长势繁茂，熟期转色好。穗长25.6cm，每穗总粒数165.1粒，结实率76.0%，千粒重27.9g。

品质特性：整精米率67.4%，糙米长宽比2.5，垩白粒率53%，垩白度8.2%，胶稠度74mm，直链淀粉含量22.1%。

抗性：高感稻瘟病，感白叶枯病。

产量及适宜地区：2005—2006年两年长江中下游中籼迟熟组品种区域试验，平均单产分别为8 276.3kg/hm²和8 564.4kg/hm²，比对照Ⅱ优838分别增产6.2%和2.8%。2006年生产试验，平均单产8 178.3kg/hm²，比对照Ⅱ优838增产2.8%。2014年在全国推广种植0.87万hm²。适宜江西、湖南、湖北、安徽、浙江、江苏的长江流域稻区（武陵山区除外）以及福建北部、河南南部稻区的稻瘟病、白叶枯病轻发区作一季中稻种植。

栽培技术要点：在长江中下游作一季中稻栽培，适时播种，秧田播种量15kg/hm²左右，大田用种量15.0～22.5kg/hm²，稀播、匀播，培育多蘖壮秧。秧龄25～30d、叶龄6～7叶移栽，栽插规格20cm×20cm，插足基本苗90万～120万苗/hm²。一般中等肥力水平田施用纯氮150kg/hm²，氮、磷、钾比例为1：0.6：0.9，基肥占总肥量的50%左右，分蘖肥占总肥量的40%～45%，穗肥以钾肥为主。灌溉采取浅水勤灌、湿润稳长的方式，苗数达到预定的80%后及时搁田，至孕穗期开始复水，后期干湿壮籽、养根保叶，收割前10d左右断水。注意及时防治稻瘟病、白叶枯病、螟虫、稻飞虱、稻纵卷叶螟等病虫害。

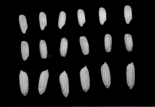

Ⅱ优851 （Ⅱ you 851）

品种来源：福建省南平市农业科学研究所以Ⅱ-32A和南恢851配组育成。恢复系南恢851以GK659（明恢82/多系1号）为母本，南恢辐819为父本杂交，采用系谱法选育而成。2007年通过国家农作物品种审定委员会审定。

形态特征和生物学特性：属籼型三系杂交中迟熟晚籼水稻。在长江中下游作双季晚稻种植全生育期平均120.0d。株高106.6cm，株型适中，茎秆粗壮，长势繁茂，熟期转色好。穗长22.9cm，每穗总粒数146.7粒，结实率79.3%，千粒重27.8g。

品质特性：整精米率64.7%，糙米长宽比3.1，垩白粒率36%，垩白度4.0%，胶稠度78mm，直链淀粉含量19.7%。

抗性：中感稻瘟病，感白叶枯病。

产量及适宜地区：2005—2006年两年长江中下游晚籼中迟熟组品种区域试验，平均单产分别为7 318.4kg/hm² 和7 245.3kg/hm²，比对照汕优46分别增产4.1%和2.9%。2006年生产试验，平均单产7 799.3kg/hm²，比对照汕优46增产5.9%。适宜广西中北部、广东北部、福建中北部、江西中南部、湖南中南部、浙江南部的白叶枯病轻发的双季稻区作晚稻种植。

栽培技术要点：在长江中下游作双季晚稻栽培，适时播种，秧田播种量180～225kg/hm²，大田用种量15～22.5kg/hm²，稀播、匀播，培育壮秧。秧龄25d左右移栽，合理密植，插

足基本苗，栽插规格20cm×（20～23）cm，每穴栽插2苗，栽插6万～8万穴/hm²。施纯氮180～225kg/hm²、五氧化二磷90～120kg/hm²、氧化钾150～225kg/hm²，其中50%作基肥，40%作分蘖肥，10%作穗肥。水分管理上注意够苗轻搁，湿润稳长，后期重视养老根，切忌过早断水。注意及时防治稻瘟病、白叶枯病、稻飞虱等病虫害。

Ⅱ优936（Ⅱ you 936）

品种来源：福建省农业科学院水稻研究所以Ⅱ-32A和福恢936配组育成。恢复系福恢936以明恢86航天搭载/台农67//CDR22为杂交方式，采用系谱法选育而成。2005年通过福建省农作物品种审定委员会审定。2009年获国家植物新品种权授权。

形态特征和生物学特性：属籼型三系杂交中籼水稻。全生育期142.8d，株高128.7cm，植株高，熟期转色好。穗长26.2cm，每穗总粒数176.3粒，结实率90.13%，千粒重27.5g。

品质特性：糙米率81.0%，精米率76.7%，整精米率70.6%，糙米粒长6.3mm，糙米长宽比2.6，垩白粒率82%，垩白度20.5%，直链淀粉含量24%，透明度1级，碱消值4级，胶稠度42mm，蛋白质含量7.9%。

抗性：中感稻瘟病。

产量及适宜地区：2003—2004年两年福建省中稻组区域试验，平均单产分别为9 275.7kg/hm^{2}和8 693.4kg/hm^2，比对照汕优63分别增产10.9%和10.7%。2004年生产试验，平均单产8 893.2kg/hm^2，比对照汕优63增产9.0%。2006—2007年在福建省累计推广种植1.60万hm^2。适宜福建省稻瘟病轻发区作中稻种植。

栽培技术要点：在福建作中稻栽培，一般4月底至5月初播种，秧龄25～30d，插植规格为23cm×23cm。施肥采取重施基肥，早施追肥，后期酌施穗肥，以达到保穗数，促大穗，增粒数，攻结实，争粒重的效果。注意加强稻瘟病的防治。

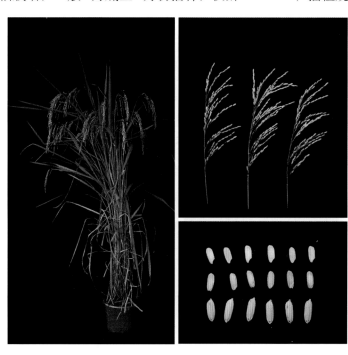

Ⅱ优辐819（Ⅱ youfu 819）

品种来源：福建省南平市农业科学研究所以Ⅱ-32A和辐819配组育成。恢复系辐819以CDR22和桂99为亲本杂交，采用系谱法选育而成。分别通过福建省（2003）、江西省（2005）农作物品种审定委员会审定。2004年获国家植物新品种权授权。

形态特征和生物学特性：属籼型三系杂交中迟熟晚籼水稻。全生育期128～130d，株高100cm，茎秆粗壮，穗长23cm，每穗总粒数140～150粒，结实率80%～85%，千粒重26g。

品质特性：糙米率77.3%，精米率69.7%，整精米率55.1%，糙米粒长6.3mm，糙米长宽比2.6，垩白粒率38%，垩白度5.7%，直链淀粉含量21.5%，胶稠度50mm。

抗性：中感稻瘟病，抗倒伏。

产量及适宜地区：2000—2001年两年福建省晚籼中迟熟区域试验，平均单产分别为6 779.0kg/hm²和6 891.5kg/hm²，比对照汕优63分别增产7.4%和7.7%。2004—2011年在福建和江西省累计推广种植34.20万hm²。适宜福建省稻瘟病轻发区作晚稻和江西省稻瘟病轻发区作中稻种植。

栽培技术要点：在福建省作双晚栽培，一般要求6月15日前播种，7月15日前插秧，播种量150kg/hm²，稀播匀播，注意秧田肥水管理和病虫防治，秧龄控制在35d以内，插植规

格20cm×17cm，插30万穴/hm²，基本苗60万～90万苗/hm²。施肥要求重施底肥，追肥要早，幼穗分化时视情况追施少量化肥以提高结实率。水分管理做到深水活蔸，浅水分蘖，多次露田，抽穗后期干湿交替壮籽，切忌脱水过早。病虫害防治需注意纹枯病的防治，同时兼治稻飞虱、卷叶螟和二化螟。

II优航1号 （II youhang 1）

品种来源：福建省农业科学院水稻研究所以II-32A和航1号配组育成。恢复系航1号以明恢86为亲本空间搭载，采用系谱法选育而成。分别通过福建省（2004）、国家（2005）农作物品种审定委员会审定。

形态特征和生物学特性：属籼型三系杂交迟熟中籼水稻。长江中下游作中稻全生育期135.8d，株高127.5cm，株型适中，茎秆粗壮，分蘖较强，长势繁茂，剑叶长而宽。穗长26.2cm，每穗总粒数165.4粒，结实率77.9%，千粒重27.8g。

品质特性：糙米率80.9%，精米率74.5%，整精米率68.9%，糙米粒长6.2mm，糙米长宽比2.6，垩白粒率56%，垩白度8.4%，透明度2级，碱消值6.6级，胶稠度54mm，直链淀粉含量21.0%，蛋白质含量10.8%。

抗性：中感稻瘟病，感白叶枯病。

产量及适宜地区：2003—2004年两年长江中下游中籼迟熟高产组区域试验，平均单产分别为7 578.75kg/hm²和9 090.45kg/hm²，比对照汕优63分别增产2.8%和7.5%。2004年生产试验，平均单产8 449.2kg/hm²，比对照汕优63增产14.5%。2004—2014年在全国累计推广种植69.27万hm²。适宜福建、江西、湖南、湖北、安徽、浙江、江苏的长江流域稻区（武陵山区除外）以及河南南部的白叶枯病轻发区作一季中稻种植。

栽培技术要点：在长江中下游作中稻栽培，适当稀播，秧田播种量225kg/hm²左右。移栽秧龄25～30d，栽插密度23cm×23cm；每穴栽插2苗。施纯氮150kg/hm²、五氧化二磷105kg/hm²、氧化钾150kg/hm²，基肥占50%～60%，追肥占30%～40%，穗肥占10%。栽插后5d左右结合一次追肥进行化学除草，施穗肥在幼穗分化2～3期时进行。水分管理要求薄水浅插，够苗轻搁，湿润稳长，孕穗期开始复水，后期干湿壮籽。注意及时防治白叶枯病、稻瘟病、褐飞虱等病虫害。

II优航148 (II youhang 148)

品种来源：福建省农业科学院水稻研究所以 II -32A 和 / 福恢 148 配组育成。恢复系福恢 148 以明恢 86// 台农 67/ 多系 1 号为杂交方式，采用系谱法选育而成。2005 年通过福建省农作物品种审定委员会审定。2009 年获国家植物新品种权授权。

形态特征和生物学特性：属籼型三系杂交中籼水稻。全生育期 143.8d，株高 126.8cm，植株较高，分蘖力中等偏弱，熟期转色好。穗长 25.6cm，每穗总粒数 168.8 粒，结实率 87.7%，千粒重 28.6g。

品质特性：糙米率 78.2%，精米率 72.5%，整精米率 68%，糙米粒长 6.3mm，糙米长宽比 2.5，垩白粒率 81%，垩白度 16.2%，直链淀粉含量 24.9%，透明度 1 级，碱消值 4 级，胶稠度 48mm，蛋白质含量 7.1%。

抗性：感稻瘟病。

产量及适宜地区：2002—2003 年两年福建省中稻组区域试验，平均单产分别为 7 684.2kg/hm^2 和 9 321.6kg/hm^2，比对照汕优 63 分别增产 4.9% 和 11.6%。2004 年生产试验，平均单产 8 808.2kg/hm^2，比对照汕优 63 增产 9.0%。2008 年在福建省推广种植 1.73 万 hm^2。适宜福建省稻瘟病轻发区作中稻种植。

栽培技术要点：在福建作中稻栽培，4月底至5月中旬播种，秧龄 25 ～ 30d，插植规格为 23cm×23cm。施纯氮 150kg/hm^2 左右，一般基肥占 50% ～ 60%，追肥占 30% ～ 40%，穗肥占 10%。以预防为主，化防为辅。要注意防治病虫草害。

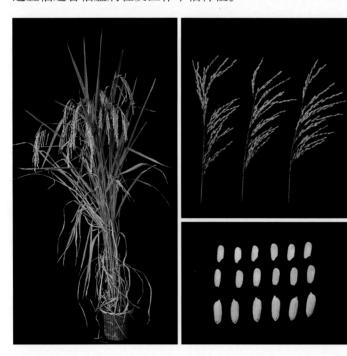

Ⅱ优航2号（Ⅱyouhang 2）

品种来源：福建省农业科学院水稻研究所以Ⅱ-32A和航2号配组育成。恢复系航2号通过卫星搭载明恢86，采用系谱法选育而成。分别通过福建省（2006）、贵州省（2006）、国家（2007）农作物品种审定委员会审定。2010年获国家植物新品种权授权。

形态特征和生物学特性：属籼型三系杂交迟熟中稻。在长江中下游作一季中稻全生育期平均134.5d，株高129.9cm，株型适中，茎秆粗壮，长势繁茂，熟期转色好。穗长25.8cm，每穗总粒数159.7粒，结实率79.0%，千粒重28.5g。

品质特性：糙米率79.5%，精米率72.5%，整精米率67.9%，糙米粒长6.1mm，糙米长宽比2.6，垩白粒率56.0%，垩白度25.54%，直链淀粉含量21.9%，透明度1级，碱消值3.8级，胶稠度41.5mm，蛋白质含量7.2%。

抗性：感稻瘟病和白叶枯病。

产量及适宜地区：2005—2006年长江中下游中籼迟熟组区域试验，平均单产分别为8 647.4kg/hm^{2}和8 461.7kg/hm^2，比对照Ⅱ优838分别增产9.0%和5.1%。2006年生产试验，平均单产8 421.6kg/hm^2，比对照Ⅱ优838增产5.5%。2006—2014年在全国累计推广种植23.06万hm^2。适宜江西、湖南、湖北、安徽、浙江、江苏的长江流域稻区（武陵山区除外）以及福建北部、河南南部稻区的稻瘟病、白叶枯病轻发区作一季中稻种植。

栽培技术要点：在长江中下游作中稻栽培，大田用种量22.5kg/hm^2，秧龄25～30d移栽，栽插规格20cm×（20～23）cm。施纯氮150kg/hm^2，氮、磷、钾比例为1∶0.5∶1，以基肥为主，分蘖肥占总肥量的40%～45%，穗肥以钾肥为主。水分管理上，采取浅水勤灌、湿润稳长的方式，苗数达到预定的80%后及时搁田，后期干湿壮籽，不过早断水。注意及时防治稻瘟病、白叶枯病、螟虫、稻飞虱、稻纵卷叶螟等病虫害。

Ⅱ优明86 (Ⅱ youming 86)

品种来源：福建省三明市农业科学研究所以Ⅱ-32A和明恢86配组育成。分别通过贵州省（2000）、福建省（2001）、国家（2001）农作物品种审定委员会审定。2002年获国家植物新品种权授权。

形态特征和生物学特性：属籼型三系杂交迟熟中籼水稻。在长江中下游作一季中稻全生育期150.8d，株高100～115cm，茎秆粗壮，株型集散适中，分蘖力中等，后期转色佳。穗长25.6cm，每穗总粒数163.6粒，结实率81.8%，千粒重28.2g。

品质特性：整精米率56.2%，垩白粒率78.8%，垩白度18.9%，胶稠度46mm，直链淀粉含量22.5%。

抗性：中感稻瘟病、感白叶枯病，抗倒伏。

产量及适宜地区：1999—2000年两年全国南方稻区中籼迟熟组区域试验，平均单产分别为9 482.7kg/hm² 和8 481kg/hm²，比对照汕优63分别增产8.2%和3.2%。2000年生产试验，平均单产8 718kg/hm²，比对照汕优63增产3%。2001—2014年在全国累计推广种植135.67万hm²。适宜贵州、云南、四川、重庆、湖南、湖北、浙江、上海以及安徽、江苏的长江流域和河南省南部、陕西汉中地区作一季中稻种植。

栽培技术要点：在全国南方稻区作中稻栽培，适期播种，稀播育壮秧。插植规格20cm×23.3cm，每穴栽插2苗，插足基本苗43.5万苗/hm²。施肥要求施足基肥，早施分蘖肥，兼顾穗肥。其他栽培措施可参照汕优63。

Ⅱ优沈98（Ⅱ youshen 98）

品种来源：福建省三明市种子站与尤溪县活水种子有限公司合作，以Ⅱ-32A和沈恢98配组育成。恢复系沈恢98以明恢70变异株系为亲本，采用系谱法选育而成。2007年通过福建省农作物品种审定委员会审定。

形态特征和生物学特性：属籼型三系杂交中籼水稻。全生育期145.9d，株高121.1cm，株型适中，群体整齐，后期转色好。穗长24.7cm，每穗总粒数176.1粒，结实率88.1%，千粒重27.7g。

品质特性：糙米率79.2%，精米率72.0%，整精米率67.8%，糙米粒长6.1mm，垩白粒率26.0%，垩白度7.1%，直链淀粉含量21.9%，透明度1级，碱消值4.6级，胶稠度45.0mm，蛋白质含量7.4%。

抗性：中感稻瘟病。

产量及适宜地区：2005—2006年两年福建省中稻优质组区域试验，平均单产分别为8 833.4kg/hm² 和8 454.9kg/hm²，比对照汕优63分别增产7.2%和9.0%。2006年生产试验，平均单产8 922.5kg/hm²，比对照汕优63增产3.9%。2009年在福建省推广种植0.73万hm²。适宜福建省稻瘟病轻发区作中稻种植，栽培上应注意防治稻瘟病。

栽培技术要点：在福建作中稻栽培，4月中、下旬播种，秧龄30～35d，插植规格21cm×21cm。施纯氮180kg/hm²左右，氮、磷、钾配比1：0.7：0.8，基肥、分蘖肥、穗粒肥比例为6：3：1，氮肥以前期施用为主。水分管理采取"深水返青、浅水促蘖、够苗及时烤田，后期干湿交替"。注意防治稻瘟病。

D297优155（D 297 you 155）

品种来源：福建省将乐县种子公司与将乐县良种场以D297A和将恢155配组育成。其中将恢155以IR26//圭630/IR54杂交方式，采用系谱法选育而成。1997年通过福建省农作物品种审定委员会审定。

形态特征和生物学特性：属籼型三系杂交晚籼水稻。基本营养生长型。全生育期131d，株高100～106cm，每穗总粒数115～120粒，结实率85%，千粒重30.8g。

品质特性：糙米率80.9%，精米率73.8%，整精米率54.1%，垩白度13.3%、透明度1级，碱消值6级，胶稠度72mm，直链淀粉含量23.8%，蛋白质含量11.38%。

抗性：抗稻瘟病。

产量及适宜地区：1993—1994年两年福建省晚稻区域试验，平均单产分别为6 435kg/hm^{2}和6 355.5kg/hm^2，比对照汕优桂32分别增产4.6%和4.2%。1997—1999年在福建省累计推广种植4.73万hm^2。适宜福建省作晚稻种植。

栽培技术要点：栽培方法同汕优63。

D297优63 (D 297 you 63)

品种来源：福建省尤溪县管前镇农业技术推广站和尤溪县良种生物化学研究所以D297A和明恢63配组育成。分别通过四川省（1990）和福建省（1998）农作物品种审定委员会审定。

形态特征和生物学特性：属籼型三系杂交晚籼水稻。全生育期129.5d，株高95cm，每穗总粒数110～140粒，结实率85%，千粒重29g。

品质特性：糙米率81.3%，精米率73.4%、整精米率49.7%，糙米长宽比3.0，垩白粒率88%，垩白度12.8%，直链淀粉含量22.2%，透明度3级，碱消值5.4级，胶稠度40mm，蛋白质含量9%。

抗性：轻感稻瘟病。

产量及适宜地区：1989—1990年两年福建省晚杂优区域试验，平均单产分别为6 198kg/hm² 和6 197.1kg/hm²，比对照油优63分别减产2.5%和0.3%。1991—2002年在福建、四川省累计推广种植57.80万hm²。适宜福建省和四川省稻瘟病轻发区。

栽培技术要点：D297优63的特征特性与汕优63相似，其栽培技术可以参照汕优63。

D297优67 (D 297 you 67)

品种来源：福建省尤溪县管前镇农业技术推广站和龙溪县良种生物化学研究所以D297A和明恢67配组育成。1993年通过福建省农作物品种审定委员会审定。

形态特征和生物学特性：属籼型三系杂交晚籼水稻。偏基本营养生长性。全生育期130～135d，株高90～95cm，每穗总粒数140粒，结实率85%，千粒重28.5g。

抗性：抗稻瘟病。

产量及适宜地区：1990年福建省晚杂组合区域试验，平均单产6 705kg/hm²，比对照油优63增产4.5%。1995—1998年在福建省累计推广种植41.3khm²。适宜福建省作晚稻种植。

栽培技术要点：D297优67的特征特性与汕优63相似，其栽培技术可以参照汕优63。

D奇宝优1号（D qibaoyou 1）

品种来源：福建省尤溪县良种生化研究所和福建省种子管理总站以D奇宝A和登秀1号配组育成。分别通过福建省（2002）和国家（2003）农作物品种审定委员会审定。2007年获国家植物新品种权授权。

形态特征和生物学特性：属籼型三系杂交早籼水稻。华南作早稻全生育期平均126d，株高115.9cm，穗长22.6cm，每穗总粒数132.5粒，结实率80%，千粒重28.2g。

品质特性：糙米率81.9%，精米率72.6%，整精米率49.1%，糙米粒长6.8mm，糙米长宽比2.6，垩白粒率99%，垩白度29.8%，直链淀粉含量20.3%，透明度1级，碱消值4.2级，胶稠度40mm，蛋白质含量9.9%。

抗性：抗稻瘟病，高感白叶枯病，感白背飞虱。

产量及适宜地区：2001—2002年两年华南早籼高产组区域试验，平均单产分别为7 219.5kg/hm² 和7 375.5kg/hm²，比对照汕优63分别增产5.0%和2.8%。2002年生产试验，平均单产7 395kg/hm²，比对照汕优63增产6.2%。2007年在福建省推广种植0.73万hm²。适宜海南、广西中南部、广东中南部以及福建省南部双季稻白叶枯病轻发区作早稻种植。

栽培技术要点：在华南作早稻栽培，一般于2月底至3月初播种，秧田播种量375kg/hm²，秧龄35～40d，栽插规格为16.5cm×26.5cm或16.5cm×23cm，每穴栽插2苗。施纯氮150～180kg/hm²，氮、磷、钾比例为1：0.6：0.8。水分管理要做到浅水勤灌，够苗烤田，控制无效分蘖，后期不要过早断水。要注意防治白叶枯病及稻飞虱等病虫的为害。

D奇宝优527（D qibaoyou 527）

品种来源：福建省尤溪县良种生化研究所、福建东方种业有限公司和福建省种子管理总站以D奇宝A和蜀恢527配组育成。分别通过福建省（2004）、国家（2005）、海南省（2008）农作物品种审定委员会审定。2007年获国家植物新品种权授权。

形态特征和生物学特性：属籼型三系杂交中籼水稻。长江中下游作中稻全生育期130.3d，株高113.5cm，穗长24.2cm，每穗总粒数143.2粒，结实率83.2%，千粒重29.7g。

品质特性：整精米率56.1%，糙米长宽比2.7，垩白粒率71%，垩白度15.1%，胶稠度45mm，直链淀粉含量21.2%。

抗性：感稻瘟病和白叶枯病。

产量及适宜地区：2002—2003年两年长江中下游中籼迟熟高产组区域试验，平均单产分别为8 708.7kg/hm² 和7 755.5kg/hm²，比对照汕优63分别增产4.7%和5.2%。2004年生产试验，平均单产7 877.0kg/hm²，比对照汕优63增产6.3%。2005—2014年在全国累计推广种植20.00万hm²。适宜福建、江西、湖南、湖北、安徽、浙江、江苏的长江流域稻区（武陵山区除外）以及河南南部稻区的稻瘟病、白叶枯病轻发区作一季中稻种植。

栽培技术要点：在长江中下游作中稻栽培，秧龄35～40d，栽插不少于24万穴/hm²，每穴栽插2苗。施肥要求施足基肥，早追分蘖肥，巧施增穗保粒肥。施纯氮量150～180kg/hm²，增施农家肥和钾肥，氮、磷、钾比例为1：0.6：0.8。在水分管理上，做到深水护苗，干湿促蘖，够苗烤田。注意及时防治稻瘟病、白叶枯病、潜叶蝇、二化螟、褐飞虱等病虫害。

SE21S (SE 21 S)

品种来源：福建省农业科学院水稻研究所以164S（W6111S/澳粘88）与192份父母本自由串粉，后代在不同海拔、不同纬度和不同季节的生态压力下，经十代加压选育而成。1997年通过福建省科学技术厅成果鉴定。2005年获国家植物新品种权授权。

形态特征和生物学特性：属籼型两系光补型不育系。人工气候室鉴定，在长日低温（14.0h/23.5℃）条件下，花粉败育度为99.89%±0.25%，自交结实率为0；在短日低温（12.5h/28℃）条件下，花粉败育度为100%，自交结实率为0。可育期内育性稳定，自交结实率高。不育期长，可达90d以上。开花习性好，制种性能佳，米质优。柱头外露率达80%以上，柱头大而长，异交率高。

品质特性：糙米率、精米率较高，糙米粒长7.0mm，糙米长宽比3.2，胶稠度82%，直链淀粉含量14.9%，蛋白质含量9.9%，外观、食味好。

抗性：不抗稻瘟病。

应用情况：适宜配制中、晚籼类型杂交组合，配组的主要品种有两优多系1号、两优2186、两优2163、两优航2号、两优1259、两优688等11个品种通过省级以上审定。

栽培技术要点：SE21S在短日低温条件下转育，因此短日（低于12h）低温（温度低于23.5℃）都能繁殖。

T55A （T 55 A）

品种来源：福建农林大学作物科学学院以珍汕97A为母本，以（珍汕97B/地谷B//龙特甫B）F$_4$作回交父本，经连续多代回交，于1997年转育而成。2000年通过福建省科学技术厅成果技术鉴定。2005年获国家植物新品种权授权。

形态特征和生物学特性：属野败型籼型不育系。播种到抽穗需97d左右，叶龄14.2叶，每穗总粒数134粒左右；谷粒呈椭圆形，千粒重26.7g，柱头黑紫色；柱头总外露率44.63%，其中双边外露率14.3%，异交结实率高。不育度高，不育性稳定。

品质特性：垩白粒率偏高，垩白度较大。

抗性：所配组合中抗稻瘟病。

应用情况：适宜配制早、中、晚籼类型杂交组合，配组的主要品种有T优5570、T优551、T优5537等6个品种通过省级以上审定。

T78A（T 78 A）

品种来源：福建农林大学作物科学学院以珍汕97A为母本，以（地谷B/龙特甫B//珍汕97B）F_4作回交父本，经连续多代回交，于1997年转育而成。2000年通过福建省科学技术厅成果技术鉴定。2005年获国家植物新品种权授权。

形态特征和生物学特性：属野败型早籼型不育系。在福州3月23日播种，6月10日抽穗，播种至抽穗79d，与V20A相当。株高80cm左右，株型较散，后期转色好，叶缘、颖尖和柱头紫色。每穗总粒数80～90粒，千粒重23g。柱头外露率高，异交特性好，繁殖制种产量高，生产成本低。

品质特性：糙米率79.9%，精米率72.1%，整精米率50.2%，糙米粒长5.9mm，糙米长宽比2.6，垩白粒率17%，垩白度1.8%，透明度2级，碱消值7.0级，胶稠度46mm，直链淀粉含量22.8%，蛋白质含量11.4%。米质较优。

抗性：所配组合中抗稻瘟病，纹枯病较轻，未发现细菌性条斑病和白叶枯病。

应用情况：适宜配制早籼类型杂交组合，配组的主要品种有T78优2155、T78优07等4个品种通过省级以上农作物品种审定委员会审定。

栽培技术要点：福州早稻繁殖，父母本播差16d；在泰宁烟后繁殖，父母本播差18d，叶差5.1叶。母本T78A生育期较短，繁殖时要注意稀播种，育壮秧；母本插植密度13.2cm×13.2cm，父本19.8cm×19.8cm，父母本间距26.4cm，父母本行比为2∶12。后期应注意纹枯病、穗颈瘟、黑粉病等病害的防治。T78A叶片窄长，始穗时轻割叶，每公顷用300g左右赤霉素，分3次喷施；于父母本抽穗15%时开始连续3d喷施，第1次每公顷用量150g，第2次45～60g，第3次105～120g。

T78优2155 （T 78 you 2155）

品种来源：福建省三明市农业科学研究所以T78A和明恢2155配组育成。恢复系明恢2155以K59（777/CY85-41）/多系1号为杂交方式，采用系谱法选育而成。分别通过广西壮族自治区（2005）、广东省（2005）、福建省（2006）农作物品种审定委员会审定。2009年获国家植物新品种权授权。

形态特征和生物学特性：属籼型三系杂交迟熟早籼水稻。在福建作早稻全生育期127.3d，株高106.9cm，穗长23.3cm，每穗总粒数136.1粒，结实率82.2%，千粒重25.3g。

品质特性：糙米率78.35%，精米率70.4%，整精米率57.6%，糙米粒长6.3mm，垩白粒率82%，垩白度24.2%，直链淀粉含量21.8%，透明度3级，碱消值3级，胶稠度40.3mm，蛋白质含量8.5%。

抗性：感稻瘟病。

产量及适宜地区：2003—2004年两年福建省早籼迟熟组区域试验，平均单产分别为7 352.6kg/hm² 和7 761.2kg/hm²，比对照威优77分别增产5.2%和6.0%。2005年生产试验，平均单产7 472.7kg/hm²，比对照威优77增产11.6%。2006—2014年在福建等省累计推广种植30.73万hm²。适宜福建、广西、广东等稻瘟病轻发区作早稻种植。

栽培技术要点：在福建作早稻栽培，3月上中旬播种，秧田播种量225kg/hm²。移栽秧龄30～35d，插植规格17cm×20cm或20cm×20cm，每穴栽插2苗。施肥要求施足基肥，早施分蘖肥。施纯氮180～225kg/hm²，氮、磷、钾比例为1：0.5：0.7，基肥、分蘖肥、穗肥的比例为5：3：2。水分管理采取浅水促蘖，够苗搁田，湿润分化，薄水扬花，干湿灌浆，适期断水。及时防治病虫害。

T优158（T you 158）

品种来源：福建省龙岩市龙津作物品种研究所以T55A和龙恢158配组育成。恢复系龙恢158以明恢63和密阳46为亲本杂交，采用系谱法选育而成。2008年通过福建省龙岩市农作物品种审定委员会审定。

形态特征和生物学特性：属籼型三系杂交晚籼水稻。全生育期124.8d，株高109.5cm，株型适中，后期转色好，分蘖力强。穗长23.4cm，每穗总粒数142.2粒，结实率88.3%，千粒重28.7g。

品质特性：糙米率82.0%，精米率74.6%，整精米率64.2%，糙米粒长6.2mm，糙米长宽比2.4，垩白粒率68%，垩白度11.9%，透明度2级，碱消值7.0级，胶稠度46mm，直链淀粉含量21.3%，蛋白质含量8.6%。

抗性：中抗稻瘟病。

产量及适宜地区：2005—2006年两年福建省龙岩市晚稻区域试验，平均单产分别为7 488kg/hm² 和7 275.1kg/hm²，比对照汕优63分别增产6.8%和8.2%。2007年生产试验，平均单产8 145.5kg/hm²，比对照汕优63增产10.8%。2008—2009年在福建省累计推广种植1.60万hm²。适宜福建省龙岩市作晚稻种植。

栽培技术要点：在福建省龙岩市作晚稻栽培，6月中下旬播种，稀播匀播，培育多蘖壮秧。秧龄控制在28d内，插植规格20cm×20cm，每穴栽插2苗。施纯氮165 ～ 195kg/hm²，氮、磷、钾比为1∶0.5∶0.9，基肥、分蘖肥、穗肥、粒肥比例为6∶2.5∶1∶0.5。水分管理采取"前期深水发根返青、浅水勤灌促蘖，中期够苗烤田、控制无效分蘖，后期干湿交替、田中干爽不陷脚"。

T优551（T you 551）

品种来源：福建农林大学作物科学学院、福建省种子管理总站以T55A和晚R-1配组育成。恢复系晚R-1以R537//多系1号/亚花1号为杂交方式，采用系谱法选育而成。分别通过福建省（2004）、海南省（2006）农作物品种审定委员会审定。

形态特征和生物学特性：属籼型三系杂交晚籼水稻。在福建作晚稻全生育期128d，株高95cm，穗长22cm，每穗总粒数120粒，结实率86.8%，千粒重29.4g。

品质特性：糙米率81.5%，精米率74.3%，整精米率60.9%，糙米粒长6.2mm，糙米长宽比2.5，垩白粒率89%，垩白度19.8%，直链淀粉含量22.3%，透明度2级，碱消值6.5级，胶稠度44mm，蛋白质含量9.9%。

抗性：中抗稻瘟病。

产量及适宜地区：2001—2002年两年福建省晚稻区域试验，平均单产分别为6 592.5kg/hm^{2}和6 634.4kg/hm^2，比对照汕优63分别增产3.1%和6.1%。2008—2012年在福建等省累计推广种植4.20万hm^2。适宜福建省作晚稻种植、海南省作早晚稻种植。

栽培技术要点：在福建作晚稻栽培，稀播种，育壮秧，插植规格16.7cm×20cm，每穴栽插2苗。施肥要求施足基肥，早施重施促分蘖肥，酌施穗粒肥。施纯氮195～225kg/hm^2，氮、磷、钾比例为1∶0.65∶1，基肥和分蘖肥占总施肥量的80%，穗粒肥占20%。水分管理要求前期浅水勤灌，够苗露晒田，浅水层孕穗扬花，后期干湿交替至成熟。注意做好螟虫、白叶枯病等病虫的防治工作。

T优5537 (T you 5537)

品种来源：福建农林大学作物科学学院、福建省种子管理总站以T55A和蜀恢537配组育成。分别通过福建省（2002）、国家（2003）农作物品种审定委员会审定。

形态特征和生物学特性：属籼型三系杂交早籼水稻。在华南作早稻全生育期127.2d，株高110.5cm，穗长23.5cm，每穗总粒数130.2粒，结实率80.5%，千粒重29.4g。

品质特性：整精米率46.7%，糙米长宽比2.5，垩白粒率93%，垩白度25.5%，直链淀粉含量20.5%，胶稠度41mm。

抗性：中感稻瘟病，高感白叶枯病，感白背飞虱。

产量及适宜地区：2001—2002年两年华南早籼高产组区域试验，平均单产分别为7 483.5kg/hm^{2}和7 401kg/hm^2，比对照汕优63分别增产8.9%和3.1%。2002年生产试验，平均单产7 219.5kg/hm^2，比对照汕优63增产2.5%。2003—2006年在全国累计推广种植3.93万hm^2。适宜海南省、广西的中南部、广东省的中南部、福建省南部双季稻白叶枯病轻发区作早稻种植。

栽培技术要点：在华南作早稻栽培，一般于2月下旬至3月上旬播种，秧龄35d，插植规格以20cm×20cm为宜，每穴栽插2苗。施纯氮180～225kg/hm^2，氮、磷、钾比例为1：0.65：1，施足基肥，早施分蘖肥。水分管理要做到前期浅水，够苗烤田，水层孕穗扬花，后期干湿交替灌水。注意防治稻瘟病、白叶枯病和稻飞虱等病虫的为害。

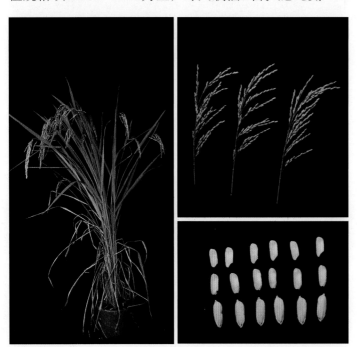

T优5570（T you 5570）

品种来源：福建农林大学作物科学学院、福建省种子管理总站以T55A和明恢70配组育成。分别通过福建省（2003）、江西省（2006）农作物品种审定委员会审定。

形态特征和生物学特性：属籼型三系杂交中迟熟晚籼水稻。在福建作晚稻全生育期130d，株高95～100cm，穗长23cm，每穗总粒数130～140粒，结实率78％，千粒重26～27g。

品质特性：糙米率82.2％，精米率75.0％，整精米率60.1％，糙米粒长6.2mm，糙米长宽比2.5，垩白粒率89％，垩白度16.5％，直链淀粉含量22.3％，透明度2级，碱消值5.9级，胶稠度47mm，蛋白质含量10.8％。

抗性：感稻瘟病。

产量及适宜地区：1999—2000年两年福建省晚籼中迟熟组区域试验，平均单产分别为6 141.3kg/hm^{2}和6 706.2kg/hm^2，比对照汕优63分别增产5.4％和6.2％。2004—2007年福建和江西省累计推广种植4.60万hm^2。适宜福建省和江西省轻稻瘟病区种植。

栽培技术要点：在福建作连晚栽培，一般6月中下旬播种，秧田用种量225kg/hm^2，秧龄30～35d，插植规格20cm×20cm，插25.5万穴/hm^2，每穴栽插2苗。施肥需纯氮195～225kg/hm^2，氮、磷、钾比例为1：0.65：1。基肥和分蘖肥占总施肥量的80％，穗粒肥占20％。水分管理要求前期浅水，够苗烤田，水层孕穗扬花，后期干湿交替。病虫草害防治主要做好螟虫、稻瘿蚊、纹枯病的防治工作。

T优7889 （T you 7889）

品种来源：福建农林大学作物遗传育种研究所、福建省种子管理总站以T78A和早恢89配组育成。恢复系早恢89以IR50/IR24//IR24///IR24为杂交方式，采用系谱法选育而成。2001年通过福建省农作物品种审定委员会审定。

形态特征和生物学特性：属籼型三系杂交早籼水稻。全生育期129d，株高95cm，穗长21～22cm，每穗总粒数113粒，结实率79.1%，千粒重25.4g。

品质特性：糙米率80.9%，精米率73.0%，整精米率58.5%，糙米粒长6.1mm，糙米长宽比2.7，垩白粒率32%，垩白度3.8%，直链淀粉含量21.0%，透明度2级，碱消值5.8级，胶稠度50mm，蛋白质含量9.3%。

抗性：中感稻瘟病。

产量及适宜地区：1999—2000年两年福建省早稻优质组区域试验，平均单产分别为6 560kg/hm² 和6 880kg/hm²，比对照78130分别增产7.1%和8.6%。2001—2012年在福建省累计推广种植15.00万hm²。适宜福建省闽东南及闽西北平原稻瘟病轻发区作早稻种植。

栽培技术要点：在福建作早稻栽培，3月上、中旬播种，秧田播种量300kg/hm²。秧龄25～28d，插植规格17cm×20cm，每穴栽插2苗。施肥要求施足基肥，早施分蘖肥。水分管理要求浅水促蘖，适时烤田，控制无效分蘖，增强根系活力，提高分蘖成穗率。

T优8086 （T you 8086）

品种来源：福建农林大学作物科学学院、福建省种子管理总站以T80A和明恢86配组育成。分别通过国家（2004）、福建省（2006）农作物品种审定委员会审定。

形态特征和生物学特性：籼型三系杂交水稻，属迟熟中籼。在长江上游作一季中稻全生育期平均148.4d，株高107.7cm，茎秆粗壮，分蘖力较强。穗长24.3cm，每穗总粒数154粒，结实率85.2%，千粒重27.7g。

品质特性：整精米率63.1%，糙米长宽比2.5，垩白粒率42%，垩白度7.1%，胶稠度45mm，直链淀粉含量22.1%。

抗性：感稻瘟病和白叶枯病。

产量及适宜地区：2001—2002年两年长江上游中籼迟熟高产组区域试验，平均单产分别为8 991.3kg/hm^{2}和8 521.7kg/hm^2，比对照汕优63分别增产2.5%和4.0%。2003年生产试验，平均单产9 076.4kg/hm^2，比对照汕优63增产4.3%。适宜云南、贵州、重庆中低海拔稻区（武陵山区除外）和四川平坝稻区、陕西南部稻瘟病、白叶枯病轻发区作一季中稻种植。

栽培技术要点：在长江上游作中稻栽培，秧田播种量225kg/hm^2，大田用种量15 ～ 22.5kg/hm^2，稀播、匀播，培育多蘖壮秧。移栽秧龄25 ～ 30d、叶龄6 ～ 7叶，栽插规格20cm× 20cm。施纯氮150kg/hm^2，氮、磷、钾比例为1 ∶ 0.6 ∶ 0.9，基肥占总肥量的50%左右，分蘖肥占总肥量的40% ～ 45%，穗肥以钾肥为主。水分管理采取浅水勤灌、湿润稳长的方式，苗数达到预定的80%后及时搁田，至孕穗期开始复水，后期干湿壮籽、养根保叶，收割前10d左右断水。注意及时防治稻瘟病、白叶枯病、稻飞虱、稻纵卷叶螟等病虫害。

白优6号（Baiyou 6）

品种来源：福建省宁德市农业科学研究所以珍白A和IR26配组育成。1983年通过福建省农作物品种审定委员会审定。

形态特征和生物学特性：属籼型三系杂交早中晚籼水稻。偏感温。全生育期150～166d。株高80～90cm，株型较紧凑，茎秆细韧。每穗总粒数105粒，结实率90%左右，千粒重24～26g。

抗性：抗稻瘟病和白叶枯病，对稻飞虱也有一定抗性。

产量及适宜地区：一般单产6 375kg/hm²。1983年以来在福建省累计推广种植1.80万hm²。适宜福建省早、中、晚稻种植。

栽培技术要点：在福建作早、中、晚稻栽培，播种量225kg/hm²以下，并施好基肥，做好秧板，注意水肥管理，培育三叉秧。作早稻栽插与单季稻的秧龄相近，双季晚稻的秧龄25d左右为宜。单季晚稻大田插27万～30万穴/hm²，每穴栽插2苗。连作晚稻大田插30万～37.5万穴/hm²，每穴栽插2～3苗。在施足基肥的基础上，采取"攻头、稳中、后补"的施肥方法，并适当增施磷、钾肥，达到多蘖多穗，大穗多粒。水分管理要求防止抽穗后期过早断水，以提高结实率，增加粒重。

川优2189（Chuanyou 2189）

品种来源：福建省连江县青芝农业科技研究中心、福建省农业科学院水稻研究所以川香A和福恢2189配组育成。恢复系福恢2189以蜀恢527/R2（航86/台农67//多系1号）为杂交方式，采用系谱法选育而成。2012年通过福建省农作物品种审定委员会审定。

形态特征和生物学特性：属籼型三系杂交中籼水稻。全生育期平均144.8d，株高132.9cm，株型适中，后期转色好。穗长26.7cm，每穗总粒数219.9粒，结实率83.3%，千粒重31.7g。

品质特性：糙米率79.2%，精米率71.3%，整精米率57.1%，糙米粒长7mm，糙米长宽比2.7，垩白粒率57%，垩白度13.8%，直链淀粉含量22.1%，透明度1级，碱消值4.6级，胶稠度68mm，蛋白质含量7.6%。

抗性：感稻瘟病。

产量及适宜地区：2009—2010年两年福建省中稻区域试验，平均单产分别为9 264.75kg/hm²和9 652.5kg/hm²，比对照Ⅱ优明86分别增产4.1%和13.0%。2011年福建省中稻生产试验，平均单产9 354kg/hm²，比对照Ⅱ优明86增产8.3%。适宜福建省稻瘟病轻发区作中稻种植。

栽培技术要点：在福建作中稻栽培，秧龄控制在25～30d，插植密度20cm×20cm，每穴栽插2苗。施纯氮150kg/hm²，氮、磷、钾比例为1.0∶0.6∶1.0，基肥、分蘖肥、穗肥、粒肥比例为5∶3∶1∶1。水分管理上及时烤田，湿润稳长，后期干湿交替。注意及时防治病虫害。

川优651 （Chuanyou 651）

品种来源：福建省南平市农业科学研究所以川香29A和南恢651配组育成。2011年通过福建省农作物品种审定委员会审定。

形态特征和生物学特性：属籼型三系杂交中籼水稻。全生育期平均144.2d，株高125.6cm，株型适中，后期转色好。穗长25.7cm，每穗总粒数189.2粒，结实率83.52%，千粒重30.3g。

品质特性：糙米率81.1%，精米率72.7%，整精米率61.5%，糙米粒长6.6mm，糙米长宽比2.5，垩白粒率66.0%，垩白度10.7%，直链淀粉含量23.5%，透明度2级，胶稠度68mm，蛋白质含量7.9%。

抗性：感稻瘟病，其中将乐点高感稻瘟病。

产量及适宜地区：2008—2009年两年福建省中稻区域试验，平均单产分别为9 246.3kg/hm^{2}和9 358.95kg/hm^2，比对照Ⅱ优明86分别增产9.7%和5.1%。2010年生产试验，平均单产9 179.0kg/hm^2，比对照Ⅱ优明86增产6.6%。适宜福建省稻瘟病轻发区作中稻种植，栽培上应注意防治稻瘟病。

栽培技术要点：在福建作中稻栽培，秧龄为30～35d，插植密度23cm×23cm，每穴栽插2苗。施纯氮180kg/hm^2，氮、磷、钾比例为1∶0.6∶1.0，基肥、分蘖肥、穗粒肥比例为6∶3∶1。水分管理做到浅水促蘖、适时烤田、有水抽穗、湿润灌浆、后期干湿交替。注意及时防治病虫草害。

川优673（Chuanyou 673）

品种来源：福建省农业科学院水稻研究所以川香29A和福恢673配组育成。恢复系福恢673以明恢86/台农67//N175为杂交组合，采用系谱法选育而成。分别通过福建省（2009）、国家（2010）农作物品种审定委员会审定。

形态特征和生物学特性：属籼型杂交迟熟中籼水稻。在长江中下游作一季中稻全生育期平均137.4d，株高136.0cm，株型紧凑，长势繁茂，叶片较长易披。穗长25.7cm，每穗总粒数180.5粒，结实率73.9%，千粒重30.4g。

品质特性：整精米率57.6%，糙米长宽比2.6，垩白粒率52%，垩白度12.4%，胶稠度78mm、直链淀粉含量21.9%。

抗性：高感稻瘟病，感白叶枯病，高感褐飞虱，抽穗期耐热性弱。

产量及适宜地区：2007—2008年长江中下游中籼迟熟组区域试验，平均单产分别为8 704.5kg/hm²和8 707.5kg/hm²，比对照Ⅱ优838分别增产3.3%和2.8%。2009年生产试验，平均单产8 295kg/hm²，比对照Ⅱ优838增产1.4%。适宜江西、湖南、湖北、安徽、浙江、江苏的长江流域稻区（武陵山区除外）以及福建北部、河南南部稻区的稻瘟病、白叶枯病轻发区作一季中稻种植。

栽培技术要点：在长江中下游作中稻栽培，移栽秧龄30d左右，栽插规格20cm×（20～23）cm，每穴栽插1～2苗。施足基肥，早施追肥，巧施穗肥。施纯氮150～180kg/hm²，氮、磷、钾施肥比例为1：0.5：1为宜，基肥、分蘖肥、穗粒肥比例为6：2：2。水分管理要求浅水活棵，薄水养蘖，够苗轻搁，湿润稳长，后期不过早断水。注意及时防治稻瘟病、白叶枯病、纹枯病、螟虫、稻飞虱等病虫害。

繁源A（Fanyuan A）

品种来源：福建省农业科学院水稻研究所以乐丰A为母本，以F₄（长丰B/乐丰B）后代为回交父本，经连续多代回交，于2011年育成。2013年通过福建省农作物品种审定委员会审定。

形态特征和生物学特性：属野败型籼型三系不育系。在福州3月中下旬播种，播抽历期105d左右，主茎叶片数15～16片；建宁4月下旬至5月上旬播种，播抽历期95d左右，主茎叶片数15片左右；将乐5月下旬至6月上旬播种，播抽历期85d左右，主茎叶片数14～15片。群体整齐，株型适中，叶片较宽大，分蘖力强，叶鞘、稃尖紫色，柱头紫黑色。株高80cm，穗长22cm，每穗总粒数150粒，千粒重26g。田间现场测试结果：不育株率为100%，花粉不育度为99.99%，柱头外露率为70.26%。

品质特性：糙米率80.2%，精米率72.2%，整精米率51.1%，糙米粒长7.0mm，糙米长宽比3.0，垩白粒率12%，垩白度0.8%，透明度2级，碱消值7.0级，胶稠度82mm，直链淀粉含量14.8%，蛋白质含量7.9%。

抗性：2012年福建省农业科学院植物保护研究所稻瘟病抗性室内接菌鉴定，表现抗稻瘟病，田间自然诱发鉴定表现中抗稻瘟病。

应用情况：适宜配制早、中、晚籼类型杂交组合，配组的主要品种有繁优709等品种通过省级以上农作物品种审定委员会审定。

栽培技术要点：第一期父本（保持系）比母本（不育系）迟播7d，叶差1.3叶左右，两期父本相隔5d播种，父、母本同期插秧。秧田应施足基肥，稀播、匀播种，培育带蘖壮秧，母本插植密度13.3cm×13.3cm。父母本行比2：（8～10），父母本行距30cm。施足基肥，早追肥，重施磷钾肥。够苗及时晒田。每公顷喷施赤霉素225～300g。注意稻飞虱、卷叶螟、稻纹枯病、黑粉病等病虫害的防治。

福两优1587（Fuliangyou 1587）

品种来源：福建兴禾种业科技有限公司、福建农林大学作物遗传育种研究所以福e Ⅱ S和兴恢1587配组育成。2012年通过福建省农作物品种审定委员会审定。

形态特征和生物学特性：属籼型两系杂交中籼水稻。全生育期平均144.9d，株高135.6cm，株型适中，后期转色好。穗长27.3cm，每穗总粒数208.9粒，结实率82.77%，千粒重30.2g。

品质特性：糙米率81.3%，精米率73.8%，整精米率55.7%，糙米粒长7.1mm，糙米长宽比2.9，垩白粒率76.0%，垩白度14.2%，透明度2级，碱消值5.3级，胶稠度88mm，直链淀粉含量23.4%，蛋白质含量8.0%。

抗性：中感稻瘟病。

产量及适宜地区：2009—2010年两年福建省中稻区域试验，平均单产分别为9 531.3kg/hm^{2}和8 923.2kg/hm^2，比对照Ⅱ优明86分别增产4.4%和9.5%。2011年生产试验，平均单产8 935.5kg/hm^2，比对照Ⅱ优明86增产3.4%。适宜福建省稻瘟病轻发区作中稻种植。

栽培技术要点：在福建作中稻栽培，秧龄不超过35d，插植密度20cm×23cm，每穴栽插2苗。施纯氮150～180kg/hm^2，氮、磷、钾比例为1.0：0.5：1.0，基肥、分蘖肥、穗肥、粒肥比例为5：3：1：1。水分管理采取浅水活蔸、薄水养蘖、够苗轻搁、湿润稳长，后期不能太早断水。栽培上应注意防治稻瘟病。

福两优366 (Fuliangyou 366)

品种来源：福建省农业科学院福州国家水稻改良分中心、福建吉奥种业有限公司以SE21S和R366配组育成。恢复系R366以ZF1004/蜀恢527//明恢86/蜀恢527为杂交方式，采用系谱法选育而成。2012年通过福建省农作物品种审定委员会审定。

形态特征和生物学特性：属籼型两系杂交中籼水稻。全生育期平均141.7d，株高121.3cm，株型适中，后期转色好。穗长26.3cm，每穗总粒数175.8粒，结实率86.9%，千粒重29.8g。

品质特性：糙米率81.6%，精米率72.7%，整精米率50.7%，糙米粒长7.3mm，糙米长宽比3.0，垩白粒率33%，垩白度6.2%，直链淀粉含量15%，透明度1级，碱消值3级，胶稠度80mm，蛋白质含量8.1%。米质达部颁三级优质食用稻标准。

抗性：中抗稻瘟病。

产量及适宜地区：2010—2011年两年福建省中稻区域试验，平均单产分别为9 013.2kg/hm²和9 665.7kg/hm²，比对照Ⅱ优明86分别增产12.1%和7.4%。2011年生产试验，平均单产9 319.5kg/hm²，比对照Ⅱ优明86增产8.2%。2014年在福建省推广种植0.73万hm²。适宜福建省作中稻种植。

栽培技术要点：在福建作中稻栽培，秧龄为30～35d，插植密度23cm×23cm，每穴栽插2苗。施纯氮180kg/hm²，氮、磷、钾比例为1.0∶0.5∶0.7，基肥、分蘖肥、穗肥比例为6∶3∶1。水分管理采取浅水促蘖、适时烤田、有水抽穗、湿润灌浆、后期干湿交替。

福伊A（Fuyi A）

品种来源：福建省农业科学院水稻研究所以地谷A为母本，以[天谷B（V41B/谷农13）/ IRRI58023B] F₃作回交父本，经连续多代回交，于1995年育成。2005年获国家植物新品种权授权。

形态特征和生物学特性：属野败型早籼三系不育系，感温性强。福州和上杭县3月播种，播始历期88～90d；4月中旬播种，播始历期75～78d。在福建省内7月播种，播始历期63～65d。生育期是感温性早稻，但又具有基本营养生长性。主茎总叶片数13～14叶，株型紧凑、叶片挺直、叶厚色绿，茎秆粗壮，根系发达，分蘖力强，穗大粒多，平均每穗总粒数115.2～124.5粒，千粒重24.9g。叶鞘、稃尖、柱头均呈紫色。谷粒呈长椭圆形。育性稳定，异交率高，配合力强，抗瘟性强，可恢复性好。

抗性：抗稻瘟病。

应用情况：适宜配制早、中、晚籼类型杂交组合，配组的主要品种有福优77、福优402、福优325、福优964等15个品种通过省级以上审定。

栽培技术要点：福伊A具有一定的裂颖比例，易受各种病菌感染，尤其是穗粒黑粉病，播种前必须经过强氯精进行浸种消毒，并捞其病谷及空秕粒，提高发芽率。繁殖用种量30～37.5kg/hm²，秧田播种量控制在150kg/hm²以内。以畦称种，稀播匀播，一叶一心时用300mg/L多效唑喷施1次，使秧苗矮化促进分蘖。三叶期内每长1片叶追施1次肥，移栽时平均株带蘖3个以上。适时移栽插足基本苗，秧龄20～25d，叶龄在5～5.5叶及时移栽定植，密植规格13.2cm×13.2cm，每穴栽插2苗。插足基本苗270万苗/hm²以上。在山区应选择高温少雨时段为抽穗扬花期，一般在7月上旬至8月上旬，必须采取春季或夏季进行繁殖制种为宜。花期安排时应使福伊A比父本早抽穗1～2d为宜。赤霉素一般在田间抽穗率达20%左右始喷第1次赤霉素，用量180～210g/hm²，分两次喷施。授粉结束后要用磷酸二氢钾进行喷施2～3次，促进受精籽粒灌浆结实，提高千粒重，后期水分管理要干湿交替，植株不宜贪黑，做到青枝蜡秆。

福优77 （Fuyou 77）

品种来源：福建省农业科学院水稻研究所、福建省三明市农业科学研究所以福伊A和明恢77配组育成。恢复系明恢77以明恢63和测64-7为亲本杂交，采用系谱法选育而成。1997年通过福建省农作物品种审定委员会审定。

形态特征和生物学特性：属籼型三系杂交早籼水稻。全生育期129d，株高92～99cm，株型松散适中，茎秆较粗壮，剑叶上挺，分蘖力强，成穗率高，后期转色好。穗长23.8cm，每穗总粒数114～126粒，结实率85%～90%，千粒重25～26g。

品质特性：精米率73.6%，整精米率52.9%，垩白粒率89.5%，垩白度16.1%，直链淀粉含量24.3%，蛋白质含量10.4%。

抗性：抗稻瘟病，中抗白叶枯病。

产量及适宜地区：1995—1996年两年福建省早稻区域试验，平均单产分别为7 150.5kg/hm^{2}和6 910.5kg/hm^2，比对照威优64分别增产8.1%和3.0%。1997—2000年在福建省累计推广种植4.80万hm^2。适宜福建省作早稻种植，闽西北稻区作晚稻和长江中下游地区作中、晚稻种植。

栽培技术要点：在福建作早稻或晚稻栽培都必须稀播种育壮秧，作连晚栽培秧龄不能超过20d，施足基肥才能高产。其他技术可参照威优64和威优77实施。

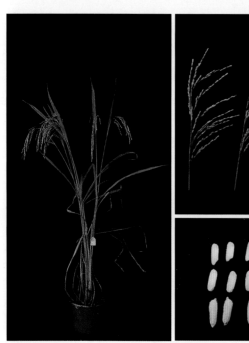

福优964 (Fuyou 964)

品种来源：福建省农业科学院水稻研究所以福伊A和福恢964配组育成。恢复系福恢964以BJ22和明恢63为亲本杂交，采用系谱法选育而成。2000年通过福建省农作物品种审定委员会审定。

形态特征和生物学特性：属籼型三系杂交晚籼水稻。全生育期124d，株高98～110cm，每穗总粒数135～143粒，结实率82.0%～87.5%，千粒重25g。

品质特性：糙米率80.4%，精米率73.2%，整精米率70.0%，糙米粒长6.2mm，糙米长宽比2.4，垩白粒率40%，垩白度4.0%，直链淀粉含量22.0%，透明度1级，碱消值3.9级，胶稠度51mm，蛋白质含量9.5%。

抗性：抗稻瘟病，纹枯病轻。

产量及适宜地区：1997—1998年两年福建省晚稻杂优组区域试验，平均单产分别为6 076.95kg/hm² 和7 005kg/hm²，比对照汕优63分别增产2.1%和11.9%。2003—2007年在福建省累计推广种植10.47万hm²。适宜福建省各地作双季晚稻种植。

栽培技术要点：在福建作连晚栽培，一般要比汕优63迟3d播种，培育带2个以上分蘖的无虫害健壮秧。该品种秧龄弹性大，但以30d以内更有利于高产。插植规格16cm×20cm，每穴栽插2苗。施肥采取前期促早发、中期壮株强秆、后期补施籽粒灌浆增重肥的施肥措施。施纯氮150kg/hm²，氮、磷、钾比例为1.0：0.5：0.7，基肥、分蘖肥、粒肥比例为5：3：2。分蘖肥分2次施用，第1次在插后5～7d作返青肥，第2次在插后12～15d作长粗肥，用量前多后少。粒肥亦分2次施用，分别在叶枕平和始穗期施用，用量前少后多。收割前3d仍保持土壤湿润，不宜过早断水而影响籽粒饱满。注意防治稻蓟马、螟虫、稻飞虱等病虫害。

赣优明占 （Ganyoumingzhan）

品种来源：福建省三明市农业科学研究所、福建省农业科学院水稻研究所、江西省农业科学院水稻研究所、福建六三种业有限责任公司以赣香A和双抗明占配组育成。恢复系双抗明占以抗蚊青占和多系1号为亲本杂交，采用系谱法选育而成。分别通过海南省（2010）、福建省（2011）、云南省（2012）、重庆市（2014）农作物品种审定委员会审定。

形态特征和生物学特性：属籼型三系杂交中籼水稻。在福建作中稻全生育期平均144.0d，株高130.7cm，株型适中，分蘖力强，后期转色好。穗长25.6cm，每穗总粒数176.5粒，结实率88.2%，千粒重30.0g。

品质特性：糙米率79.4%，精米率70.9%，整精米率62.5%，糙米粒长7.4mm，糙米长宽比3.0，垩白粒率32.0%，垩白度5.4%，直链淀粉含量23.3%，透明度1级，胶稠度36mm，蛋白质含量8.2%。米质达部颁三级优质食用稻标准。

抗性：中抗稻瘟病，其中福安市溪柄鉴定点中感稻瘟病，南靖县船场鉴定点感稻瘟病。

产量及适宜地区：2009—2010年两年福建省中稻区域试验，平均单产分别为9 611.7kg/hm² 和8 915.7kg/hm²，比对照Ⅱ优明86分别增产5.3%和10.8%。2010年福建省中稻生产试验，平均单产9 495.15kg/hm²，比对照Ⅱ优明86增产10.2%。适宜福建省作中稻种植，海南省作早稻种植，云南省海拔1 350m以下籼稻区种植，重庆市海拔800m以下地区作一季中稻。

栽培技术要点：在福建作中稻栽培，秧龄为30～35d，插植规格23cm×23cm，每穴栽插2苗。施纯氮180kg/hm²，氮、磷、钾比例为1∶0.7∶0.9，基肥、分蘖肥、穗肥、粒肥比例为5∶3∶1∶1。水分管理采取"浅水促蘖、适时烤田、有水抽穗、湿润灌浆、后期干湿交替"。

谷丰A（Gufeng A）

品种来源：福建省农业科学院水稻研究所以地谷A为母本，以[龙特甫B/宙伊B（V41B/汕优菲一∥IRs48B）]F$_4$作回交父本，经连续多代回交于2000年转育而成。2001年通过福建省科技成果鉴定，2006年获国家植物新品种权授权。

形态特征和生物学特性：属籼型中熟三系不育系。在福州3月中旬播种，6月下旬抽穗，播始历期100d左右，主茎叶片数14～15片；晚稻种植播始历期78d左右。株叶形态好，茎秆粗壮，剑叶上挺，分蘖力强，叶色较绿，叶鞘、稃尖、柱头紫色。株高85cm左右，每穗总粒数120粒左右，千粒重29g，谷粒椭圆形。不育性稳定，不育株率100%，花粉败育率达100%，花粉败育以典败为主。异交特性好。开颖习性好，柱头外露率62.9%，其中双边外露率45.5%，柱头活力强，花时早，具有很好的异交特性。

品质特性：糙米率80.0%，精米率70.8%，整精米率60.4%，糙米粒长5.8mm，垩白粒率59%，垩白度5.8%，碱消值7.0级，胶稠度42mm，直链淀粉含量22.6%。

抗性：抗稻瘟病。

应用情况：适宜配制中、晚籼类型杂交组合，配组的主要品种有谷优527、谷优航1号、谷优964、谷优航148、谷优明占等22个品种通过省级以上农作物品种审定委员会审定。

栽培技术要点：春繁区与中稻区适宜播种期分别为3月中旬和5月20日前后，父本第1期比母本迟播2d，第2期迟播6d。播种量控制在120kg/hm^2，培育适龄带蘖壮秧做到分畦过称，均匀播种。春繁秧龄控制在30d以内，中繁与烟后繁殖秧龄控制在20d以内，秧苗带蘖2～3个。密插大行比，畦宽2.2m，留父本行75cm，父母本行比为2∶12。母本插植规格13.3cm×13.3cm，插足37.5万穴/hm^2，每穴栽插2～3苗，基本苗225万～345万苗/hm^2。父本行株距20.0cm×16.7cm，每穴栽插2～3苗，插足基本苗39万～45万苗/hm^2。重施底肥，重施钾肥，重视父本培育，早攻分蘖肥。本田一次性施足基肥，氮、磷、钾用量比为1.0∶1.0∶1.5，即300kg尿素、450kg过磷酸钙、300kg氯化钾。插后3～5d，施尿素150kg/hm^2。父本在插后7～10d应每公顷逐行深施尿素90kg，氯化钾45kg，促其早发多发，确保足够的花粉量。幼穗分化时全田施氯化钾225kg/hm^2，促其壮秆大穗。做好稻蓟马、纹枯病、黑粉病、螟虫、飞虱和稻瘟病等病虫害的防治工作。应做到适时轻割叶，适时适量巧喷赤霉素，以提高异交结实率，增加千粒重。

谷优1186 (Guyou 1186)

品种来源: 福建农林大学作物科学学院、福建省农业科学院水稻研究所以谷丰A和金恢1186配组育成。恢复系金恢1186以HR110和HR86为亲本杂交,采用系谱法选育而成。2011年通过福建省农作物品种审定委员会审定。

形态特征和生物学特性: 属籼型三系杂交晚籼水稻。全生育期平均126.0d,株高113.4cm,穗长25.4cm,每穗总粒数156.4粒,结实率82.37%,千粒重29.3g。

品质特性: 糙米率82.9%,精米率74.3%,整精米率57.6%,糙米粒长6.6mm,糙米长宽比2.4,垩白粒率66.0%,垩白度16.4%,直链淀粉含量22.1%,透明度2级,碱消值5.6级,胶稠度75mm,蛋白质含量8.6%。

抗性: 中抗稻瘟病。

产量及适宜地区: 2008—2009年两年福建省晚稻区域试验,平均单产分别为7 362.75kg/hm^{2}和7 401.9kg/hm^2,比对照谷优527分别增产0.7%和2.1%。2010年福建省晚稻生产试验,平均单产7 200kg/hm^2,比对照谷优527增产2.2%。适宜福建省作晚稻种植。

栽培技术要点: 在福建作晚稻栽培,秧龄为25～30d,插植密度20cm×20cm,每穴栽插2苗。施纯氮180kg/hm^2,氮、磷、钾比例为1∶0.7∶0.9,基肥、分蘖肥、穗肥、粒肥比例为5∶3∶1∶1。水分管理采取"浅水促蘖、适时烤田、有水抽穗、湿润灌浆、后期干湿交替"。注意及时防治病虫草害。

谷优3301（Guyou 3301）

品种来源：福建省农业科学院生物技术研究所以谷丰A和闽恢3301配组育成。恢复系闽恢3301以绵恢436和明恢86为亲本杂交，采用系谱法选育而成。分别通过福建省（2009）、国家（2011）、海南省（2013）农作物品种审定委员会审定。

形态特征和生物学特性：属籼型杂交中籼水稻。在武陵山区作一季中稻全生育期平均144.3d，株高113.1cm，株型适中。穗长24.1cm，每穗总粒数147.7粒，结实率82.3%，千粒重29.0g。

品质特性：整精米率54.2%，糙米长宽比2.8，垩白粒率49%，垩白度7.0%，胶稠度55mm，直链淀粉含量23.6%。

抗性：抗稻瘟病，感纹枯病和稻曲病。

产量及适宜地区：2008—2009年两年武陵山区中籼组品种区域试验，平均单产分别为8 868kg/hm^{2}和8 422.5kg/hm^2，比对照Ⅱ优58分别增产0.5%和2.5%。2010年生产试验，平均单产8 842.5kg/hm^2，比对照全优527增产2.4%。2014年在福建省推广种植3.60万hm^2。适宜福建省作晚稻，海南省作早稻，贵州、湖南、湖北、重庆（武隆除外）的武陵山区海拔800m以下稻区作一季中稻种植。

栽培技术要点：在武陵山区作一季中稻栽培，做好种子消毒处理，大田用种量18.75～22.5kg/hm^2，稀播匀播，培育多蘖壮秧。秧龄控制在30d左右，栽插规格以20cm×23cm为宜，每穴栽插2苗。施足基肥，早施分蘖肥，中后期注意增施磷钾肥。施纯氮150kg/hm^2，配施磷、钾肥。灌溉采取浅水插秧，深水返青，薄水勤灌促分蘖，够苗晒田控分蘖，后期干干湿湿养根保叶。注意防治稻瘟病、白叶枯病、纹枯病、稻曲病、螟虫、稻飞虱等病虫害。

谷优353（Guyou 353）

品种来源：福建省宁德市农业科学研究所、福建省农业科学院水稻研究所以谷丰A和宁恢353配组育成。恢复系宁恢353以辐恢838母本，蜀恢527为父本杂交，采用系谱法选育而成。2013年通过福建省农作物品种审定委员会审定。

形态特征和生物学特性：属籼型三系杂交中籼水稻。全生育期平均139.5d，株高122.9cm，分蘖力强，后期转色好。穗长26.6cm，每穗总粒数182.1粒，结实率87.02%，千粒重29.5g。

品质特性：糙米率80.3%，精米率72.0%，整精米率55.4%，糙米粒长6.6mm，糙米长宽比2.4，垩白粒率66.0%，垩白度9.0%，透明度2级，碱消值6.9级，胶稠度58mm，直链淀粉含量22.3%，蛋白质含量9.2%。

抗性：中抗稻瘟病。

产量及适宜地区：2010—2011年两年福建省中稻区域试验，平均单产分别为8 213.7kg/hm^{2}和9 138.9kg/hm^2，比对照Ⅱ优明86分别增产3.1%和2.4%。2011年福建省中稻生产试验，平均单产8 663.7kg/hm^2，比对照Ⅱ优明86增产0.4%。适宜福建省作中稻种植。

栽培技术要点：作中稻种植，秧龄为35d左右。插植规格20cm×23cm，每穴栽插2苗。施纯氮180kg/hm^2，氮、磷、钾比例为1.0∶0.7∶0.9，基肥、分蘖肥、穗粒肥比例为5∶3∶2。水分管理采取浅水促蘖、适时烤田、有水抽穗、湿润灌浆、后期干湿交替。

谷优527 (Guyou 527)

品种来源：福建省农业科学院水稻研究所以谷丰A和蜀恢527配组育成。分别通过福建省（2004）、湖北省（2006）、贵州省（2007）农作物品种审定委员会审定。

形态特征和生物学特性：属籼型三系杂交中熟晚籼水稻。在福建作晚稻全生育期130d，株高100cm，穗长23cm，每穗总粒数130粒，结实率85%，千粒重28g。

品质特性：糙米率82.3%，精米率75.1%，整精米率69.7%，糙米粒长5.6mm，糙米长宽比2.8，垩白粒率18%，垩白度2.5%，直链淀粉含量22.7%，透明度1级，碱消值5.6级，胶稠度46mm，蛋白质含量10.0%。

抗性：中抗稻瘟病。

产量及适宜地区：2002—2003年两年福建省晚稻区域试验，平均单产分别为6 710.1kg/hm^{2}和7 248.2kg/hm^2，比对照两优21 63分别增产8.2%和9.3%。2005—2013年在福建等省累计推广种植6.67万hm^2。适宜福建省作晚稻、贵州省中迟熟籼稻区、湖北省恩施土家族苗族自治州海拔800m以下稻区种植。

栽培技术要点：在福建省作晚稻栽培，播种期参照汕优63，秧田播种量225kg/hm^2，大田用种量18.75 ～ 22.5kg/hm^2，宜采用湿润育秧。秧龄不宜超过30d，栽插规格采用20cm×20cm或16.7cm×23.1cm，每穴栽插2苗。施肥以基肥为主，追肥为辅。氮、磷、钾比例为1：0.5：0.9，中后期注意增施磷钾肥，后期不宜过量施用氮肥，以防剑叶披垂。注意及时防治病虫草害，氮肥过多时还要注意纹枯病防治。

谷优航148 (Guyouhang 148)

品种来源：福建省农业科学院水稻研究所以谷丰A和福恢148配组育成。恢复系福恢148以明恢86/台农67//多系1号为杂交方式，采用系谱法选育而成。2009年通过国家农作物品种审定委员会审定。

形态特征和生物学特性：属籼型三系杂交中籼水稻。在武陵山区作一季中稻全生育期平均142.7d，株高113.5cm，株型适中，长势繁茂，分蘖力较强，熟期转色好。穗长23.9cm，每穗总粒数143.1粒，结实率85.4%，千粒重28.3g。

品质特性：整精米率57.2%，糙米长宽比2.6，垩白粒率86%，垩白度18.2%，胶稠度59mm，直链淀粉含量21.8%。

抗性：抗稻瘟病，感纹枯病，抗稻曲病。

产量及适宜地区：2006—2007年两年武陵山区中籼组区域试验，平均单产分别为8 997.9kg/hm² 和7 866.9kg/hm²，比对照Ⅱ优58分别减产1.4%和1.9%。2008年生产试验，平均单产8 583.3kg/hm²，比对照Ⅱ优58增产3.6%。适宜贵州、湖南、湖北、重庆的武陵山区海拔800m以下稻区作一季中稻种植。

栽培技术要点：根据武陵山区各地中稻生产季节要求适时播种，采用旱育早发技术，培育带蘖壮秧。秧龄25～30d，栽插规格18cm×20cm为宜，每穴栽插1～2苗，栽插基本苗150万～180万苗/hm²。施肥以基肥为主，分蘖肥占总量的40%～45%，穗肥以钾肥为主。施纯氮150kg/hm²，氮、磷、钾比例为1∶0.5∶0.9。水分管理采取浅水勤灌，湿润稳长，苗数达到预定最高苗数的80%后及时脱水搁田，到孕穗期开始复水，后期干湿壮籽，防止断水过早。注意防治稻瘟病、螟虫、纹枯病、稻飞虱等病虫害。

谷优明占（Guyoumingzhan）

品种来源：福建省三明市农业科学研究所、福建省农业科学院水稻研究所以谷丰A和明占配组育成。恢复系三抗明占以抗蚊青占和多系1号为亲本杂交，采用系谱法选育而成。分别通过国家（2010）、海南省（2012）农作物品种审定委员会审定。

形态特征和生物学特性：属籼型三系杂交中籼水稻。在武陵山区作一季中稻全生育期平均146.5d，株高117.1cm，株型适中。穗长24.8cm，每穗总粒数155.6粒，结实率84.1%，千粒重27.7g。

品质特性：整精米率67.0%，糙米长宽比2.7，垩白粒率34.0%，垩白度5.4%，胶稠度54mm，直链淀粉含量20.0%。

抗性：中感稻瘟病，感纹枯病，中感稻曲病。

产量及适宜地区：2008—2009年两年武陵山区中籼组区域试验，平均单产分别为9 219kg/hm² 和8 586kg/hm²，比对照Ⅱ优58分别增产4.4%和4.5%。2009年生产试验，平均单产8 611.5kg/hm²，比对照Ⅱ优58增产4.6%。适宜海南省作早稻，贵州、湖南、湖北、重庆的武陵山区海拔800m以下稻区作一季中稻种植。

栽培技术要点：在武陵山区作一季中稻栽培，大田用种量19.5～22.5kg/hm²，秧龄宜控制在35d以内，提倡浅插，栽插规格为20cm×23.3cm，每穴栽插2苗，插足基本苗105万苗/hm²以上。基肥施总氮肥的40%、总磷钾肥的50%，分蘖肥于移栽后7d内施总氮肥的30%、总磷钾肥的50%，剩余氮肥于移栽后15～20d施用。施纯氮150～180kg/hm²，纯氮与五氧化二磷、氧化钾的配制比例为1∶0.5∶0.7。灌溉管理以湿为主，干湿相间，做到"寸水返青，浅水分蘖，够苗晒田，有水孕穗，干湿壮籽"。注意防治稻瘟病、纹枯病、螟虫、褐飞虱、稻曲病等病虫害。

广抗13A (Guangkang 13 A)

品种来源：福建省三明市农业科学研究所以珍汕97A为母本，以（福伊B/K17B）F₄作回交父本，经连续多代回交于2003年育成。2003年通过福建省科学技术成果鉴定。2011年获国家植物新品种权保护授权。

形态特征和生物学特性：属野败型迟熟籼型不育系。感温性较强。在福建沙县春播（3月上旬播种），播始历期为97d，主茎叶片数13.5叶；中稻制种（5月下旬播种），播始历期为78d左右，主茎叶片数12叶。株高80～85cm，株型较紧凑，茎秆粗壮，剑叶短直、微凹型，叶色浓绿，叶缘、叶鞘、叶耳、稃尖、柱头均为紫色；分蘖力中等，单株有效穗8～10个，穗长20cm左右，每穗颖花115朵左右，千粒重29.5g。柱头大且外露好，柱头外露率为65%左右，其中双边外露率为38%左右，柱头活力强，颖花的开张角度为60°左右，有利于授粉。异交结实率高，繁殖田的异交结实率为65%左右，制种田的异交结实率为60%左右。

品质特性：糙米率为81.0%，精米率为72.8%，整精米率为28.1%，糙米粒长6.5mm，糙米长宽比2.9，垩白粒率58%，垩白度9.7%，透明度2级，碱消值6.0级，胶稠度51mm，直链淀粉含量25.7%，蛋白质含量12.5%。

抗性：中抗稻瘟病，抗倒伏性好。

应用情况：适宜配制中、晚籼类型杂交组合，配组的主要品种有广优673、广优498、广优明118等8个籼型杂交品种通过省级以上农作物品种审定委员会审定。

栽培技术要点：①培育壮秧，插足基本苗，构建高产群体。广抗13A生育期较长，分蘖力偏弱，耐肥性强，繁殖应注意培育多蘖壮秧，适时移栽。父母本行比通常采用2∶10，双本插，插足基本苗，一般父母本每公顷插40万～42万穴。前期施足基肥，早施促分蘖肥，主攻多穗大穗，构建高产群体。②科学喷施赤霉素，减小母本包颈度。广抗13A对赤霉素较钝感，过早或过迟喷施赤霉素，均不利于母本解除包颈。通常应在母本抽穗30%左右，第1次小剂量喷施赤霉素37.5g/hm²，在母本抽穗80%左右，第2次大剂量喷施赤霉素150.0g/hm²，母本抽穗90%～95%时，第3次喷施赤霉素62.5g/hm²。③合理安排父母本播差期，确保花期相遇良好。进行广抗13A繁殖时，保持系广抗13B须分2期播种，第1期比母本迟4～5d播种，第2期迟7～8d播种，同时对父本行重施肥，攻好苗架，保证足够的花粉量，提高繁殖产量。④注意隔离和去杂保纯，严把种子质量关。广抗13A异交特性好，异交结实率高，繁殖时应严格按照"三系"亲本原种生产标准执行，繁殖田与异品种田的空间隔离应达200m以上，花期差应在20d以上。及时抓好田间除杂去劣工作，特别是始穗前后的关键时期，应认真跟踪，彻底除杂。

广两优676（Guangliangyou 676）

品种来源：福建省农业科学院水稻研究所以广占63-4S和福恢676配组育成。恢复系福恢676以8L124/明恢63//蜀恢527为杂交方式，采用系谱法选育而成。2013年通过国家农作物品种审定委员会审定。

形态特征和生物学特性：属籼型两系杂交迟熟中籼水稻。在长江中下游作中稻全生育期平均140.9d，株高136.4cm，穗长27.5cm，每穗总粒数177.9粒，结实率77.1%，千粒重30.0g。

品质特性：整精米率63.9%，糙米长宽比2.9，垩白粒率19.0%，垩白度2.9%，胶稠度84mm，直链淀粉含量16.0%。米质达到国标二级优质米标准。

抗性：高感稻瘟病、褐飞虱，中感白叶枯病，抽穗期耐热性较差。

产量及适宜地区：2010—2011年两年长江中下游中籼迟熟组区域试验，平均单产分别为8 577kg/hm² 和8 748kg/hm²，比对照 II 优838分别增产5.5%和3.0%。2012年生产试验，平均单产8 577kg/hm²，比对照 II 优838增产7.8%。2014年在全国推广种植0.8万 hm²。适宜江西（鄱阳湖区除外）、湖北（武陵山区除外）、浙江的长江流域稻区以及福建北部稻瘟病轻发区作一季中稻种植。

栽培技术要点：在长江中下游作中稻栽培，要错开高温季节扬花危害，稀播匀播，培育多蘖壮秧。移栽秧龄25～30d，中上等肥力田块株行距20cm×23cm或23cm×23cm，每穴栽插2苗，基本苗60万苗/hm²以上。施肥要求施足基肥，早施分蘖肥，巧施穗肥。注重氮、磷、钾肥合理配比，适当加大钾肥施用量，氮、磷、钾比例为1：0.6：1。水分管理要求浅水插秧，寸水活棵，薄水促蘖，够苗晒田，孕穗至抽穗扬花期保持浅水层，灌浆结实期湿润灌溉。重点防治稻瘟病、稻曲病、稻飞虱、螟虫等病虫害。

广优 2643（Guangyou 2643）

品种来源：福建省三明市农业科学研究所以广抗13A和明恢2643配组育成。恢复系明恢2643以多系1号和96gh42（明恢81/6351）为亲本杂交，采用系谱法选育而成。分别通过国家（2009）、福建省龙岩市（2009）、江西省（2013）农作物品种审定委员会审定。

形态特征和生物学特性：属籼型三系杂交中籼水稻。在武陵山区作一季中稻种植，全生育期平均144.6d，株高114.8cm，株型适中。穗长23.3cm，每穗总粒数142.6粒，结实率80.7%，千粒重29.1g。

品质特性：整精米率52.6%，糙米长宽比3.0，垩白粒率80%，垩白度10.2%，胶稠度63mm，直链淀粉含量21.6%。

抗性：抗稻瘟病，中感纹枯病和稻曲病。

产量及适宜地区：2006—2007年两年武陵山区中籼组品种区域试验，平均单产分别为9 044.1kg/hm² 和 8 346.6kg/hm²，比对照Ⅱ优58分别减产0.9%和增产4.1%。2008年生产试验，平均单产8 690.1kg/hm²，比对照Ⅱ优58增产4.9%。适宜贵州、湖南、湖北、重庆的武陵山区海拔800m以下稻区作一季中稻种植。

栽培技术要点：在武陵山区作一季中稻栽培，适时早播，本田用种量约11.25kg/hm²，

施足基肥，及时施分蘖肥，培育带蘖壮秧。宜在秧龄35d内移栽，栽插密度23cm×23cm，每穴栽插带蘖秧2苗，栽插18万～19.5万穴/hm²。提倡浅插，以利早发，使有效穗数达到255万～270万穗/hm²。施肥要求采取前重、中轻、后补的施肥原则。水分管理做到深水返青，浅水促蘖，够苗搁田，湿润分化，薄水扬花，干湿灌浆，中后期浅水勤灌，干湿相间，收割前10d断水。注意及时防治稻瘟病、螟虫、纹枯病、稻飞虱等病虫害。

广优 3186 (Guangyou 3186)

品种来源：福建农林大学作物科学学院、福建省三明市农业科学研究所以广抗13A和金恢3186配组育成。恢复系金恢3186以HR310（R669/明恢86//IR24）/HR86（蜀恢527/明恢86）为杂交方式，采用系谱法选育而成。2012年通过福建省农作物品种审定委员会审定。

形态特征和生物学特性：属籼型三系杂交中籼水稻。全生育期平均146.6d，株高132.0cm，株型适中，后期转色好。穗长27.9cm，每穗总粒数199.8粒，结实率80.5%，千粒重31.8g。

品质特性：糙米率80.1%，精米率72.4%，整精米率45.4%，糙米粒长7.3mm，糙米长宽比2.9，垩白粒率68%，垩白度8%，透明度1级，碱消值4.8级，胶稠度82mm，直链淀粉含量22.2%，蛋白质含量9.4%。米质达部颁三级优质米标准。

抗性：中抗稻瘟病。

产量及适宜地区：2010—2011年两年福建省中稻区域试验，平均单产分别为9 103.2kg/hm²和9 516.2kg/hm²，比对照Ⅱ优明86分别增产13.4%和6.6%。2011年福建省中稻生产试验，平均单产9 016.5kg/hm²，比对照Ⅱ优明86增产4.4%。适宜福建省作中稻种植。

栽培技术要点：在福建作中稻栽培，秧龄为30～35d，插植密度23cm×23cm，每穴栽插2苗。施纯氮180kg/hm²，氮、磷、钾比例为1.0∶0.7∶0.9，基肥、分蘖肥、穗肥、粒肥比例为5∶3∶1∶1。水分管理采取浅水促蘖、适时烤田、有水抽穗、湿润灌浆、后期干湿交替。注意及时防治病虫草害。

航1号（Hang 1）

　　品种来源：福建省农业科学院水稻研究所通过卫星搭载明恢86干种子，经多代选择育成的恢复系。

　　形态特征和生物学特性：作晚稻种植，播始期100d左右，比明恢86长3～5d。主茎叶片数17～18叶，株高110～115cm，比明恢86高5cm，茎秆粗壮，分蘖力中等，株叶形态好，叶片比明恢86稍窄，千粒重比明恢86少1g，结实率高，转色好，中抗稻瘟病，米质比明恢86略好。一般丛有效穗9.6穗，每穗总粒数140.5粒，每穗实粒数120.8粒，穗长27.5cm，结实率86%，千粒重29.0g，花药饱满，花粉量大，制种产量高。作恢复系配合力好、恢复力强、恢复谱广。

　　抗性：稻瘟病抗性比明恢86好，苗期和后期耐寒性好，中抗稻飞虱，耐肥，抗倒伏。

　　应用情况：到2010年，全国以航1号为父本配组育成了4个品种通过省级以上农作物品种审定委员会审定，其中2个品种通过国家农作物品种审定委员会审定。从2004—2011年，用明恢86配组的所有品种累计推广面积达88.93万hm²。

红优2155（Hongyou 2155）

品种来源：福建省万佳禾种业有限公司、西南科技大学水稻研究所、福建省三明市农业科学研究所以红矮A和明恢2155配组育成。恢复系明恢2155以K59（777/CY85-41）和多系1号为亲本杂交，采用系谱法选育而成。2012年通过福建省农作物品种审定委员会审定。

形态特征和生物学特性：属籼型三系杂交早籼水稻。全生育期平均132.3d，株高114.6cm，植株较高，后期转色好。穗长24.3cm，每穗总粒数142.5粒，结实率84.1%，千粒重29.0g。

品质特性：糙米率82.3%，精米率74.4%，整精米率67.4%，糙米粒长6.2mm，糙米长宽比2.5，垩白粒率89.0%，垩白度21.1%，直链淀粉含量19.4%，透明度3级，碱消值5.0级，胶稠度54mm，蛋白质含量9.9%。

抗性：中感稻瘟病。

产量及适宜地区：2010—2011年两年福建省早稻区域试验，平均单产分别为7315.65kg/hm²和7048.5kg/hm²，比对照威优77分别增产9.1%和3.2%。2011年生产试验，平均单产7860kg/hm²，比对照威优77增产4.4%。适宜福建省稻瘟病轻发区作早稻种植。

栽培技术要点：在福建作早稻栽培，秧龄为25～30d，插植密度20cm×20cm，每穴栽插2苗。施纯氮150kg/hm²，氮、磷、钾比例为1.0∶0.7∶0.9，基肥、分蘖肥、穗肥、粒肥比例为5∶3∶1∶1。水分管理采取浅水促蘖、适时烤田、有水抽穗、湿润灌浆、后期干湿交替。注意及时防治病虫草害。

花2优3301 (Hua 2 you 3301)

品种来源：福建农林大学作物科学学院、福建省农业科学院生物技术研究所以花2A和闽恢3301配组育成。恢复系闽恢3301以绵恢436和明恢86为亲本杂交，采用系谱法选育而成。2012年通过福建省农作物品种审定委员会审定。

形态特征和生物学特性：属籼型三系杂交中籼水稻。全生育期平均141.6d，株高131.0cm，株型适中，后期转色好。穗长26.1cm，每穗总粒数220.5粒，结实率81.3%，千粒重28.9g。

品质特性：糙米率79.4%，精米率70.7%，整精米率54.5%，糙米粒长6.6mm，糙米长宽比2.6，垩白粒率37.0%，垩白度6.0%，直链淀粉含量14.4%，透明度1级，碱消值3级，胶稠度84mm，蛋白质含量9.3%。米质较优。

抗性：中感稻瘟病。

产量及适宜地区：2010—2011年两年福建省中稻区域试验，平均单产8 916kg/hm² 和9 516kg/hm²，比对照Ⅱ优明86分别增产10.8%和7.2%。2011年福建省中稻生产试验，平均单产8 802kg/hm²，比对照Ⅱ优明86增产1.9%。适宜福建省稻瘟病轻发区作中稻种植。

栽培技术要点：在福建作中稻栽培，秧龄为30～35d，插植密度23cm×23cm，每穴栽插2苗。施纯氮180kg/hm²，氮、磷、钾比例为1.0：0.8：0.8，基肥、分蘖肥、穗肥比例为6：3：1。采取"浅水促蘖，适时烤田，湿润为主，控水促根"的水分管理策略。注意及时防治病虫草害。

花优63 (Huayou 63)

品种来源：福建农林大学、福建省种子管理总站以花ⅠA和明恢63配组育成。1998年通过福建省农作物品种审定委员会审定。2005年获国家植物新品种权授权。

形态特征和生物学特性：属籼型三系杂交晚籼水稻。弱感光。作双晚种植，全生育期125～133d，株高95～100cm，穗长23.4cm，每穗总粒数110～120粒，结实率80%～85%，千粒重27.2g。

品质特性：糙米率78.5%，精米率72.9%，整精米率34.5%，垩白粒率34%，垩白度4.1%，直链淀粉含量14.3%，透明度2级，碱消值3.0级，胶稠度83mm，蛋白质含量7.8%。米饭松软可口，获1997年福建省农业"名、特、优"新产品展销会金奖。

抗性：中抗稻瘟病。

产量及适宜地区：1995年福建省晚杂优组区域试验，平均单产6 283.5kg/hm^2，比对照汕优63减产3.9%。2000—2005年在福建省累计推广种植4.20万hm^2。适宜福建省中低海拔地区作单季稻推广种植。

栽培技术要点：在福建作晚稻栽培，由于花优63具有一定感光性，要适期播种。在福州以南低海拔地区作双晚稻种植，福州于6月20日左右播种，闽南可于7月上旬播种，在福州以南高海拔山区及福州以北海拔500m以下山区作中稻栽培，可视各地前作具体情况在4月上旬至5月底播种。花优63分蘖力较强，可适当稀植，一般插植规格20cm×23cm，也可采用宽窄行种植。

嘉糯1优2号 （Jianuo 1 you 2）

品种来源：福建农林大学作物遗传育种研究所以嘉农wxA1和嘉糯恢2号配组育成。恢复系嘉糯恢2号以明恢86为亲本辐照，采用系谱法选育而成。2009年通过国家农作物品种审定委员会审定。

形态特征和生物学特性：属籼糯型三系杂交晚籼水稻。在华南作双季晚稻全生育期平均111.4d，株高112.2cm，株型适中，剑叶较宽长，易披，长势繁茂，熟期转色好，穗长24.5cm，每穗总粒数155.7粒，结实率86.6%，千粒重26.0g。

品质特性：整精米率60.6%，糙米长宽比2.5，胶稠度100mm，直链淀粉含量1.7%。米质优。

抗性：高感稻瘟病，感白叶枯病和褐飞虱。

产量及适宜地区：2006—2007年两年华南感光晚籼组区域试验，平均单产分别为7 460.85kg/hm^{2}和7 879.35kg/hm^2，比对照博优998分别增产2.2%和减产0.5%。2008年生产试验，平均单产7 480.05kg/hm^2，比对照博优998增产3.5%。适宜海南、广西南部、广东中南及西南部、福建南部的稻瘟病、白叶枯病轻发的双季稻区作晚稻种植。

栽培技术要点：在华南作晚稻栽培，适时播种，秧田播种量150～225kg/hm^2，稀播、匀播，施足基肥，适施"断奶肥"和"送嫁肥"，培育多蘖壮秧。秧龄30d内移栽，栽插规格20cm×17cm，每穴栽插2苗。需肥量中等偏上，高产田块需纯氮195～225kg/hm^2。重施基肥，巧施分蘖肥和穗肥、粒肥。氮肥基肥占60%，追肥和粒肥各占20%。移栽活棵后施75～150kg/hm^{2}尿素促进活棵早发，孕穗初期施75～150kg/hm^{2}尿素作孕穗肥，齐穗或生长后期叶面喷施0.1%磷酸二氢钾，视苗情施45～75kg/hm^{2}尿素作粒肥。水分管理上掌握"浅水插秧，寸水活棵，浅水促蘖，适时搁田，保水孕穗扬花，保湿灌浆结实"的原则。注意及时防治稻蓟马、螟虫、纹枯病、稻瘟病、白叶枯病、稻飞虱等病虫害。

嘉糯1优6号 (Jianuo 1 you 6)

品种来源：福建农林大学作物遗传育种研究所以嘉农wxA1和嘉糯恢6号配组育成。恢复系嘉糯恢6号以明恢86为亲本辐照，采用系谱法选育而成。分别通过海南省（2006）、福建省（2009）农作物品种审定委员会审定。

形态特征和生物学特性：属籼型三系杂交中籼水稻。在福建作中稻栽培，全生育期144.2d，株高119.1cm，株型适中，剑叶稍呈瓦形。穗长26.4cm，每穗总粒数175.3粒，结实率85.5%，千粒重27.4g。

品质特性：糙米率78.4%，精米率71.0%，整精米率67.9%，糙米粒长5.8mm，糙米长宽比2.3，垩白度1%，直链淀粉含量2.0%，碱消值5.1级，胶稠度100mm，蛋白质含量7.8%。米质达部颁二级优质食用籼糯稻标准。

抗性：感稻瘟病，其中将乐黄潭点高感稻瘟病。

产量及适宜地区：2006—2007年两年福建省中稻区域试验，平均单产分别为8 163.9kg/hm² 和8 195.25kg/hm²，比对照Ⅱ优明86分别增产0.9%和2.2%。2008年中稻生产试验，平均单产9 165.75kg/hm²，比对照Ⅱ优明86增产5.3%。2010—2014年在福建等省累计推广种植5.93万hm²。适宜福建省稻瘟病轻发区作中稻种植和海南省稻瘟病轻发区作早稻种植。

栽培技术要点：在福建作中稻栽培，4月下旬至5月上旬播种，秧龄25～30d，插秧规格20cm×20cm，每穴栽插2苗。施纯氮195～225kg/hm²，氮、磷、钾比例为1∶0.6∶0.9，氮肥基肥占60%，追肥和粒肥各占20%。水分管理上苗够烤田，幼穗分化开始复水，孕穗期保持浅水层，抽穗后期干湿交替壮籽，一般收割前5～7d断水，切忌断水过早。注意及时防治病虫草害。

嘉浙优99（Jiazheyou 99）

品种来源：福建金山都发展有限公司以嘉浙101A和嘉恢99配组育成。2013年通过福建省农作物品种审定委员会审定。

形态特征和生物学特性：属籼型三系杂交中籼水稻。全生育期平均147.1d，株高120.4cm，分蘖力强，后期转色好。穗长27.5cm，每穗总粒数219.0粒，结实率79.76%，千粒重25.6g。

品质特性：糙米率80.6%，精米率72.1%，整精米率65.4%，糙米粒长6.6mm，糙米长宽比3.0，垩白粒率16.0%，垩白度2.4%，透明度1级，碱消值6.5级，胶稠度82mm，直链淀粉含量15.5%，蛋白质含量8.6%。米质达部颁三级优质食用稻标准。

抗性：感稻瘟病。

产量及适宜地区：2010—2011年福建省中稻区域试验，平均单产分别为8 772kg/hm² 和9 676.35kg/hm²，比对照Ⅱ优明86分别增产9.3%和8.4%。2012年福建省中稻生产试验，平均单产9 436.35kg/hm²，比对照Ⅱ优明86增产9.4%。适宜福建省稻瘟病轻发区作中稻种植。

栽培技术要点：在福建作中稻栽培，秧龄30d左右，插植密度23cm×23cm，每穴栽插2苗。施纯氮180～210kg/hm²，氮、磷、钾比例为1.0：0.7：1.0，基肥、分蘖肥、穗粒肥比例为5：3：2。水分管理采取浅水促蘖、适时烤田、有水抽穗、湿润灌浆、后期干湿交替。注意及时防治病虫草害。

金两优33（Jinliangyou 33）

品种来源：福建农林大学作物科学学院以Hs-3和JXR-33配组育成。恢复系JXR-33以946S和蜀恢527为亲本杂交，采用系谱法选育而成。2005年通过福建省农作物品种审定委员会审定。

形态特征和生物学特性：属籼型两系杂交中籼水稻。弱感光。全生育期144.2d，株高131.5cm，穗长27.8cm，每穗总粒数181.7粒，结实率78.76%，千粒重31.3g。

品质特性：糙米率79.3%，精米率71.0%，整精米率59.2%，糙米粒长7.3mm，糙米长宽比2.9，垩白粒率83%，垩白度11.6%，直链淀粉含量25.3%，透明度1级，碱消值5级，胶稠度43mm，蛋白质含量7.7%。

抗性：感稻瘟病。

产量及适宜地区：2003—2004年两年福建省中稻区域试验，平均单产分别为9 623.7kg/hm^{2}和8 788.05kg/hm^2，比对照汕优63分别增产15.2%和11.9%。2004年生产试验，平均单产8 267.25kg/hm^2，比对照汕优63增产1.7%。2008年在福建省推广种植0.73万hm^2。适宜福建省中低海拔稻瘟病轻发区作中稻种植。

栽培技术要点：在福建作中稻栽培，播种期安排在4月中至5月初，采取稀播种育壮秧，秧龄30～35d，插植规格以23.5cm×23.5cm为宜。施足基肥促早发，早施追肥。水分管理掌握前期浅水促蘖，够苗烤田，水层孕穗扬花，后期以干湿交替为宜，不能过早断水以免影响灌浆。注意防治稻瘟病和白叶枯病。

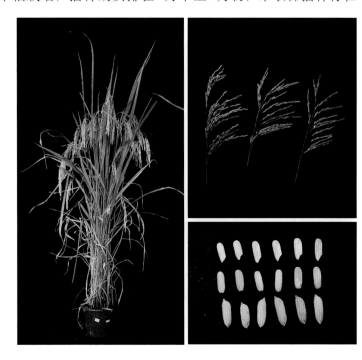

金两优36（Jinliangyou 36）

品种来源：福建农林大学作物科学学院、福建省种子管理总站以HS-3和早籼946配组育成。两系不育系HS-3以（KS-14/M901S）F$_9$为亲本花培，采用系谱法选育而成。2000年通过福建省农作物品种审定委员会审定。2005年获国家植物新品种权授权。

形态特征和生物学特性：属籼型两系杂交中晚籼水稻。在福建作中稻栽培，全生育期148.7d，作双季晚稻全生育期123d。株高125～130cm，穗长25.9cm，每穗总粒数159粒，结实率81.78%，千粒重29.9g。

品质特性：糙米率83.0%，精米率74.6%，整精米率47.6%，糙米粒长6.7mm，糙米长宽比2.6，垩白度24.7%，直链淀粉含量22.0%，胶稠度46mm，蛋白质含量11.8%。

抗性：中感稻瘟病。

产量及适宜地区：1998—1999年两年福建省中稻区域试验，平均单产分别为7 680kg/hm^{2}和8 539.5kg/hm^2，比对照汕优63分别增产11.2%和10.2%。2004—2005年在福建省累计推广种植1.47万hm^2。适宜福建省中、低海拔稻瘟病轻发区作中、晚稻推广种植。

栽培技术要点：在福建作中稻栽培，播种期安排在4月中旬至5月初，采取稀播育壮秧。作双晚栽培，播种期安排在6月中旬（闽北）至下旬（闽南），秧龄以25d为宜。施足基肥促早发，以提高成穗率。基肥占60%～70%，分蘖肥占20%～30%，穗肥占10%左右。水分管理要求浅水促蘖，够苗搁烤田，后期干湿交替，以干为主，但不能过早断水，以免影响第2次灌浆。注意及时防治病虫草害。

金农3优3号 （Jinnong 3 you 3）

品种来源：福建农林大学作物科学学院以金农3A和金恢3号配组育成。恢复系金恢3号以普通野生稻/明恢63//蜀恢527///蜀恢527////蜀恢527/5/蜀恢527杂交方式，采用系谱法选育而成。2012年通过福建省农作物品种审定委员会审定。

形态特征和生物学特性：属籼型三系杂交中籼水稻。全生育期平均141.9d，株高129.6cm，株型适中，后期转色好。穗长26.0cm，每穗总粒数179.4粒，结实率89.1%，千粒重27.6g，糙米红褐色。

品质特性：糙米率79.1%，精米率70.5%，整精米率43.7%，糙米粒长6.6mm，糙米长宽比2.8，垩白粒率31%，垩白度2.8%，直链淀粉含量15.0%，透明度2级，碱消值4.8级，胶稠度78mm，蛋白质含量8.8%。

抗性：中感稻瘟病。

产量及适宜地区：2010—2011年两年福建省中稻区域试验，平均单产分别为8 754.75kg/hm^{2}和9 300.6kg/hm^2，比对照Ⅱ优明86分别增产7.5%和2.7%。2011年生产试验，平均单产8 095.5kg/hm^2，比对照Ⅱ优明86减产6.3%。适宜福建省稻瘟病轻发区作中稻种植。

栽培技术要点：在福建作中稻栽培，秧龄30d左右。插植密度23cm×23cm，每穴栽插2苗。施纯氮150kg/hm^{2}左右，氮、磷、钾比例为1.0 : 0.7 : 1.0，基肥、分蘖肥、穗肥、粒肥比例为5 : 3 : 1 : 1。水分管理采取浅水促蘖、适时烤田、有水抽穗、湿润灌浆、后期干湿交替。注意防治病虫害，栽培上应注意防治稻瘟病。

金优07 （Jinyou 07）

品种来源：福建省三明市农业科学研究所以金23A和明恢07配组育成。恢复系明恢07
以明恢96（泰宁本地粳/圭630//测64）和K59（777/CY85-41）为亲本杂交，采用系谱法选
育而成。2005年通过福建省农作物品种审定委员会审定。

形态特征和生物学特性：属籼型三系杂交早籼水稻。全生育期119.9d，株高98.0cm，穗
长22.7cm，每穗总粒数127.8粒，结实率80.7%，千粒重26.7g。

品质特性：糙米率79.7%，精米率69.7%，整精米率18.3%，糙米粒长6.9mm，糙米长
宽比3.1，垩白粒率31%，垩白度19.5%，直链淀粉含量20.2%，透明度2级，碱消值6级，
胶稠度50mm，蛋白质含量9.2%。

抗性：感稻瘟病。

产量及适宜地区：2002—2003年两年福建省早籼中熟组区域试验，平均单产分别为
7 161.2kg/hm²和6 947.6kg/hm²，比对照优Ⅰ66分别增产4.9%和9.5%。2004年生产试验，
平均单产7 264.1kg/hm²，比对照威优77增产2.3%。2008年在福建省推广种植0.67万hm²。
适宜福建省稻瘟病轻发区作早稻种植。

栽培技术要点：在福建省作早稻栽培，3月上中旬播种，秧龄控制在35d以内，插植规格
以17cm×20cm或20cm×20cm
为宜。基肥着重施用农家肥，
施纯氮180～225kg/hm²，氮、
磷、钾比例为1：0.5：0.7，
基肥、分蘖肥、穗肥的比例为
5：3：2。注意防治稻瘟病，
及时防治纹枯病、螟虫、稻飞
虱和稻纵卷叶螟。

金优2155（Jinyou 2155）

品种来源：福建省三明市农业科学研究所以金23A和明恢2155配组育成。恢复系明恢2155以K59和多系1号为亲本杂交，采用系谱法选育而成。分别通过广西壮族自治区（2004）、陕西省（2005）、福建省（2005）农作物品种审定委员会审定。2009年获国家植物新品种权授权。

形态特征和生物学特性：属籼型三系杂交早籼水稻。全生育期123.3d，株高104.4cm，穗长23.7cm，每穗总粒数131.6粒，结实率81.1%，千粒重26.4g。

品质特性：糙米率79.3%，精米率69.0%，整精米率28.8%，糙米粒长6.7mm，糙米长宽比3.0，垩白粒率26%，垩白度6.3%，直链淀粉含量22.4%，透明度2级，碱消值3级，胶稠度53mm，蛋白质含量7.5%。

抗性：感稻瘟病。

产量及适宜地区：2002—2003年两年福建省早籼迟熟组区域试验，平均单产分别为7 486.95kg/hm²和7 521.6kg/hm²，比对照威优77分别增产2.8%和7.6%。2004年生产试验，平均单产7 488.3kg/hm²，比对照威优77增产5.4%。2006—2014年在全国累计推广种植9.27万hm²。适宜广西壮族自治区、福建省作早稻种植，陕西省作中稻种植。

栽培技术要点：在福建省作早稻栽培，3月上中旬播种，秧田播种量225kg/hm²。秧龄宜控制在35d以内，每穴栽插带蘗秧2苗，插足基本苗45万苗/hm²以上。基肥着重施用农家肥，施纯氮180～225kg/hm²，氮、磷、钾施肥比例为1：0.5：0.7，基肥、分蘖肥、穗肥的比例为5：3：2。注意防治稻瘟病，及时防治纹枯病和螟虫、稻飞虱和稻纵卷叶螟。

金优明100（Jinyouming 100）

品种来源：福建省三明市农业科学研究所以金23A和明恢100配组育成。恢复系明恢100以明恢63和明恢82为亲本杂交，采用系谱法选育而成。分别通过福建省（2004）、贵州省（2006）农作物品种审定委员会审定。2007年获国家植物新品种权授权。

形态特征和生物学特性：属籼型三系杂交早籼水稻。在福建作早稻栽培，全生育期124d左右，株高100cm，株叶形态好，茎秆粗壮，分蘖力中等偏弱，后期转色好。穗长23.4cm，每穗总粒数110粒，结实率80%，千粒重27g。

品质特性：糙米率80.4%，精米率72.8%，整精米率54.9%，糙米粒长6.7mm，糙米长宽比3.2，垩白粒率35%，垩白度4.2%，直链淀粉含量19.3%，透明度1级，碱消值3.2级，胶稠度43mm，蛋白质含量10.4%。

抗性：感稻瘟病。

产量及适宜地区：2001—2002年两年福建省早稻优质稻组区域试验，平均单产分别为7 258.95kg/hm² 和7 395.15kg/hm²，比对照威优77分别增产2.3%和1.0%。2005—2012年在全国累计推广种植11.20万hm²。适宜福建省低海拔稻瘟病轻发区作早稻种植和贵州省早熟籼稻区种植。

栽培技术要点：在福建作早稻栽培，3月上中旬播种。秧龄宜控制在35d以内，密植规格

以20.0cm×20.0cm为宜，每穴栽插带蘖秧2苗，插足基本苗45万苗/hm²以上。基肥着重施用农家肥。需施纯氮157.5kg/hm²，氮、五氧化二磷、氧化钾施肥比例为1：0.5：0.7；基肥施40%的纯氮，50%的磷钾肥；分蘖肥于移栽后10d以内施用40%的纯氮，50%磷钾肥；20%的纯氮于移栽后15～20d施用。灌溉要求浅水勤灌，干湿相间，做到"寸水返青，浅水分蘖，够苗晒田，有水孕穗，干湿壮籽"。重点防治螟虫、纹枯病、飞虱。在稻瘟病重病区要注意防治稻瘟病。

京福1A（Jingfu 1 A）

品种来源：福建省农业科学院水稻研究所以博白A为母本，以（V20B和D297B）F_4作回交父本，经连续多代回交于2001年转育而成。2007年获国家植物新品种权保护授权。

形态特征和生物学特性：属野败型早熟籼型不育系。福州早稻播始历期为94d。一般株高71.2cm，株型紧凑，抗倒伏性强；叶片直立，叶色淡绿，叶鞘和谷粒颖尖呈紫红色，柱头黑紫色；主茎叶片数14叶，单丛有效穗10个，平均穗长18.0cm，每穗总粒数140～150粒，千粒重27g。表现出分蘖力强，长势较旺，株叶形态好，丰产性好，米质较优。现场鉴定1 300株中未发现可育株和杂株，不育株率达到100%，随机取样60穗，从中任选30穗进行花粉镜检，花粉均为典败和圆败，不育度达100%。柱头外露率达75.9%，异交结实率70%左右。

品质特性：糙米率81.4%，精米率73.6%，整精米率20.3%，糙米粒长6.3mm，糙米长宽比2.6，垩白粒率100%，垩白度39.5%，透明度3级，碱消值4.5级，胶稠度49mm，直链淀粉含量25.8%，蛋白质含量9.3%。

抗性：不抗稻瘟病。

应用情况：适宜配制早、中、晚类型杂交组合，配组的主要品种有京福1优明86、京福1优527等5个品种通过省级以上农作物品种审定委员会审定。

栽培技术要点：春繁京福1A安排在7月中、下旬抽穗较为理想。母本播种期为4月20～25日，父本为4月27日至5月1日，时差7d，叶差16叶，父、母本同期插秧。秧田应施足基肥，稀播、匀播，培育带蘖壮秧。父、母本行比2：8，母本株行距13.3cm×13.3cm，父本株行距16.7cm×16.7cm。施肥应采取重施基肥，早施追肥，后期酌施穗肥，够苗及时晒田。喷施赤霉素210g/hm²。注意稻瘟病、黑粉病的防治。

京福1优527 (Jingfu 1 you 527)

品种来源：福建省农业科学院水稻研究所以京福1A和蜀恢527配组育成。2006年分别通过福建省、国家农作物品种审定委员会审定。

形态特征和生物学特性：属籼型三系杂交早籼水稻。在华南作早稻全生育期平均126.8d，株高117.5cm，株型适中，剑叶宽长，茎秆粗壮。穗长23.7cm，每穗总粒数134.1粒，结实率75.2%，千粒重30.7g。

品质特性：整精米率27.2%，糙米长宽比3.1，垩白粒率93%，垩白度13.0%，胶稠度48mm，直链淀粉含量19.1%。

抗性：中感稻瘟病，高感白叶枯病。

产量及适宜地区：2004—2005年两年华南早籼组区域试验，平均单产分别为8 551.954kg/hm²和6 729.6kg/hm²，比对照Ⅱ优128分别增产4.4%和减产1.5%。2005年生产试验，平均单产7 308.45kg/hm²，比对照Ⅱ优128增产16.6%。适宜海南、广西南部、广东中南部、福建南部的白叶枯病轻发的双季稻区作早稻种植。

栽培技术要点：在华南作早稻栽培，适时播种，一般秧田播种量225kg/hm²，大田用种量15～22.5kg/hm²。秧田施足基肥，稀播匀播，培育带蘖壮秧，秧龄30d左右，适当密植，插植30万穴/hm²左右，每穴栽插2苗，基本苗90万～120万苗/hm²。重施基肥，早施分蘖肥，前期以80%～90%的施肥量用作基肥和分蘖肥；中期控氮增施磷钾肥，促根壮秆，控制无效分蘖；后期看苗适当补肥。水分管理应做到薄水浅插，浅水分蘖，够苗及时脱水搁田，孕穗期开始复水，后期干湿壮籽。注意及时防治白叶枯病等病虫害。

京福1优明86（Jingfu 1 youming 86）

品种来源：福建省三明市农业科学研究所以京福1A和明恢86配组育成。2007年通过国家农作物品种审定委员会审定。

形态特征和生物学特性：属籼型三系杂交迟熟晚籼水稻。在长江上游作中稻全生育期151.0d，株高116.4cm，穗长25.2cm，每穗总粒数162.8粒，结实率78.8%，千粒重30.3g。

品质特性：整精米率55.6%，糙米长宽比2.8，垩白粒率86%，垩白度16.4%，胶稠度46mm，直链淀粉含量21.8%。

抗性：高感稻瘟病。

产量及适宜地区：2005—2006年两年长江上游中籼迟熟组品种区域试验，平均单产分别为9 173.7kg/hm² 和9 121.1kg/hm²，比对照Ⅱ优838分别增产6.1%和5.0%。2006年生产试验，平均单产8 572.4kg/hm²，比对照Ⅱ优838增产9.4%。2010—2011年在全国累计推广种植1.53万hm²。适宜云南、贵州、重庆的中低海拔籼稻区（武陵山区除外）、四川平坝丘陵稻区、陕西南部稻区的稻瘟病轻发区作一季中稻种植。

栽培技术要点：在长江上游作中稻栽培，秧田播种量150 ~ 225kg/hm²，大田用种量18.75 ~ 22.5kg/hm²，培育多蘖壮秧。掌握适宜秧龄移栽，合理密植，适当浅插，栽插规格20.0cm×23.3cm，每穴栽插带蘖2苗。基肥足，早追肥，施纯氮187.5kg/hm²，氮、磷、钾比例为1：0.5：0.7。基肥占50%；分蘖肥占30%，在移栽后7d施用；另外20%肥料在移栽后15 ~ 20d施用，中后期看苗补肥，忌偏施氮肥。水分管理以湿为主，干湿相间，做到"寸水返青，浅水分蘖，够苗晒田，有水孕穗，干湿壮籽"。注意及时防治稻瘟病、纹枯病、螟虫、稻飞虱、稻纵卷叶螟等病虫害。

科A (Ke A)

品种来源：福建科力种业有限公司、福建省南平市农业科学研究所以福伊A为母本，以金23B/龙特甫B//福伊B/Ⅱ-32B的后代为回交父本，连续回交育成。2013年通过福建省农作物品种审定委员会审定。

形态特征和生物学特性：属野败型籼型三系不育系。在建阳4月中旬播种，播始历期92d，主茎叶片数15.6叶；5月中旬播种，播始历期75～80d，主茎叶片数14.8叶；6月中、下旬播种，播始历期72～75d，生育期比龙特甫A短2～3d，主茎叶片数14.0叶。群体整齐，株型紧凑，茎秆粗壮，剑叶稍宽而挺直，叶厚色绿，稃尖、柱头均呈褐色，包颈程度中等。株高90cm，穗长23cm，每穗总粒数125粒，千粒重28g。田间现场测试结果：不育株率为100%，花粉不育度为99.98%，柱头外露率为80.51%。

品质特性：糙米率81.4%，精米率73.2%，整精米率54.8%，糙米粒长6.2mm，糙米长宽比2.5，垩白粒率66%，垩白度10.0%，透明度1级，碱消值5.6级，胶稠度84mm，直链淀粉含量21.4%，蛋白质含量9.4%。

抗性：抗稻瘟病。

栽培技术要点：第一期父本（保持系）比母本（不育系）迟播5d，叶差1.0叶左右；第二期父本迟播7～8d，叶差为1.5叶，父、母本同期插秧。秧田应施足基肥，稀播、匀播，培育带蘖壮秧；母本插植密度13.3cm×13.3cm。父母本行比2：（8～10），父母本行距19.8cm。施足基肥，早施追肥，重施磷钾肥。够苗及时晒田。喷施赤霉素240～300g/hm^2。注意稻瘟病、黑粉病的防治。

乐丰A（Lefeng A）

品种来源：福建省农业科学院水稻研究所以福伊A为母本，（金32B//福伊B/建伊B）F_3 作回交父本，经连续多代回交于2003年转育而成。2004年通过福建省科学技术成果鉴定。2008年获国家植物新品种权保护授权。

形态特征和生物学特性：属籼型三系不育系。播始天数98d，株高85cm，每穗总粒数120～125粒，千粒重27～28g。叶鞘、稃尖紫色，株叶形态好，植株粗壮，分蘖力强，剑叶挺直。不育度高、育性稳定，不育株率达100%，随机取样25穗（株）镜检，花粉不育率都达到96%～99%。乐丰A柱头外露率77.0%，双边外露率45.5%。

品质特性：糙米粒长6.9mm，糙米长宽比3.1，垩白粒率4%，垩白度0.5%，透明度1级，碱消值6.0级，直链淀粉含量25.8%，胶稠度62mm。

抗性：抗稻瘟病。

应用情况：适宜配制中、晚籼类型杂交组合，配组的乐优94、乐优891、乐优918、乐优3301、乐优536等12个品种通过省级以上农作物品种审定委员会审定。

栽培技术要点：在闽西北繁殖，宜安排在7月上、中旬抽穗。母本乐丰A安排在3月下旬至4月上旬播种，第1期父本比母本推迟7d播种，2期父本相差4d。秧田应施足基肥，稀播、匀播，培育带蘖壮秧。适时移栽，秧龄20～25d。父、母本行比2：8，母本株行距13.3cm×13.3cm，父本株行距16.7cm×16.7cm。合理施肥，增施有机肥，氮磷钾配比均衡。适当增加穗粒肥比例，后期喷施磷酸二氢钾等叶面肥。注意纹枯病、稻粒黑粉病、稻蓟马、稻飞虱和螟虫等病虫害的防治。喷施赤霉素250～300g/hm²，按前轻、中重、后补的原则1：2：1分3次施用。父本单独多喷1次，用量为30g/hm²左右。

连优 3301 (Lianyou 3301)

品种来源：福建省农业科学院生物技术研究所、福建省农业科学院水稻研究所以连丰 A 和闽恢 3301 配组育成。恢复系闽恢 3301 以绵恢 436 和明恢 86 为亲本杂交，采用系谱法选育而成。2011 年通过福建省农作物品种审定委员会审定。

形态特征和生物学特性：属籼型三系杂交晚籼水稻。全生育期平均 122.2d，株高 105.5cm，株型适中，后期转色好。穗长 23.4cm，每穗总粒数 137.3 粒，结实率 85.8%，千粒重 26.8g。

品质特性：糙米率 83.0%，精米率 74.2%，整精米率 45.9%，糙米粒长 6.7mm，糙米长宽比 2.7，垩白粒率 71.0%，垩白度 17.6%，直链淀粉含量 25.2%，透明度 2 级，碱消值 5.4 级，胶稠度 71mm，蛋白质含量 7.4%。

抗性：感稻瘟病。

产量及适宜地区：2008—2009 年两年福建省晚稻 46 熟期组区域试验，平均单产分别为 7 410.3kg/hm² 和 7 056kg/hm²，比对照汕优 46 分别增产 3.1% 和 11.3%。2010 年生产试验，平均单产 6 620.1kg/hm²，比对照汕优 46 增产 5.8%。适宜福建省稻瘟病轻发区作晚稻种植，栽培上应注意防治稻瘟病。

栽培技术要点：在福建作晚稻栽培，秧龄为 25 ～ 30d，插植密度 20cm×20cm，每穴栽插 2 苗。施纯氮 180kg/hm²，氮、磷、钾比例为 1：0.7：0.9，基肥、分蘖肥、穗肥比例为 6：2：2。水分管理采取"浅水促蘖、适时烤田、有水抽穗、湿润灌浆、后期干湿交替"。

两优2163（Liangyou 2163）

品种来源：福建省农业科学院水稻研究所以SE21S和明恢63配组育成。2000年通过福建省农作物品种审定委员会审定。

形态特征和生物学特性：属籼型两系杂交晚籼水稻。全生育期平均123.9d，株高105～125cm，穗长24.2cm，每穗总粒数130粒，结实率85%，千粒重29.2g。

品质特性：糙米率81.0%，精米率73.8%，整精米率60.0%，糙米粒长7.5mm，糙米长宽比3.2，直链淀粉含量14.2%，蛋白质含量11.6%。

抗性：感稻瘟病。

产量及适宜地区：1998—1999年两年福建省晚稻区域试验，平均单产分别为6 958.5kg/hm²和5 692.5kg/hm²，比对照汕优63分别增产2.3%和减产0.5%。2000—2007年福建省累计推广种植9.00万hm²。适宜福建省稻瘟病轻发区、肥力中上的田块作中、晚稻推广。

栽培技术要点：在福建作连晚栽培，宜在6月中下旬播种，秧龄控制在25d左右，适当早插，以避过"寒露风"，每穴栽插2苗，基本苗达75万～90万苗/hm²即可。施足基肥，早施分蘖肥，巧施粒肥，注意氮、磷、钾配合施用，后期防止偏氮。水分管理采取够苗烤田，抑制无效分蘖，复水后干湿交替，乳熟后期不可过早断水，促进谷粒饱满。在稻瘟病区种植，要密切注意稻瘟病的发生与防治，以防为主。虫害方面主要及时防治螟虫为害。

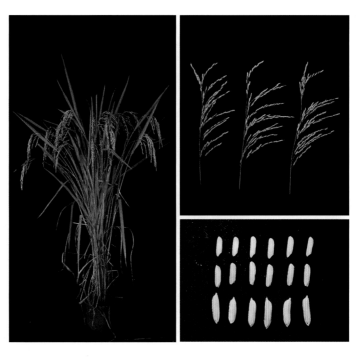

两优2186（Liangyou 2186）

品种来源：福建省农业科学院水稻研究所以SE21S和明恢86配组育成。分别通过福建省（2000）、云南省（2007）农作物品种审定委员会审定。

形态特征和生物学特性：属籼型两系杂交晚籼水稻。在福建省作晚稻种植全生育期130d，每穗总粒数150粒，结实率87%，千粒重29g。

品质特性：糙米率82.3%，精米率75%，整精米率58.7%，糙米粒长7.0mm，糙米长宽比3.0，透明度2级、碱消值5.6级，胶稠度76mm，直链淀粉含量17.4%，蛋白质含量11.0%。

抗性：轻感稻瘟病。

产量及适宜地区：1998—1999年两年福建省晚稻区域试验，平均单产分别为7 330.5kg/hm^{2}和5 869.5kg/hm^2，比对照汕优63分别增产5.8%和2.7%。2000—2014年在福建省累计推广种植36.27万hm^2。适宜福建省稻瘟病轻发区肥力中上的田块作中、晚稻种植，云南省海拔1 400m以下籼稻区种植，广东省韶关市作晚稻种植。

栽培技术要点：在福建作晚稻栽培，适时播种，稀播匀播，插足基本苗。施肥要求重施底肥，早施分蘖肥。水分管理采取浅水促蘖，够苗晒田。注意及时防治病虫草害。

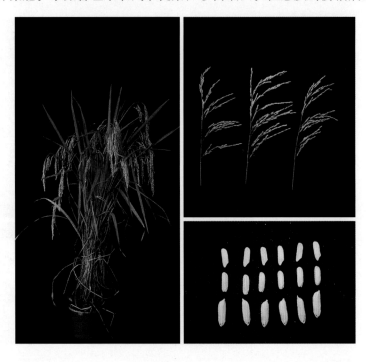

两优 3773（Liangyou 3773）

品种来源：福建省农业科学院水稻研究所以 152S 和 R173 配组育成。恢复系 R173 以明恢 86/8136//IR64/ 恩恢 58///9526 为杂交方式，采用系谱法选育而成。2007 年通过福建省农作物品种审定委员会审定。

形态特征和生物学特性：属籼型两系杂交中籼水稻。全生育期 146.3d，株高 122.1cm，穗长 24.9cm，每穗总粒数 167.4 粒，结实率 85.0%，千粒重 29.4g。

品质特性：糙米率 78.1%，精米率 69.1%，整精米率 60.2%，糙米粒长 6.7mm，垩白粒率 12.0%，垩白度 2.8%，直链淀粉含量 17.3%，透明度 1 级，碱消值 5.5 级，胶稠度 92.0mm，蛋白质含量 7.5%。

抗性：感稻瘟病，其中宁化水茜点高感稻瘟病。

产量及适宜地区：2004—2005 年两年福建省中稻区域试验，平均单产分别为 8 668.5kg/hm² 和 8 068.5kg/hm²，比对照汕优 63 分别增产 5.8% 和 2.1%。2006 年生产试验，平均单产 8 890.5kg/hm²，比对照汕优 63 增产 3.5%。2010—2012 年福建省累计推广种植 2.13 万 hm²。适宜福建省稻瘟病轻发区作中稻种植。

栽培技术要点：在福建作中稻栽培，4 月 20 日至 5 月 10 日播种，稀播匀播，培育多蘗壮秧。秧龄 25～30d，插植规格 20cm×20cm，插基本苗 97.5 万～112.5 万苗 /hm²。施纯氮 157.5kg/hm²，氮、磷、钾比例为 1：0.6：0.7，基肥、分蘗肥、穗肥、粒肥分别占总施肥量的 55%、35%、7%、3%。水分管理采取"深水返青、浅水促蘗、适时烤田、后期干湿交替"。注意及时防治病虫草害。

两优616 (Liangyou 616)

品种来源：中种集团福建农嘉种业股份有限公司、福建省农业科学院水稻研究所以广占63-4S和福恢616配组育成。恢复系福恢616以大粒香15/蜀恢527//蜀恢527为杂交方式，采用系谱法选育而成。2012年通过福建省农作物品种审定委员会审定。

形态特征和生物学特性：属籼型两系杂交中籼水稻。全生育期平均143.0d，株高127.0cm，株型适中，后期转色好。穗长26.5cm，每穗总粒数182.9粒，结实率86.6%，千粒重30.9g。

品质特性：糙米率80.4%，精米率73.0%，整精米率64.9%，糙米粒长7.1mm，糙米长宽比2.9，垩白粒率39.0%，垩白度8.5%，透明度1级，碱消值5.3级，胶稠度86mm，直链淀粉含量15.6%，蛋白质含量7.6%。米质较优。

抗性：中感稻瘟病。

产量及适宜地区：2009—2010年两年福建省中稻区域试验，平均单产分别为9 463.1kg/hm² 和9 072.9kg/hm²，比对照Ⅱ优明86分别增产6.3%和13.9%。2011年福建省中稻生产试验，平均单产9 303kg/hm²，比对照Ⅱ优明86增产7.7%。2013—2014年在福建省累计推广种植2.40万hm²。适宜福建省稻瘟病轻发区作中稻种植。

栽培技术要点：在福建作中稻栽培，秧龄不超过35d，插植密度20cm×（20～23）cm，每穴栽插1～2苗。施纯氮150～180kg/hm²，氮、磷、钾比例为1.0：0.5：1.0，基肥、分蘖肥、穗粒肥比例为6：2：2。水分管理采取浅水活苗、薄水养蘖，够苗轻搁，湿润稳长，后期不能断水太早。注意及时防治病虫害，稻瘟病重病区要防治稻瘟病。

两优667 (Liangyou 667)

品种来源：福建省农业科学院水稻研究所以广占63-4S和福恢667配组育成。2013年通过福建省农作物品种审定委员会审定。

形态特征和生物学特性：属籼型两系杂交中籼水稻。全生育期平均144.1d，株高132.3cm，株型适中，分蘖力强，后期转色好。穗长27.5cm，每穗总粒数204.2粒，结实率82.0%，千粒重31.1g。

品质特性：糙米率79.2%，精米率70.7%，整精米率60.7%，糙米粒长7.0mm，糙米长宽比2.8，垩白粒率54%，垩白度9.0%，透明度2级，碱消值3.7级，胶稠度84mm，直链淀粉含量16.4%，蛋白质含量7.8%。

抗性：感稻瘟病。

产量及适宜地区：2010—2011年两年福建省中稻区域试验，平均单产分别为9 165.5kg/hm^{2}和9 649.65kg/hm^2，比对照Ⅱ优明86分别增产12.5%和6.6%。2012年生产试验，平均单产9 278.4kg/hm^2，比对照Ⅱ优明86增产7.6%。适宜福建省稻瘟病轻发区作中稻种植。

栽培技术要点：在福建作中稻栽培，秧龄为25～30d，插植密度20.0cm×23.0cm，每穴栽插2苗。施纯氮150kg/hm^2，氮、磷、钾比例为1.0∶0.6∶0.9，基肥、分蘖肥、穗粒肥比例为5.5∶3.5∶1。水分管理采取浅水促蘖、适时烤田、有水抽穗、湿润灌浆、后期干湿交替。注意及时防治病虫害。

两优688（Liangyou 688）

品种来源：福建省南平市农业科学研究所、福建省农业科学院水稻研究所以SE21S和南恢688配组育成。分别通过福建省（2009）、国家（2010）农作物品种审定委员会审定。

形态特征和生物学特性：属籼型两系杂交迟熟中籼水稻。在长江中下游作一季中稻全生育期平均135.5d，株高130.3cm，株型略散，长势繁茂，叶色淡绿，熟期转色好。穗长25.8cm，每穗总粒数152.0粒，结实率82.3%，千粒重29.8g。

品质特性：整精米率57.4%，糙米长宽比2.8，垩白粒率78%，垩白度19.9%，胶稠度60mm，直链淀粉含量22.4%。

抗性：感稻瘟病、白叶枯病和褐飞虱。

产量及适宜地区：2008—2009年两年长江中下游中籼迟熟组区域试验，平均单产分别为9 114kg/hm²和8 776.5kg/hm²，比对照Ⅱ优838分别增产5.3%和6.7%。2009年生产试验，平均单产8 646kg/hm²，比对照Ⅱ优838增产6.5%。2014年全国推广种植1.6万hm²。适宜江西、湖南、湖北、安徽、浙江、江苏的长江流域稻区（武陵山区除外）以及福建北部、河南南部稻区的稻瘟病、白叶枯病轻发区作一季中稻种植。

栽培技术要点：在长江中下游作一季中稻栽培，大田用种量11.25～15.0kg/hm²，稀播匀

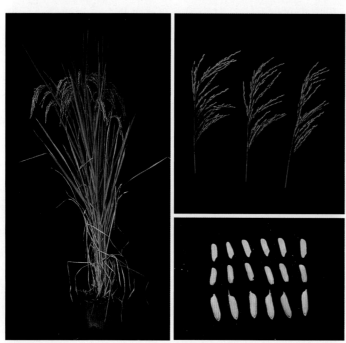

播，培育多蘖壮秧。秧龄30d左右移栽，插足19.5万穴/hm²以上，每穴栽插1～2苗。大田施纯氮150kg/hm²，五氧化二磷90～120kg/hm²，氧化钾150～180kg/hm²，氮、磷、钾比例为1：0.6：1。施足基肥，早施追肥，总用肥量的50%作基肥，40%作分蘖肥，10%作穗肥。水分管理采取深水返青，浅水促蘖，及时晒田，中后期湿润灌溉，切忌断水过早。注意及时防治稻瘟病、白叶枯病、螟虫、稻飞虱等病虫害。

两优842 (Liangyou 842)

品种来源：福建旺穗种业有限公司以86315S和旺恢842配组育成。2011年通过福建省农作物品种审定委员会审定。

形态特征和生物学特性：属籼型两系杂交晚籼水稻。全生育期平均122.5d，株高104.7cm，株型适中。穗长24.2cm，每穗总粒数142.7粒，结实率84.43%，千粒重29.1g。

品质特性：糙米率82.3%，精米率73.8%，整精米率53.2%，粒长7.2mm，糙米长宽比3.0，垩白粒率44.0%，垩白度6.5%，直链淀粉含量15.7%，透明度2级，碱消值4.8级，胶稠度76mm，蛋白质含量8.0%。米质达部颁三级优质米标准。

抗性：感稻瘟病。

产量及适宜地区：2008—2009年两年福建省晚稻46熟期组区域试验，平均单产分别为7 434.8kg/hm²和6 852.5kg/hm²，比对照汕优10号分别增产3.5%和8.1%。2010年福建省晚稻46熟期组生产试验，平均单产6 645.2kg/hm²，比对照汕优10号增产6.2%。适宜福建省稻瘟病轻发区作晚稻种植，栽培上应注意防治稻瘟病。

栽培技术要点：在福建作晚稻栽培，秧龄25 ~ 28d，插植密度17cm×20cm，每穴栽插2苗。施纯氮150 ~ 180kg/hm²，氮、磷、钾比例为1∶0.5∶1，基肥、分蘖肥、穗肥、粒肥比例为5∶3∶1∶1，中后期要注意控制氮肥。水分管理采取"深水返青、浅水促蘖、适时烤田、后期干湿交替"。注意及时防治病虫害。

两优多系1号（Liangyouduoxi 1）

品种来源：福建旺穗种业有限公司和福建省农业科学院水稻研究所以SE21S和多系1号配组育成。分别通过福建省（2006）、国家（2007）农作物品种审定委员会审定。

形态特征和生物学特性：属籼型两系杂交迟熟中籼水稻。在长江中下游作一季中稻种植全生育期平均135.3d，株高126.2cm，穗长26.0cm，每穗总粒数158.3粒，结实率77.3%，千粒重29.0g。

品质特性：整精米率68.7%，糙米长宽比2.9，垩白粒率77%，垩白度10.0%，胶稠度81mm，直链淀粉含量22.7%。

抗性：高感稻瘟病，感白叶枯病。

产量及适宜地区：2005—2006年两年长江中下游中籼迟熟组区域试验，平均单产分别为8 526.6kg/hm² 和8 532.3kg/hm²，比对照汕优63分别增产4.4%和5.6%。2006年生产试验，平均单产8 387.9kg/hm²，比对照汕优63增产6.3%。2009—2014年在福建省累计推广种植10.33万hm²。适宜江西、湖南、湖北、安徽、浙江、江苏的长江流域稻区（武陵山区除外）以及福建北部、河南南部稻区的稻瘟病、白叶枯病轻发区作一季中稻种植。

栽培技术要点：在长江中下游作中稻栽培，适时播种，培育壮秧。秧龄25d移栽为宜，不得超过30d，栽插规格以20cm×20cm或20cm×23.3cm为宜，每穴栽插2苗，基本苗120万～150万苗/hm²。大田施氮量135～180kg/hm²，氮、磷、钾配比大致为1∶0.5∶1。重施基肥，早施分蘖肥，中后期控制氮肥用量，酌量施穗粒肥，基肥、分蘖肥、穗粒肥分别占50%、40%、10%。水分管理应掌握"浅水插秧、寸水返青、够苗搁田、薄水扬花、湿润灌浆、干湿乳熟"的原则。注意及时防治稻瘟病、白叶枯病、纹枯病、稻飞虱、稻纵卷叶螟等病虫害。

两优航2号 (Liangyouhang 2)

品种来源：福建省农业科学院水稻研究所以SE21S和航2号配组育成。恢复系航2号通过卫星搭载明恢86进行高空诱变，采用系谱法选育而成。分别通过湖南省（2006）、福建省（2008）农作物品种审定委员会审定。2009年获国家植物新品种保护授权。

形态特征和生物学特性：属籼型两系杂交晚籼水稻。在福建作晚稻全生育期127.6d，株高105.7cm，株型适中，剑叶长宽。穗长24.5cm，每穗总粒数144.9粒，结实率80.7%，千粒重29.0g。

品质特性：糙米率82.19%，精米率74.3%，整精米率54.9%，糙米粒长7.2mm，糙米长宽比3.0，垩白粒率58.0%，垩白度6.3%，透明度1级，碱消值4.7级，胶稠度78.0mm，直链淀粉含量16.2%，蛋白质含量7.2%。

抗性：感稻瘟病。

产量及适宜地区：2006—2007年两年福建省晚稻区域试验，平均单产分别为7 408.5kg/hm^{2}和6 948.6kg/hm^2，比对照汕优63分别增产12.7%和8.0%。2007年生产试验，平均单产7 699.7kg/hm^2，比对照汕优63增产11.0%。2009—2014年在全国累计推广种植2.47万hm^2。适宜福建省、云南省和湖南省的稻瘟病轻发区种植。

栽培技术要点：在福建作晚稻栽培，一般6月上中旬播种，秧龄25～30d，插植规格18cm×20cm，每穴栽插1～2苗。一般中等肥力水平田施纯氮150kg/hm^2，氮、磷、钾比例为1.0：0.5：1.0，基肥、分蘖肥、穗肥、粒肥比例为55%、35%、7%、3%，穗肥以钾肥为主。水分管理采用浅水活蔸、薄水养蘖、够苗轻搁、湿润稳长，因穗型大，灌浆期延长，后期不能太早断水。及时防治病虫害。

龙特甫 A （Longtefu A）

品种来源：福建省漳州市农业科学研究所以 V41A 为母本，以龙特甫 B（农晚/特特普）为父本回交 6 次，于 1986 年育成。

形态特征和生物学特性：属野败型早籼迟熟不育系。早稻播种至始穗 110d。株高 76cm，株型紧凑、出穗整齐、叶色浓绿、叶鞘叶缘稃尖呈紫色，主茎 15 片叶，每公顷 270 万～300 万穗，每穗总粒数 152 粒，后期转色很好。在花粉量充足的条件下异交结实率高于 35%。

品质特性：糙米率 80.2%，精米率 72.2%，整精米率 51.1%，糙米粒长 7.0mm，糙米长宽比 3.0，垩白粒率 12%，垩白度 0.8%，透明度 2 级，碱消值 7.0 级，胶稠度 82mm，直链淀粉含量 14.8%，蛋白质含量 7.9%。

抗性：轻感纹枯病，中抗稻瘟病，抗寒性较好。

应用情况：适宜配制早、中、晚籼类型杂交组合。

栽培技术要点：春季繁殖安排在 7 月 15 日抽穗，母本播种期为 4 月 15 日，父本 4 月 22 日播种，时差 7d，叶差 1.3 叶。秧田应施足基肥，稀播、匀播，培育带蘖壮秧。父、母本行比 2：8，母本株行距 13.3cm×13.3cm，父本株行距 20cm×20cm。喷施赤霉素总量 225g/hm^2。主要防治纹枯病、稻粒黑粉病。

泸香优1256 (Luxiangyou 1256)

品种来源：福建省南平市农业科学研究所以泸香90A和南恢1256配组育成。分别通过福建省（2006）、国家（2010）农作物品种审定委员会审定。

形态特征和生物学特性：属籼型三系杂交迟熟中籼水稻。在长江中下游作一季中稻种植，全生育期平均136.5d，株高121.5cm，株型适中，长势繁茂，熟期转色好。穗长24.5cm，每穗总粒数170.0粒，结实率78.2%，千粒重27.8g。

品质特性：整精米率50.3%，糙米长宽比2.8，垩白粒率44%，垩白度10.1%，胶稠度78mm，直链淀粉含量14.5%。

抗性：高感稻瘟病，感白叶枯病，高感褐飞虱。

产量及适宜地区：2007—2008年两年长江中下游中籼迟熟组区域试验，平均单产分别为8 802kg/hm² 和9 178.5kg/hm²，比对照 II 优838分别增产3.7%和6.5%。2009年生产试验，平均单产8 685kg/hm²，比对照 II 优838增产6.4%。适宜江西、湖南、湖北、安徽、浙江、江苏的长江流域稻区（武陵山区除外）以及福建北部、河南南部稻区的稻瘟病、白叶枯病轻发区作一季中稻种植。

栽培技术要点：在长江中下游作一季中稻栽培，适时播种，大田用种量11.25～15.0kg/hm²，稀播匀播，培育多蘖壮秧。秧龄30d左右，栽插规格20cm×(23～26) cm，每穴栽插1～2苗，插足19.5万穴/hm²以上。大田施纯氮180kg/hm²，五氧化二磷90～120kg/hm²，氧化钾150～225kg/hm²，氮、磷、钾比例为1∶0.5∶1。施足基肥，早施追肥，50%作基肥，40%作为分蘖肥，10%作穗肥。深水返青，浅水促蘖，及时晒田，中后期湿润灌溉，切忌断水过早。注意及时防治稻瘟病、白叶枯病、螟虫、稻飞虱等病虫害。

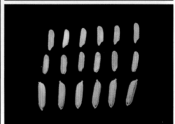

泸优明占 （Luyoumingzhan）

品种来源：福建六三种业有限责任公司、四川省农业科学院水稻高粱研究所、福建省三明市农业科学研究所以泸香618A和双抗明占配组育成。恢复系双抗明占以抗蚊青占和多系1号为亲本杂交，采用系谱法选育而成。2013年通过福建省农作物品种审定委员会审定。

形态特征和生物学特性：属籼型三系杂交晚籼水稻。全生育期平均126.9d，株高106.0cm，后期转色好。穗长24.7cm，每穗总粒数154.1粒，结实率77.38%，千粒重26.7g。

品质特性：糙米率82.6%，精米率73.8%，整精米率49.4%，糙米粒长7.2mm，糙米长宽比3.4，垩白粒率20.0%，垩白度3.1%，直链淀粉含量17.8%，透明度1级，碱消值7.0级，胶稠度78mm，蛋白质含量9.4%。米质达部颁二级优质米标准。

抗性：感稻瘟病。

产量及适宜地区：2010—2011年两年福建省晚稻区域试验，平均单产分别为6 984kg/hm²和7 132.1kg/hm²，比对照谷优527分别增产4.5%和8.4%。2012年生产试验，平均单产8 075.6kg/hm²，比对照谷优527增产6.5%。适宜福建省稻瘟病轻发区作晚稻种植。

栽培技术要点：在福建作晚稻栽培，秧龄为25～30d，插植密度20cm×23cm，每穴栽插2苗。施纯氮180kg/hm²，氮、磷、钾比例为1：0.7：0.9，基肥、分蘖肥、穗粒肥比例为5：3：2。水分管理采取浅水促蘖、适时烤田、有水抽穗、湿润灌浆、后期干湿交替。注意及时防治病虫害。

闽丰优 3301 （Minfengyou 3301）

品种来源：福建省农业科学院生物技术研究所以闽丰1A和闽恢3301配组育成。恢复系闽恢3301以绵恢436和明恢86为亲本杂交，采用系谱法选育而成。分别通过福建省（2010）、国家（2011）农作物品种审定委员会审定。

形态特征和生物学特性：属籼型三系杂交迟熟中籼水稻。在长江中下游作一季中稻种植，全生育期平均137.3d，株高124.5cm，穗长24.6cm，每穗总粒数165.9粒，结实率76.8%，千粒重29.9g。

品质特性：整精米率55.1%，糙米长宽比2.9，垩白粒率46%，垩白度12.0%，胶稠度72mm，直链淀粉含量23.2%。

抗性：感稻瘟病、白叶枯病和褐飞虱。

产量及适宜地区：2008—2009年两年长江中下游中籼迟熟组区域试验，平均单产分别为9 060kg/hm² 和8 682kg/hm²，比对照Ⅱ优838分别增产4.7%和5.5%。2010年生产试验，平均单产8 493kg/hm²，比对照Ⅱ优838增产5.6%。适宜江西、湖南（武陵山区除外）、湖北（武陵山区除外）、安徽、浙江、江苏的长江流域稻区以及福建北部、河南南部稻区的稻瘟病、白叶枯病轻发区作一季中稻种植。

栽培技术要点：在长江中下游作一季中稻栽培，做好种子消毒处理，大田用种量18.75 ～ 22.5kg/hm²，适时播种，稀播匀播，培育多蘖壮秧。秧龄控制在30d左右，株行距20cm× 23cm为宜，栽插24万穴/hm²左右，每穴栽插2苗。施足基肥，适当控氮，施纯氮150kg/hm²，早施分蘖肥，中后期注意增施磷钾肥。水分管理采取浅水插秧，深水返青，薄水勤灌促分蘖，够苗晒田，后期干干湿湿防早衰。注意及时防治稻瘟病、白叶枯病、纹枯病、螟虫、稻飞虱等病虫害。

闽优3号（Minyou 3）

品种来源：福建省农业科学院水稻研究所以V41A和印尼矮禾配组，于1973年育成。

形态特征和生物学特性：属籼型三系杂交中籼水稻。全生育期135d，株高90～100cm，每穗总粒数多，千粒重25g。

品质特性：米质中等。

抗性：中抗稻瘟病和白叶枯病。

适宜地区：1981年在福建省推广种植7.98万hm²。适宜福建省种植。

明218A（Ming 218 A）

品种来源：福建省三明市农业科学研究所以粤丰A为母本，以E优540/金23B的后代为回交父本，连续回交多次育成。2012年通过福建省农作物品种审定委员会审定。

形态特征和生物学特性：属籼型三系迟熟不育系。在沙县3月上旬播种，播始历期110d左右，主茎叶片数15.0叶；5月下旬播种，播始历期85d左右，主茎叶片数13.0叶；6月中旬播种，播始历期78d左右，主茎叶片数12.0叶。株高87cm，株型适中，叶片较宽大，穗大粒多，包颈程度中等。穗长23cm，每穗总粒数135粒，千粒重28g。田间现场测试结果：不育株率为100%，花粉不育度达100%，套袋自交结实率为0。

品质特性：糙米率为78.8%，精米率为71.5%，整精米率为60.3%，糙米粒长6.8mm，糙米长宽比3.0，垩白粒率13%，垩白度1.1%，透明度1级，碱消值7.0级，胶稠度81mm，直链淀粉含量13.1%，蛋白质含量12.0%。

抗性：2011年福建省农业科学院植物保护研究所稻瘟病抗性室内接菌鉴定，表现感稻瘟病；2009年上杭茶地点田间稻瘟病抗性鉴定，表现中抗稻瘟病。

应用情况：适宜配制中籼杂交组合，配组的明恢708通过云南省农作物品种审定委员会审定。

栽培技术要点：第一期父本（保持系）比母本（不育系）迟播5d，叶差0.9叶左右，第二期父本迟播7～8d，叶差为1.5叶，父、母本同期插秧。秧田应施足基肥，稀播、匀播，培育带蘖壮秧；母本插植密度13.3cm×13.3cm。父母本行比2∶（8～10），父母本行距20cm。施足基肥，早施追肥，重施磷钾肥。够苗及时晒田。喷施赤霉素225～300g/hm²。注意稻瘟病、黑粉病的防治。

明恢2155（Minghui 2155）

品种来源：福建省三明市农业科学研究所以籼粳中间材料K59（777/CY85-41）为母本，多系1号作父本杂交，经多代选择育成的恢复系。2006年通过福建省科技成果鉴定。

形态特征和生物学特性：基本营养生长性。在福建省三明市作早稻种植播始历期94d左右，作中、晚稻种植播始历期75d左右。株高104cm，植株整齐，生长势旺，分蘖力强，株型紧散适中，茎秆粗壮，叶片绿色，剑叶厚长直立，主茎叶片数14.2叶。穗伸出度为正好抽出，二次枝梗数较少，穗形下垂，平均每穗着粒数170～180粒，结实率85.6%，千粒重25.5g，落粒性中等。颖壳黄色，茸毛数中等，颖尖黄色，谷粒细长，后期转色佳。

品质特性：糙米率为79.7%，精米率为72.1%，整精米率为63.1%，糙米粒长6.5mm，糙米长宽比2.8，垩白粒率11%，垩白度1.3%，透明度3级，碱消值4.2级，胶稠度81mm，直链淀粉含量11.4%，蛋白质含量10.0%。

抗性：中抗稻瘟病，抗倒伏性较强。

应用情况：到2014年，全国以明恢2155为父本配组育成了12个品种通过省级以上农作物品种审定委员会审定。

明恢63（Minghui 63）

　　品种来源：福建省三明市农业科学研究所以IR30为母本，圭630作父本杂交，经多代选择育成的恢复系。1997年通过福建省科技成果鉴定。

　　形态特征和生物学特性：基本营养生长性。千粒重29.3g，结实率86.3%，转色好，分蘖力强，花粉量大，花期长（15d），制种产量高。

　　品质特性：糙米率为79.8%，精米率为71.8%，整精米率为49%，糙米长宽比3.0，碱消值3.7级，胶稠度91.0mm，直链淀粉含量16.2%。

　　抗性：抗稻瘟病、中抗白叶枯病和稻飞虱。

　　应用情况：到2010年，全国以明恢63为父本配组了34个品种通过省级以上农作物品种审定委员会审定，其中4个品种通过国家农作物品种审定委员会审定。从1984—2009年，明恢63直接配组的品种累计推广面积达8 414.4万hm²。到2010年，全国各育种单位利用明恢63作为骨干亲本选育的新恢复系有543个，这些新恢复系配组了922个品种通过省级以上农作物品种审定委员会审定。

明恢77（Minghui 77）

品种来源：福建省三明市农业科学研究所以明恢63为母本，测64作父本杂交，经多代选择育成的恢复系。2000年通过福建省科技成果鉴定。

形态特征和生物学特性：作早稻种植，播始历期96d，株高90cm，茎秆中粗，分蘖力强，花粉量大，每穗总粒数110～120粒，结实率85%以上，千粒重27～28g，熟期转色好。

品质特性：糙米率为82.0%，精米率为75.0%，整精米率为67.4%，糙米粒长7.1mm，糙米长宽比3.1，垩白粒率38%，垩白度7.2%，透明度2级，碱消值4.8级，胶稠度75mm，直链淀粉含量24.8%，蛋白质含量11.4%。

抗性：抗稻瘟病。

应用情况：到2010年，全国以明恢77为父本配组育成了11个品种通过省级以上农作物品种审定委员会审定，其中3个品种通过国家农作物品种审定委员会审定，从1991—2010年，用明恢77直接配组的品种累计推广面积达744.67万hm²。到2010年，全国各育种单位利用明恢77作为骨干亲本选育的新恢复系有24个，这些新恢复系配组了34个品种通过省级以上农作物品种审定委员会审定。

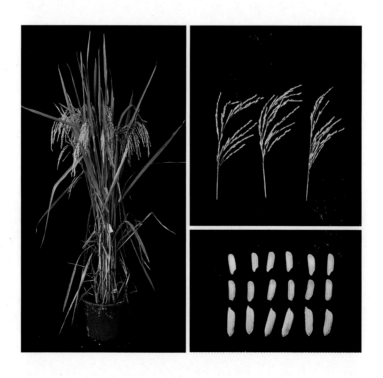

明恢86 （Minghui 86）

品种来源：福建省三明市农业科学研究所以P18（IR54/明恢63//IR60/圭630）为母本，明恢75（粳187/IR30//明恢63）作父本杂交，经多代选择育成的恢复系。2006年通过福建省科技成果鉴定。

形态特征和生物学特性：基本营养生长性。恢复力强、恢复谱广。株高100～110cm，主茎16～18叶，播种至始穗93d，出叶速度快，生长势较强。叶较厚、剑叶较长、直立、凹型、深绿。每穗总粒数164.4粒，结实率86.6%，千粒重32g。

品质特性：糙米率为80.6%，精米率为73.2%，整精米率为62.4%，糙米粒长7.0mm，糙米长宽比2.7，垩白粒率65%，垩白度8.1%，透明度2级，碱消值7.0级，胶稠度64mm，直链淀粉含量16.5%，蛋白质含量8.6%。

抗性：抗稻瘟病。

应用情况：到2010年，全国以明恢86为父本配组育成了11个品种通过省级以上农作物品种审定委员会审定，其中3个品种通过国家农作物品种审定委员会审定。从1997—2010年，用明恢86配组的所有品种累计推广面积达221.13万hm²。到2011年止，全国各育种单位以明恢86为亲本选育的新恢复系有44个，这些新恢复系配组了65个品种通过省级以上农作物品种审定委员会审定。

全丰A（Quanfeng A）

品种来源：福建省农业科学院水稻研究所以福伊A为母本，（福伊B/谷丰B）F$_3$作回交父本，经连续多代回交，于2002年转育而成。2004年通过福建省科学技术成果鉴定。

形态特征和生物学特性：属野败型早熟籼型三系不育系，感温性强。在福州从早稻的3月中旬播种至晚稻的7月上旬播种，播始历期从100d左右缩短至70d左右。株高80cm左右，主茎叶片数14叶，植株粗壮，株叶形态好，剑叶挺直，分蘖力强，叶色较绿，叶鞘、稃尖、柱头紫色。每穗总粒数110粒左右，千粒重26～27g。经专家鉴定不育株率100%，花粉不育度达到99.99%，花粉败育类型以典败为主。柱头发达，柱头外露率达76.7%，其中双边外露率达44.3%。具有很好的异交特性，繁殖、制种异交结实率一般在60%左右，产量高。

品质特性：糙米率81.4%，精米率74.5%，整精米率69.9%，糙米粒长6.2mm，糙米长宽比2.7，垩白粒率21.0%，垩白度1.7%，透明度1级，碱消值7.0级，胶稠度32mm，直链淀粉含量23.3%，蛋白质含量11.7%。

抗性：抗稻瘟病。

应用情况：适宜配制早、中、晚籼类型杂交组合，配组的全优94、全优77、全丰优2155、全优527等14个品种通过省级以上农作物品种审定委员会审定。

栽培技术要点：在福建建宁繁殖，母本全丰A 3月下旬播种，父本第一期比母本推迟8d播种，两期父本相差4d。大田用种量：母本22.5kg/hm^2，父本6.0kg/hm^2；秧田播种量225.0kg/hm^2，秧田与本田比为1∶8。移栽秧龄20～25d，父母本行比为2∶8，父母本间距30.0cm。母本插植规格为13.3cm×13.3cm，双本插植；父本插植规格为16.7cm×20.0cm，双本插植。水分管理要求浅水栽秧，寸水返青，分蘖期和乳熟期浅水勤灌、间歇灌溉、干湿交替。施肥采取施纯氮210kg/hm^2，氮、磷、钾比例为2∶1∶2。在肥料运筹上采取重前、稳中、补后的施肥方式，除磷肥外，氮肥和钾肥中基肥、分蘖肥、穗粒肥比例为4∶3∶3。同时，后期增施磷酸二氢钾或叶面宝等叶面肥，以防止功能叶早衰，促进籽粒饱满。母本全丰A对赤霉素较为敏感，繁殖总用量270g/hm^{2}左右。按前轻、中重、后补的原则1∶2∶1分3次施用，后两次可间隔1d，父本于第2次喷施后再单独喷1次，用量为30g/hm^{2}左右。防止因赤霉素施用过量而导致后期倒伏和增加种子穗上芽的风险。

全优3301（Quanyou 3301）

品种来源：福建省农业科学院生物技术研究所以全丰A和闽恢3301配组育成。恢复系闽恢3301以绵恢436和明恢86为亲本杂交，采用系谱法选育而成。分别通过福建省（2011）、国家（2013）农作物品种审定委员会审定。

形态特征和生物学特性：属籼型三系杂交中籼水稻。在武陵山区作一季中稻种植，全生育期平均147.6d，株高114.8cm，穗长21.4cm，每穗总粒数158.7粒，结实率84.6%，千粒重29.3g。

品质特性：整精米率57.2%，糙米长宽比3.0，垩白粒率44%，垩白度3.5%，胶稠度43mm，直链淀粉含量21.6%。

抗性：中抗稻瘟病、纹枯病，中感稻曲病，抽穗期耐冷性一般。

产量及适宜地区：2010—2011年武陵山区中籼组区域试验，平均单产分别为8 533.5kg/hm²和9 483kg/hm²，分别比对照全优527增产1.9%和Ⅱ优264增产2.1%。2012年生产试验，平均单产9 280.5kg/hm²，比对照Ⅱ优264增产6.3%。适宜贵州、湖南、重庆三省所辖的武陵山区海拔800m以下稻区和福建省作一季中稻种植。

栽培技术要点：在武陵山区作一季中稻栽培，秧龄30d以内移栽，株行距20cm×23cm或23cm×23cm，栽插22.5万穴/hm²左右，每穴栽插2苗。重施底肥早追肥，后期看苗补施穗粒肥，一般施纯氮150～180kg/hm²，氮、磷、钾肥比例为1∶0.5∶0.7，底肥70%、追肥30%。水分管理采取深水返青，浅水分蘖，够苗及时晒田，孕穗至抽穗期保持浅水层，灌浆期干湿交替，后期忌断水过早。注意防治稻瘟病、纹枯病、稻曲病、螟虫、稻飞虱等病虫害。

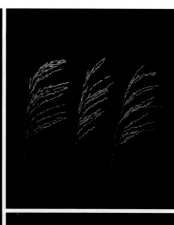

全优527 (Quanyou 527)

品种来源：福建省农业科学院水稻研究所和四川农业大学水稻研究所以全丰A和蜀恢527配组育成。分别通过湖北省（2007）、国家（2007）、江西省（2010）农作物品种审定委员会审定。

形态特征和生物学特性：属籼型三系杂交中籼水稻。在武陵山区作一季中稻生育期144.5d，株高111.2cm，穗长24.6cm，每穗总粒数141.4粒，结实率85.6%，千粒重29.8g。

品质特性：整精米率40.5%，糙米长宽比2.9，垩白粒率58%，垩白度7.0%，胶稠度59.5mm，直链淀粉含量21.4%。

抗性：中抗稻瘟病，高感纹枯病，感稻曲病。

产量及适宜地区：2005—2006年两年武陵山区中籼组区域试验，平均单产分别为8 938.8kg/hm²和9 375.9kg/hm²，比对照Ⅱ优58分别增产3.8%和2.7%。2006年生产试验，平均单产8 687.7kg/hm²，比对照Ⅱ优58增产3.6%。2008年在全国累计推广种植1.53万hm²。适宜贵州、湖南、湖北、重庆的武陵山区海拔800m以下稻区种植。

栽培技术要点：在武陵山区作一季中稻栽培，适时播种，秧田播种量225kg/hm²左右。秧龄35d左右移栽，栽插规格18cm×21cm，每穴栽插2苗。施足基肥，早施分蘖肥，幼穗分化期酌施促花肥，始穗期看苗补施保花肥。施纯氮180kg/hm²，氮、磷、钾比例为1：0.5：0.8。水分管理上采取浅水勤灌、间歇湿润促分蘖、中期排水搁田、后期干干湿湿的方式。注意及时防治纹枯病、稻曲病等病虫害。

全优94（Quanyou 94）

品种来源：福建省农业科学院水稻研究所以全丰A与岳恢94配组育成。2007年通过福建省农作物品种审定委员会审定。

形态特征和生物学特性：属籼型三系杂交晚籼水稻。全生育期128.6d，株高100.7cm，穗长23.7cm，每穗总粒数124.1粒，结实率80.79%，千粒重26.1g。

品质特性：糙米率81.0%，精米率72.4%，整精米率56.8%，糙米粒长6.5mm，垩白粒率75.0%，垩白度15.8%，透明度2级，碱消值3.9级，胶稠度42.0mm，直链淀粉含量22.7%，蛋白质含量8.0%。

抗性：中感稻瘟病。

产量及适宜地区：2004—2005年两年福建省晚稻优质组区域试验，平均单产分别为6 797.6kg/hm^{2}和6 649.4kg/hm^2，比对照两优2163分别增产3.8%和4.9%。2006年生产试验，平均单产7 206kg/hm^2，比对照汕优63增产4.5%。2010—2012年在福建省累计推广种植1.80万hm^2。适宜福建省稻瘟病轻发区作晚稻种植。

栽培技术要点：在福建作晚稻栽培，6月中下旬播种，秧龄25～30d，插植规格16.7cm×23.3cm，插基本苗150万苗/hm^2。施纯氮150kg/hm^2，氮、磷、钾比例为1：0.5：0.8，基肥、分蘖肥、穗肥、粒肥比例为4：4：1：1，中后期适量增施磷钾肥，并注意控制氮肥施用量，以防剑叶披垂。水分管理采取"深水返青、浅水促蘖、适时烤田、后期干湿交替"。

汕优016 (Shanyou 016)

品种来源：福建省农业科学院水稻研究所以珍汕97A和福恢016配组育成。恢复系福恢016从籼稻品种福引1号中筛选而育成。1991年通过福建省农作物品种审定委员会审定。

形态特征和生物学特性：属籼型三系杂交早籼水稻。感温性强。全生育期129.4d，株高90cm，株叶型理想，分蘖力中等，坚韧抗倒伏。穗长23cm，每穗总粒数117.5粒，结实率88.5%，千粒重27g。

品质特性：糙米率78.2%，精米率70.4%，糙米粒长5.9mm，糙米长宽比2.5，垩白粒率94%，垩白度15.2%，透明度3级，碱消值5.1级，胶稠度52mm，直链淀粉含量22.1%，蛋白质含量8.4%。

抗性：中抗稻瘟病，抗倒伏。

产量及适宜地区：1988—1989年两年福建省早稻区域试验，平均单产分别为6 475.5kg/hm² 和6 564kg/hm²。1992—2006年在福建省累计推广种植29.67万 hm²。适宜福建省作早稻或双晚稻种植。

栽培技术要点：在福建作早稻栽培，在闽东南地区适宜在3月上、中旬播种，4月10日以后插秧，秧龄大约30d左右；在闽东北、闽西北地区，适宜在3月中、下旬播种，4月中、下旬插秧。一般秧田播种量可控制在225kg/hm²左右，促进秧苗早生快发，培育带蘖壮秧。

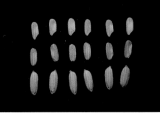

插植规格可采用20cm×16.7cm，每穴栽插2～3苗，争取有效穗达300万穗/hm²左右。在施肥水平较高的情况下，基肥应占总用肥量的60%；第一次追肥要早，早稻在插后5～6d进行；在幼穗分化到第二期之间可适量施些穗肥。此外要注意增施磷、钾肥，磷肥主要用在前期，中后期多施钾肥。水分管理要求前期浅水中耕促早发争穗数，中期应烤田壮秆攻大穗，后期以湿润为主。要及时中耕除草，及时防治稻飞虱、螟虫。

汕优155（Shanyou 155）

品种来源：福建省将乐县良种场和福建省三明市种子公司以珍汕97A和将恢155配组育成。恢复系将恢155以IR26/圭630//IR54为杂交方式，采用系谱法选育而成。1993年通过福建省农作物品种审定委员会审定。

形态特征和生物学特性：属籼型三系杂交晚籼水稻。全生育期126～130d，株高100～115cm，穗长22～28cm，每穗总粒数100.6粒，结实率85%～90%，千粒重29～31g。

品质特性：糙米率80.4%，精米率72.6%，整精米率49.5%，糙米长宽比2.5，透明度1级，碱消值6级，胶稠度71mm，直链淀粉含量23.0%，蛋白质含量7.5%。

抗性：稻瘟病抗性比汕优63略强。

产量及适宜地区：1990—1991年两年福建省晚稻区域试验，平均单产分别为6 129kg/hm^{2}和7 014kg/hm^2，与对照汕优63相当。1995年在福建省推广种植1.13万hm^2。适宜福建省作晚稻种植。

栽培技术要点：在福建作晚稻栽培，秧田播种量150～195kg/hm^2，搞好肥水管理，育成30～35d的多蘖壮秧。密植规格20cm×20cm或16.5cm×23.1cm，插1.5万～1.8万穴/hm^2，每穴栽插2苗三叉秧，插足基本苗135万～150万苗/hm^2。施肥要求基肥足，追肥速，掌握"攻头、稳中、适保尾"的原则，酌施、巧施穗粒肥，氮、磷、钾比例为1：0.6：0.8，防止后期脱肥。水分管理要求前期浅水促蘖，中期烤（搁）田壮秆，后期干湿养根、保叶、增粒重。注意及时防治病虫草害。

汕优397 （Shanyou 397）

品种来源：福建省南平市农业科学研究所以珍汕97A和南恢397配组育成。其中南恢397以桂33和明恢63为亲本杂交，采用系谱法选育而成。1996年通过福建省农作物品种审定委员会审定。

形态特征和生物学特性：属籼型三系杂交晚籼水稻。全生育期128d，株高95～100cm，每穗总粒数115～125粒，结实率85%，千粒重30g。

品质特性：糙米率81.1%，精米率73%，整精米率57.6%，糙米长宽比2.6，碱消值6.0级，胶稠度52mm，直链淀粉含量22.1%。

抗性：稻瘟病抗性强于汕优63。

产量及适宜地区：1992—1993年两年福建省晚稻区域试验，平均单产分别为6 229.5kg/hm² 和6 360kg/hm²，分别比对照汕优桂32增产5.7%和汕优63增产0.6%。1997—2000年在福建省累计推广种植11.20万 hm²。适宜福建省作晚稻种植。

栽培技术要点：在福建作双晚栽培，一般6月中旬播种，7月中旬插秧，秧龄30～35d，秧田播种量240kg/hm²左右。插植规格20cm×20cm，每穴栽插2苗。肥料运筹上，采用前期促早发，中期壮株强秆，后期看苗补肥，加重磷、钾肥的比例。施纯氮150～225kg/hm²、五氧化二磷105～120kg/hm²、氯化钾180kg/hm²。氮肥的50%作基肥，40%用于分蘖肥，10%用于保花肥；磷肥作基肥一次施入，钾肥40%作基肥，60%作分蘖肥。水分管理上采用深水活蔸，浅水分蘖，够苗脱水轻搁，湿润稳长，分蘖末期护好田，壮秆促根育大穗，后期要重视养老根，提高结实率，增加粒重，收割前10d左右断水。

汕优63 （Shanyou 63）

品种来源：福建省三明市农业科学研究所以珍汕97A和明恢63配组育成。恢复系明恢63以IR30和圭630为亲本杂交，采用系谱法选育而成。分别通过福建省（1984）、江苏省（1985）、四川省（1985）、广东省（1985）、湖北省（1987）、云南省（1987）、浙江省（1987）（认定）、湖南省（1987）、安徽省（1987）、陕西省（1988）、河南省（1988）、贵州省（1988）、海南省（1990）农作物品种审定委员会审定，1990年通过国家农作物品种审定委员会审定。

形态特征和生物学特性：属籼型三系杂交晚籼水稻。株高100～110cm，每穗总粒数120～130粒，结实率80%，千粒重29g。

品质特性：糙米率78.7%～80.8%，精米率71.1%～72.6%，整精米率12.7%～51.9%，垩白度23.5%～44.1%，碱消值2.3～5.5级，胶稠度72.7～78.3mm，直链淀粉含量22.2%～24.5%。

抗性：抗稻瘟病，中抗白叶枯病和稻飞虱。

产量及适宜地区：1982—1983年两年南方杂交晚稻区域试验，平均单产分别为7 236kg/hm^{2}和6 472.5kg/hm^2，比对照汕优2号分别增产22.5%和5.6%。1984年南方杂交中稻区域试验，平均单产8 809.5kg/hm^2，比对照威优6号增产19.7%。1983—2009年在全国累计推广种植6 288.70万hm^2。适宜安徽、重庆、福建、广东、广西、贵州、海南、河南、湖北、湖南、江苏、江西、陕西、四川、云南、浙江等省份种植。

栽培技术要点：汕优63每穗总粒数比汕优2号品种稍少，故应在剑叶露出时施适量保花肥，减少颖花退化，争取大穗；因汕优63冠层叶较宽大，中期注意烤田，后期防止偏施氮肥；注意防治纹枯病和白叶枯病。

汕优647 (Shanyou 647)

品种来源：湖南省杂交水稻研究中心以珍汕97A和R647配组育成。恢复系R647以G733/矮黄米//测64-7///IR2035为杂交方式，采用系谱法选育而成。2001年通过福建省龙岩市农作物品种审定委员会审定。

形态特征和生物学特性：属籼型三系杂交早籼水稻。感温性强。在福建省龙岩市作早稻全生育期125～130d，作晚稻全生育期110～115d。株高95～100cm，每穗总粒数102.5～126.6粒，千粒重24g。

品质特性：糙米率82.0%，精米率70.4%，整精米率22.3%，糙米粒长5.6mm，糙米长宽比2.4，垩白粒率53%，垩白度14.6%，透明度2级，碱消值5.1级，胶稠度53mm，直链淀粉含量23.0%，蛋白质含量9.2%。

抗性：中感稻瘟病。

产量及适宜地区：一般单产6 750～7 500kg/hm²。1995—2002年在福建省累计推广种植31.87万hm²。适宜福建省龙岩市稻瘟病轻发区作早稻和晚稻种植。

栽培技术要点：参照汕优82栽培技术进行，及时防治稻瘟病。

汕优669 (Shanyou 669)

品种来源：福建农林大学、福建省种子管理总站以珍汕97A和R669配组育成。其中R669以HB3136和明恢63为亲本杂交，采用系谱法选育而成。分别通过福建省（1997）、江西省（1999）农作物品种审定委员会审定。

形态特征和生物学特性：属籼型三系杂交晚籼水稻。在福建作晚稻全生育期130～135d，株高100～105cm，株叶形态好，后期转色及丰产性状好，分蘖力较强。每穗总粒数129～149粒，结实率90%，千粒重28g。

品质特性：米饭洁白质软，稀饭黏稠，适口性好。

抗性：高抗稻瘟病，中抗白叶枯病、细条病。

产量及适宜地区：1994—1995年两年福建省晚稻区域试验，平均单产分别为7 321.5kg/hm² 和6 799.5kg/hm²，比对照汕优63分别增产3.2%和2.7%。1998—2006年在福建等省累计推广种植18.67万hm²。适宜福建省和江西省作中晚稻种植。

栽培技术要点：作中稻栽培宜在4月中、下旬播种，秧龄35d左右，作双晚栽培宜在6月下旬播种，秧龄30d左右。插基本苗105万～120万苗/hm²。在施肥上应重基肥，早追肥，增施磷钾肥，酌施穗粒肥，氮、磷、钾比例为1：0.5：0.8。水分管理应掌握浅水促蘖，够苗轻烤田，分化至抽穗田间保持寸水，抽穗后保持干干湿湿直至收割。病虫害以防治螟虫为主，中后期重点防治稻飞虱和纹枯病。

汕优67（Shanyou 67）

品种来源：福建省三明市农业科学研究所以珍汕97A和明恢67配组育成。恢复系明恢67以IR54和明恢63为亲本杂交，采用系谱法选育而成。1992年通过福建省农作物品种审定委员会审定。

形态特征和生物学特性：属籼型杂交晚籼水稻。株高100cm，每穗总粒数120粒，结实率90.8%，千粒重29.0g。

品质特性：糙米率80.2%，精米率72.9%，整精米率48.3%，垩白粒率52%，垩白度8.7%，透明度1级，碱消值5.0级，胶稠度46mm，直链淀粉含量26.0%，蛋白质含量8.0%。

抗性：中抗稻瘟病和白叶枯病。

产量及适宜地区：1988—1989年两年福建省晚稻区域试验，平均单产分别为6 069kg/hm^{2}和6 624kg/hm^2，比对照汕优63分别增产0.6%和2.6%。1990—1992年在福建省累计推广种植3.07万hm^2。适宜福建省作中晚稻种植。

栽培技术要点：在福建作晚稻栽培，与汕优63相似。在中海拔地区作单季中稻栽培，应在4月中、下旬播种，在低海拔地区作连晚种植应6月下旬播种。作单季稻种植秧龄掌握在35d左右，作连晚种植秧龄掌握在30d左右；每穴栽插2苗，插植规格20cm×20cm或21cm×21cm，插基本苗90万～120万苗/hm^2。后期防止偏氮。侧重防治稻瘟病和稻秆潜蝇、二化螟、稻飞虱。

汕优70 (Shanyou 70)

品种来源：福建省三明市农业科学研究所以珍汕97A和明恢70配组育成。恢复系明恢70以IR54和明恢63为亲本杂交，采用系谱法选育而成。2000年通过福建省农作物品种审定委员会审定。

形态特征和生物学特性：属籼型三系杂交晚籼水稻。感光性强。全生育期170d，每穗总粒数150～170粒，结实率85%，千粒重28g。

品质特性：糙米率80.3%，精米率72.5%，整精米率54%，糙米粒长6.2mm，糙米长宽比2.4，垩白粒率32%，垩白度8.2%，透明度2级，碱消值4.8级，胶稠度56mm，直链淀粉含量22.6%，蛋白质含量8.4%。

抗性：中抗稻瘟病。

产量及适宜地区：1998年福建省晚稻区域试验，平均单产6 768kg/hm²。1992—2005年在福建省累计推广种植17.33万hm²。适宜福建省中低海拔地区作单季稻种植。

栽培技术要点：在福建作单季稻栽培，应在3月底到4月初播种，后期注意防治纹枯病和稻曲病。

汕优72 (Shanyou 72)

品种来源：福建省三明市农业科学研究所以珍汕97A和明恢72配组育成。其中明恢72以C堡/N//明恢63为杂交方式，采用系谱法选育而成。1994年分别通过安徽省、福建省农作物品种审定委员会审定。

形态特征和生物学特性：属籼型三系杂交中籼水稻。在福建作中稻种植，全生育期128.5d，株高95～100cm，穗长23～24cm，每穗总粒数100粒，结实率85%，千粒重29g。

品质特性：糙米率81.6%，精米率73.7%，整精米率61.5%，糙米长宽比2.5，垩白度25.7%，透明度1级，直链淀粉含量24.2%，蛋白质含量9.22%。

抗性：轻感稻瘟病，中抗白叶枯病和纹枯病。

产量及适宜地区：1989—1990年两年福建省杂交晚稻区域试验，平均单产分别为6 261kg/hm^{2}和6 160.5kg/hm^2，比对照汕优63分别减产3.0%和1.0%。1990—1997年在福建省累计推广41.87万hm^2。适宜福建省作中稻种植。

栽培技术要点：在福建作中稻栽培，应于4月下旬至5月上旬播种；作晚稻栽培，应于6月上中旬播种。采用湿润育秧，秧田施足基肥，培育多蘖壮秧。中稻栽培秧龄35d以内，晚稻栽培秧龄30d以内，插植规格20cm×23cm为宜，每穴栽插2苗。施肥要求以基肥和前期追肥为主，基肥要足，追肥宜早。施纯氮150～165kg/hm^2，五氧化二磷67.5～75kg/hm^2，氧化钾75～90kg/hm^2，氮、磷、钾比例为1∶0.5∶0.7。水分管理要求浅水促蘖，干湿相间，适时烤田，薄水扬花。及时做好对稻螟虫、稻飞虱、纹枯病等病虫害的防治工作。

汕优77 (Shanyou 77)

品种来源：福建省三明市农业科学研究所以珍汕97A和明恢77配组育成。恢复系明恢77以明恢63和测64-7为亲本杂交，采用系谱法选育而成。分别通过福建省（1997）、国家（1998）农作物品种审定委员会审定。

形态特征和生物学特性：属籼型三系杂交早籼水稻。在华南作早稻种植全生育期128d。株高100cm，每穗总粒数130～150粒，结实率80%，千粒重27g。

品质特性：糙米率79.8%，精米率73.0%，整精米率59.9%，糙米长宽比2.2，垩白度7%，透明度2级，胶稠度54mm，直链淀粉含量24.8%，蛋白质含量9.5%。

抗性：中抗白叶枯病，感稻瘟病。

产量及适宜地区：1995—1996年两年全国南方稻区中稻区域试验，平均单产分别为8 010kg/hm²和7 010kg/hm²，比对照威优64分别增产11.3%和4.7%。1992—2012年在全国累计推广种植254.40万hm²。适宜福建、广东、湖南、广西和江西等省（自治区）种植。

栽培技术要点：在华南作早稻栽培，3月上、中旬播种，秧龄30d左右。插植规格16.7cm×20cm或20cm×20cm，每穴栽插1～2苗。施足底肥，早施追肥，施纯氮135～150kg/hm²，氮、磷、钾比例为1：0.4：0.5。注意及时防治病虫草害。

汕优78（Shanyou 78）

品种来源：福建省三明市农业科学研究所以珍汕97A和明恢78配组育成。其中明恢78以明恢67和IR26为亲本杂交，采用系谱法选育而成。1994年通过福建省农作物品种审定委员会审定。

形态特征和生物学特性：属籼型三系杂交晚籼水稻。全生育期130d，株高90～95cm，每穗总粒数100粒，结实率85%，千粒重28～29g。

品质特性：糙米率81.8%，精米率73.8%，整精米率57.7%，垩白度29.3%，透明度1级，碱消值5.7级，直链淀粉含量23.6%，蛋白质含量10.0%。

抗性：轻感叶瘟，中抗穗颈瘟。

产量及适宜地区：1991—1992年两年福建省杂交晚稻区域试验，平均单产分别为6 408kg/hm² 和6 169.2kg/hm²，比对照汕优63分别减产1.8%和0.4%。1992—1993年在福建省累计推广种植19.53万 hm²。适宜福建省作晚稻种植。

栽培技术要点：在福建作晚稻栽培，栽培技术与汕优63相似。在中海拔地区作单季中稻栽培，应在4月中、下旬播种，在低海拔地区作连晚种植应6月下旬播种。作单季稻种植秧龄掌握在35d左右，作连晚种植秧龄掌握在30d左右；每穴栽插2苗，合理密植20cm×20cm 或21cm×21cm，插基本苗90万～120万苗/hm²，争取有效穗285万～300万穗/hm²。科学施肥，后期防止偏氮。侧重防治稻瘟病和稻秆潜蝇、二化螟、稻飞虱。

汕优82 (Shanyou 82)

品种来源：福建省三明市农业科学研究所以珍汕97A和明恢82配组育成。恢复系明恢82以IR60和圭630为亲本杂交，采用系谱法选育而成。分别通过福建省（1998）、广西壮族自治区（2001）农作物品种审定委员会审定。

形态特征和生物学特性：属籼型杂交早籼水稻。在福建作早稻种植全生育期133d，株高100cm，株叶形态好，分蘖力强，苗期较耐寒。每穗总粒数139粒，结实率80%，千粒重26g。

品质特性：糙米率81.8%，精米率71.8%，整精米率44.7%，糙米长宽比2.4，垩白粒率30%，垩白度10.4%，透明度5级，碱消值6.9级，胶稠度43mm，蛋白质含量22.3%。

抗性：中抗稻瘟病，耐肥，抗倒伏。

产量及适宜地区：1996—1997年两年福建省早杂优组区域试验，平均单产分别为7 011kg/hm² 和6 973.7kg/hm²，比对照威优64分别增产4.3%和4.4%。1998—2012年在福建省累计推广种植48.67万hm²。适宜福建省低海拔和南部地区作早稻种植，桂中、桂北作早、晚稻推广种植。

栽培技术要点：在福建作早稻栽培，注意稀播育壮秧；每穴栽插2苗，合理密植。施肥后期防止偏氮。注意防治纹枯病。

汕优89 (Shanyou 89)

品种来源：福建农林大学以珍汕97A和早恢89配组育成。恢复系早恢89以IR50/IR24//IR24///IR24为杂交方式，采用系谱法选育而成。1996年通过福建省农作物品种审定委员会审定。

形态特征和生物学特性：属籼型三系杂交早籼水稻。全生育期129d，株高95cm，穗长22cm，每穗总粒数110～115粒，结实率85%，千粒重26～27g。

品质特性：糙米率79.6%，精米率72.2%，糙米长宽比2.4，碱消值5.3级，胶稠度52mm，直链淀粉含量23.0%，蛋白质含量8.0%。

抗性：抗稻瘟病明显强于威优64，中抗白叶枯病、细菌性条斑病。

产量及适宜地区：1993—1994年两年福建省水稻早稻区域试验，平均单产分别为6 495kg/hm² 和6 569.0kg/hm²，比对照威优64分别增产1.3%和4.4%。1998—2004年在福建省累计推广种植10.27万hm²。适宜福建省作早稻种植。

栽培技术要点：在福建作早稻栽培，3月10日左右播种，稀播培育三叉壮秧，秧龄30d，5叶龄左右移栽。移栽株行距17cm×20cm，基本苗插60万苗/hm²。施肥要求施足基肥，早施分蘖肥，拔节幼穗分化期落黄时适量施穗肥。注意及时防治病虫草害。

汕优明86 (Shanyouming 86)

品种来源：福建省三明市农业科学研究所以珍汕97A和明恢86配组育成。恢复系明恢86以P18（IR54/明恢63//IR60/圭630）和gk148（粳187/IR30//明恢63）为亲本杂交，采用系谱法选育而成。1998年通过福建省农作物品种审定委员会审定。

形态特征和生物学特性：属籼型三系杂交晚籼水稻。全生育期130d，株高110.5cm，穗长23～24cm，每穗总粒数130粒，结实率85%～90%，千粒重28g。

品质特性：糙米率81.7%，精米率74.6%，整精米率58.7%，糙米长宽比2.4，垩白粒率32%，垩白度14.6%，透明度3级，碱消值6.9级，胶稠度70mm，直链淀粉含量22.9%，蛋白质含量8.8%。

抗性：轻感稻瘟病，感细条病。

产量及适宜地区：1995—1996年两年福建省连晚区域试验，平均单产分别为6 628.2kg/hm² 和6 407.1kg/hm²，比对照汕优63分别增产2.3%和2.6%。1997—2006年在福建省累计推广种植12.07万hm²。适宜福建省作双季晚稻、中稻、单季稻及再生稻种植。

栽培技术要点：在福建作晚稻栽培，秧龄控制在35d以内。插植规格为19.8cm×23.1cm，每穴栽插2苗。力争早插早管，施足基肥，早施分蘖肥，兼顾穗肥，肥田增产更显著。其他管理技术可参照汕优63栽培。

深优9775（Shenyou 9775）

品种来源：中种集团福建农嘉种业股份有限公司以深97A和R175配组育成。2012年通过福建省农作物品种审定委员会审定。

形态特征和生物学特性：属籼型三系杂交晚籼水稻。全生育期平均120.8d，株高112.2cm，株型适中，后期转色好。穗长25.3cm，每穗总粒数156.1粒，结实率78.8%，千粒重26.3g。

品质特性：糙米率81.6%，精米率74.2%，整精米率47.2%，糙米粒长6.5mm，糙米长宽比2.7，垩白粒率53.0%，垩白度7.0%，直链淀粉含量16.6%，透明度2级，碱消值5.7级，胶稠度76mm，蛋白质含量9.8%。米质达部颁三级优质米标准。

抗性：中感稻瘟病。

产量及适宜地区：2010—2011年两年福建省晚稻区域试验，平均单产分别为6 847.2kg/hm² 和7 020.8kg/hm²，比对照汕优10号分别增产5.3%和7.8%。2011年生产试验，平均单产7 530kg/hm²，比对照汕优10号增产9.2%。适宜福建省稻瘟病轻发区作晚稻种植。

栽培技术要点：在福建作晚稻栽培，秧龄不超过25d。插植密度20cm×20cm，每穴栽插2苗。施纯氮150～180kg/hm²，氮、磷、钾比例为1.0：0.5：1.0，基肥、分蘖肥、穗肥、粒肥比例为5：3：1：1。水分管理采取浅水促蘖、适时烤田、湿润灌浆、后期干湿交替。注意及时防治病虫草害。

圣丰1优319（Shengfeng 1 you 319）

品种来源：福建省南平市农业科学研究所以圣丰1A和南恢319配组育成。恢复系南恢319以R207//IR60/桂99为杂交方式，采用系谱法选育而成。2012年通过国家农作物品种审定委员会审定。

形态特征和生物学特性：属籼型三系杂交早熟晚籼水稻。在长江中下游作双季晚稻种植，全生育期平均113.9d，株高105.4cm，穗长23.3cm，每穗总粒数124.4粒，结实率79.4%，千粒重25.7g。

品质特性：整精米率55.5%，糙米长宽比3.2，垩白粒率14%，垩白度3.2%，胶稠度78mm，直链淀粉含量15.3%，达到国标三级优质米标准。

抗性：高感稻瘟病、黑条矮缩病、褐飞虱，感白叶枯病，抽穗期耐冷性弱。

产量及适宜地区：2009—2010年两年长江中下游晚籼早熟组区域试验，平均单产分别为7 141.5kg/hm^{2}和7 503kg/hm^2，比对照金优207分别增产3.8%和4.9%。2011年生产试验，平均单产7 528.5kg/hm^2，比对照金优207增产1.6%。适宜江西、湖南、湖北、浙江以及安徽长江以南的稻瘟病、白叶枯病和黑条矮缩病轻发的双季稻区作晚稻种植。

栽培技术要点：在长江中下游作晚稻栽培，秧龄25d左右，稀播匀播育壮秧；秧田可用225kg/hm^{2}左右复合肥作基肥，一叶一心喷施0.03%多效唑液，三叶一心施断乳肥，移栽前3～5d施送嫁肥。插植规格18cm×（18～21）cm，每穴栽插2苗，插足24万穴/hm^2，基本苗120万～150万苗/hm^2。重施基肥，早施追肥，后期酌施穗肥，氮、磷、钾肥比例为1.0∶0.5∶0.8，一般中等肥力地块，施纯氮180kg/hm^2，基肥60%、分蘖肥35%、穗肥5%，以钾肥为主。水分管理采取深水活蔸，浅水分蘖，多次露田，抽穗后期干湿壮籽，切忌脱水过早。注意及时防治稻瘟病、黑条矮缩病、白叶枯病、螟虫、稻飞虱、稻纵卷叶螟等病虫害。

圣丰2优651 (Shengfeng 2 you 651)

品种来源：福建省南平市农业科学研究所以圣丰2A和南恢651配组育成。恢复系南恢651以明恢63/IR661//CDR22为亲本杂交，采用系谱法选育而成。2012年通过国家农作物品种审定委员会审定。

形态特征和生物学特性：属籼型三系杂交迟熟中籼水稻。在长江中下游作一季中稻，全生育期平均137.7d，株高125.7cm，穗长25.6cm，每穗总粒数159.3粒，结实率80.7%，千粒重28.6g。

品质特性：整精米率49.9%，糙米长宽比2.6，垩白粒率51.5%，垩白度12.2%，胶稠度81mm，直链淀粉含量13.8%。

抗性：感稻瘟病、白叶枯病，高感褐飞虱，抽穗期耐热性较差。

产量及适宜地区：2009—2010年两年长江中下游中籼迟熟组区域试验，平均单产分别为8 806.5kg/hm² 和8 715kg/hm²，比对照Ⅱ优838分别增产5.4%和7.0%。2011年生产试验，平均单产8 844kg/hm²，比对照Ⅱ优838增产6.2%。适宜江西、湖南（武陵山区除外）、湖北（武陵山区除外）、安徽、浙江、江苏的长江流域稻区以及福建北部、河南南部稻区的稻瘟病、白叶枯病轻发区作一季中稻种植。

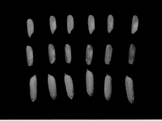

栽培技术要点：在长江中下游作中稻栽培，稀播匀播育壮秧，插足基本苗。施肥要求施足基肥，早施追肥，50%作基肥，40%作为分蘖肥，10%作穗肥，氮、磷、钾肥比例为1∶0.5∶1。水分管理采取深水返青，浅水促蘖，湿润稳长，及时搁田，中后期湿润灌溉，切忌断水过早。及时防治稻瘟病、白叶枯病、螟虫、稻飞虱、稻纵卷叶螟等病虫害。

四优2号 （Siyou 2）

品种来源：福建省农业科学院水稻研究所以V41A和IR24配组，于1976年育成。

形态特征和生物学特性：属籼型三系杂交早籼水稻。全生育期125～135d，株高85～100cm，每穗总粒数中等，千粒重25～26g。

抗性：不抗稻瘟病。

适宜地区：1978年在福建省推广种植20.00万hm²。适宜福建省南部作早晚稻、北部作晚稻种植。

四优3号 （Siyou 3）

品种来源：福建省农业科学院水稻研究所以V41A和IR661配组，于1974年育成。

形态特征和生物学特性：属籼型三系杂交中籼水稻。全生育期127d，株高88.9cm，每穗总粒数多，千粒重26.9g。

抗性：中抗稻瘟病和白叶枯病。

适宜地区：1983年在福建省推广种植2.93万hm²。适宜福建省作中稻种植。

四优30 (Siyou 30)

品种来源：福建省农业科学院水稻研究所以V41A和IR30配组，于1975年育成。

形态特征和生物学特性：属籼型三系杂交中籼水稻。全生育期135d，株高80～90cm，每穗总粒数多，千粒重27.2g。

抗性：中抗稻瘟病和白叶枯病。

适宜地区：1981年在福建省推广种植6.33万hm²。适宜福建省种植。

四优6号 (Siyou 6)

品种来源：福建省农业科学院水稻研究所以V41A和IR26配组，于1977年育成。

形态特征和生物学特性：属籼型三系杂交中籼水稻。全生育期125～135d，株高85～100cm，每穗总粒数中，千粒重24g。

抗性：抗青、黄矮病和白叶枯病。

适宜地区：1983年以来在全国累计推广种植153.30万hm²。适宜福建作中晚稻种植。

泰丰优2098 （Taifengyou 2098）

品种来源：福建省农业科学院水稻研究所、广东省农业科学院水稻研究所以泰丰A和福恢2098配组育成。恢复系福恢2098以蜀恢527/A227//HK03（航86/台农67//多系1号）为杂交方式，采用系谱法选育而成。2012年通过福建省农作物品种审定委员会审定。

形态特征和生物学特性：属籼型三系杂交晚籼水稻。全生育期平均124.6d，株高114.2cm，植株较高，后期转色好。穗长24.0cm，每穗总粒数138粒，结实率79.0%，千粒重30.7g。

品质特性：糙米率81.9%，精米率72.9%，整精米率55.6%，糙米粒长8mm，糙米长宽比3.5，垩白粒率34%，垩白度6.1%，透明度2级，碱消值4.2级，胶稠度76mm，直链淀粉含量15.9%，蛋白质含量8.4%。米质达部颁三级优质米标准。

抗性：中感稻瘟病。

产量及适宜地区：2010—2011年两年福建省晚稻区域试验，平均单产分别为7 117.1kg/hm² 和7 216.2kg/hm²，比对照谷优527分别增产3.2%和9.1%。2011年生产试验，平均单产7 783.5kg/hm²，比对照谷优527增产3.7%。适宜福建省稻瘟病轻发区作晚稻种植。

栽培技术要点：在福建作晚稻栽培，秧龄控制在25～30d。插植密度20cm×20cm，每穴栽插2苗。施纯氮150kg/hm²，氮、磷、钾比例为1∶0.6∶1，基肥、分蘖肥、穗肥、粒肥比例为6∶2∶1∶1。水分管理采用够苗轻搁，湿润稳长，后期干湿交替至成熟。注意及时防治病虫草害。

泰丰优 3301 （Taifengyou 3301）

品种来源：福建省农业科学院生物技术研究所、广东省农业科学院水稻研究所以泰丰A和闽恢3301配组育成。恢复系闽恢3301以绵恢436和明恢86为亲本杂交，采用系谱法选育而成。2012年通过福建省农作物品种审定委员会审定。

形态特征和生物学特性：属籼型三系杂交晚籼水稻。全生育期平均117.9d，株高110.7cm，株型适中，植株较高，后期转色好。穗长23.7cm，每穗总粒数137.1粒，结实率80.3%，千粒重28.9g。

品质特性：糙米率83.2%，精米率73.9%，整精米率54.4%，糙米长宽比3.6，垩白粒率20.0%，垩白度3.8%，直链淀粉含量16.4%，透明度2级，胶稠度84.0mm，蛋白质含量8.7%。米质达部颁三级优质米标准。

抗性：中感稻瘟病。

产量及适宜地区：2009—2010年两年福建省晚稻区域试验，平均单产分别为7 186.2kg/hm^{2}和7 120.5kg/hm^2，比对照谷优527分别增产2.1%和3.2%。2011年生产试验，平均单产7 752kg/hm^2，比对照谷优527增产3.3%。2014年在福建省推广种植0.67万hm^2。适宜福建省稻瘟病轻发区作晚稻种植。

栽培技术要点：在福建作晚稻栽培，秧龄25～30d，插植密度20cm×20cm，每穴栽插2苗。施纯氮150～180kg/hm^2，氮、磷、钾比例为1∶0.5∶1，基肥、分蘖肥、穗肥、粒肥比例为5∶3∶1∶1，中后期要注意控制氮肥。水分管理采取深水返青、浅水促蘖、适时烤田、后期干湿交替。注意及时防治病虫草害。

泰丰优656 (Taifengyou 656)

品种来源：福建省农业科学院水稻研究所、广东省农业科学院水稻研究所以泰丰A和福恢656配组育成。恢复系福恢656以明恢86/蜀恢527//多系1号为杂交方式，采用系谱法选育而成。2013年通过福建省农作物品种审定委员会审定。

形态特征和生物学特性：属籼型三系杂交晚籼水稻。全生育期平均122.3d，株高112.9cm，植株较高，后期转色好。穗长24.2cm，每穗总粒数145.7粒，结实率80.41%，千粒重28.6g。

品质特性：糙米率82.2%，精米率73.0%，整精米率56.5%，糙米粒长7.6mm，糙米长宽比3.4，垩白粒率30%，垩白度5.3%，直链淀粉含量15.1%，透明度2级，碱消值5.2级，胶稠度74mm，蛋白质含量8.6%。米质达部颁三级优质米标准。

抗性：中感稻瘟病。

产量及适宜地区：2010—2011年两年福建省晚稻区域试验，平均单产分别为6 888kg/hm^{2}和7 099.95kg/hm^2，比对照谷优527分别增产3.1%和5.3%。2012年福建省晚稻生产试验，平均单产8 286.45kg/hm^2，比对照谷优527增产9.3%。适宜福建省稻瘟病轻发区作晚稻种植。

栽培技术要点：在福建作晚稻栽培，秧龄为25 ～ 30d。插植密度20cm×20cm，每穴栽插2苗。施纯氮150kg/hm^2，氮、磷、钾比例为1.0：0.6：1.0，基肥、分蘖肥、穗粒肥比例为5：3：2。水分管理采取浅水促蘖、适时烤田、有水抽穗、湿润灌浆、后期干湿交替。注意及时防治病虫草害。

特优009 (Teyou 009)

品种来源：福建省南平市农业科学研究所以龙特甫A和南恢009配组育成。恢复系南恢009以明恢63/宁恢7号//桂44为杂交方式，采用系谱法选育而成。分别通过福建省（2004）、国家（2005）农作物品种审定委员会审定。2010年获国家植物新品种权保护授权。

形态特征和生物学特性：属籼型三系杂交早籼水稻。在华南作早稻种植全生育期平均125d，株高117.6cm，株型适中，叶片较宽大，后期转色较好。穗长24.1cm，每穗总粒数135.2粒，结实率82.2%，千粒重29.6g。

品质特性：整精米率43.7%，糙米长宽比2.6，垩白粒率96%，垩白度29.7%，胶稠度44mm，直链淀粉含量21.3%。

抗性：感稻瘟病和白叶枯病。

产量及适宜地区：2002—2003年两年华南早籼高产组区域试验，平均单产分别为7 471.1kg/hm² 和8 094.3kg/hm²，比对照汕优63分别增产3.3%和6.8%。2004年生产试验，平均单产7 700.4kg/hm²，比对照汕优63增产0.1%。2006—2011年在全国累计推广种植9.47万hm²。适宜海南、广西中南部、广东中南部、福建南部的稻瘟病、白叶枯病轻发的双季稻区作早稻种植。

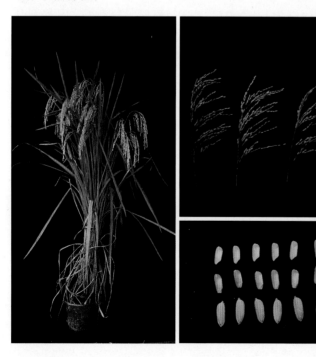

栽培技术要点：在华南作早稻栽培，适时播种，秧田播种量180～225kg/hm²，大田用种量15.0～22.5kg/hm²。栽插密度20cm×20cm，每穴栽插2苗。大田施纯氮150～180kg/hm²，五氧化二磷90～120kg/hm²，氧化钾150～180kg/hm²。基肥、分蘖肥、穗肥的比例为5：4：1。在水分管理上，做到够苗轻搁，湿润稳长，后期要重视养老根，忌断水过早。注意及时防治穗瘟病、白叶枯病、稻飞虱等病虫害。

特优 103 (Teyou 103)

品种来源：福建省漳州市农业科学研究所以龙特甫 A 与漳恢 103 配组育成。恢复系漳恢 103 以多系 1 号与榕恢 813（红脚粘 ///IR24/ 圭 630// 矮塘竹）为亲本杂交，采用系谱法选育而成。2007 年通过福建省农作物品种审定委员会审定。

形态特征和生物学特性：属籼型三系杂交中籼水稻。全生育期平均 143.0d，株高 118.2cm，株型适中，后期转色好，有效穗数 252 万穗 /hm²，穗长 23.4cm，每穗总粒数 153.6 粒，结实率 87.2%，千粒重 28.0g。

品质特性：糙米率 78.9%，精米率 71.8%，整精米率 69.2%，糙米粒长 6.2mm，垩白粒率 49.0%，垩白度 4.9%，透明度 1 级，碱消值 6.3 级，胶稠度 34.0mm，直链淀粉含量 21.1%，蛋白质含量 7.1%。

抗性：中感稻瘟病。

产量及适宜地区：2004—2005 年两年福建省中稻区域试验，平均单产分别为 8 821.1kg/hm² 和 8 517.8kg/hm²，比对照汕优 63 分别增产 7.7% 和 7.8%。2006 年生产试验，平均单产 9 231.9kg/hm²，比对照汕优 63 增产 7.7%。2007—2011 年在福建省累计推广种植 19.07 万 hm²。适宜福建省稻瘟病轻发区作中稻种植。

栽培技术要点：在福建作中稻种植，4 月下旬至 5 月上旬播种，秧龄 30d，插植规格 20cm× 23cm，每穴栽插 2 苗，插基本苗 90 万苗 /hm²。施纯氮 165kg/hm²，氮、磷、钾比例为 1：0.6：0.8，基肥、分蘖肥、穗肥、粒肥比例为 6：3：0.5：0.5。水分管理采取"深水返青、浅水促蘖、后期干湿交替"的原则。

特优175 (Teyou 175)

品种来源：福建省农业科学院水稻研究所、福建省南平市农业科学研究所以龙特甫A与N175配组育成。恢复系N175以桂32/明恢63//IR26为杂交方式，采用系谱法选育而成。2000年通过福建省农作物品种审定委员会审定。2005年获国家植物新品种权保护授权。

形态特征和生物学特性：属籼型三系杂交晚籼水稻。基本营养生长性。在福建作双晚全生育期126～130d，株高106～110cm，穗长23.5cm，每穗总粒数148粒，结实率85.7%，千粒重28g。

品质特性：糙米率80.6%，精米率72.4%，整精米率56.7%，糙米长宽比2.6，垩白粒率91%，垩白度29.3%，透明度3级，碱消值6.3级，胶稠度74.2mm，直链淀粉含量22.4%。

抗性：轻感稻瘟病。

产量及适宜地区：1998—1999年两年福建省晚稻区域试验，平均单产分别为7 449kg/hm² 和6 165kg/hm²，比对照汕优63分别增产8.6%和5.8%。2003—2014年在福建省累计推广种植52.73万hm²。适宜福建省各地稻瘟病轻发病区作中、晚稻种植。

栽培技术要点：在福建作连晚栽培，建阳地区一般6月中旬播种，大田用种量12.0～18.0kg/hm²，秧田播种量150～225kg/hm²。注意秧田肥水管理，用烯效唑或多效唑促蘖，培育带2个以上分蘖的壮秧。秧龄尽量控制在30d以内，插足基本苗150万～180万苗/hm²，力争有效穗达300万穗/hm²以上。总施肥量为纯氮150～180kg/hm²、氯化钾112.5～157.5kg/hm²、磷肥210～300kg/hm²。基肥占总肥量的60%左右。早施促分蘖肥，争取移栽后18～20d达到穗苗数，够苗后及时分次搁田，控制总苗数在450万苗/hm²以内。穗肥应以保花肥为主，占总施肥量的10%～15%。抽穗后酌情施用粒肥有利于提高结实率和粒重。水分管理要求后期不要断水过早，齐穗后保持干干湿湿，以便充分灌浆。秧苗期应以防治稻蓟马为主，分蘖高峰期和孕穗阶段防治纹枯病，生长后期注意稻曲病的防治。

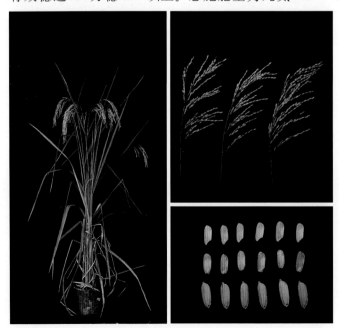

特优627（Teyou 627）

品种来源：福建省宁德市农业科学研究所以龙特甫 A 和亚恢627配组育成。恢复系亚恢627以多系1号与亚恢420为亲本杂交，采用系谱法选育而成。2005年通过福建省农作物品种审定委员会审定。2007年获国家植物新品种权保护授权。

形态特征和生物学特性：属籼型三系杂交中籼水稻。全生育期140.1d，株高120.3cm，穗长24.0cm，每穗总粒数161.3粒，结实率88.5%，千粒重29.9g。

品质特性：糙米率80.6%，精米率76.3%，整精米率60.7%，糙米粒长6.5mm，糙米长宽比2.7，垩白粒率98%，垩白度31.4%，透明度1级，碱消值7级，胶稠度34mm，直链淀粉含量24.3%，蛋白质含量6.8%。

抗性：抗稻瘟病。

产量及适宜地区：2003—2004年两年福建省中稻组区域试验，平均单产分别为9 303.2kg/hm² 和8 526.5kg/hm²，比对照汕优63分别增产11.3%和8.6%。2004年生产试验，平均单产9 168.5kg/hm²，比对照汕优63增产8.6%。2006—2011年在福建省累计推广种植19.40万 hm²。适宜福建省作中稻种植。

栽培技术要点：在福建作中稻栽培，播种期安排在4月中下旬，秧龄控制在35d以内，大田插25万穴/hm²，每穴栽插2苗。在施肥上应掌握重施基肥，早施分蘖肥，增施磷钾肥，酌情施穗肥。水分管理上注意浅水促蘖，够苗烤田，苗旺重烤，后期干湿交替。及时防治病虫害，抽穗期注意螟虫的防治。

特优63 (Teyou 63)

品种来源：福建省漳州市农业科学研究所以龙特甫A与明恢63配组育成。分别通过福建省（1993）、广西壮族自治区（1993）、江苏省（1994）、国家（1995）农作物品种审定委员会审定。

形态特征和生物学特性：属籼型三系杂交早、晚籼水稻。在福建作早、晚稻种植，全生育期126～130d，株高110cm左右，株型紧凑，叶片直立，后期转色较好。穗长24.6～26cm，每穗总粒数141～175粒，结实率91.9%～95.3%，千粒重29～30.5g。

品质特性：糙米率81.4%，精米率73.6%，直链淀粉含量24.1%，胶稠度57mm，碱消值5.5级，米粒椭圆形略长，腹白较小，煮干饭稀饭适口性皆好。

抗性：较抗稻瘟病，不抗纹枯病。

产量及适宜地区：1991—1992年参加江苏省杂交中籼稻区域试验，两年平均单产8 640.9kg/hm²，比对照汕优63增产1.52%。1993年江苏省杂交中籼稻生产试验，平均产量7 644.4kg/hm²，比汕优63减产1.05%，1989—2014年在全国累计推广种植385.66万hm²。适宜广东、广西、江西、陕西、江苏、湖北和安徽等地种植。

栽培技术要点：福建作早稻栽培，在2月中、下旬播种，秧龄50d左右；作单晚（中稻）在5月上、中旬播种，秧龄30～40d；作双晚在6月下旬至7月上旬播种，秧龄20～25d。插植密度18cm×18cm或21cm×15cm，每穴栽插2苗，插基本苗120万苗/hm²。施纯氮185～225kg/hm²，氮、磷、钾比例为1：0.65：1，应施足基肥，早追分蘖肥，巧施穗粒肥，基肥和分蘖肥占总施肥量的80%，穗粒肥占20%。水分管理采取寸水护苗，浅水促蘖，够苗搁田，干湿交替，适期断水。及时防治纹枯病、稻曲病、螟虫和稻飞虱。

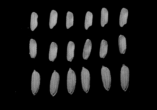

特优669 (Teyou 669)

品种来源：福建农林大学、福建省种子管理总站以龙特甫 A 和 R669 配组育成。恢复系 R669 以 HB3136 和明恢63为亲本杂交，采用系谱法选育而成。1999年通过福建省农作物品种审定委员会审定。

形态特征和生物学特性：属籼型三系杂交晚籼水稻。全生育期128～133d，株高 105～110cm，结实率90％，千粒重28g。

品质特性：米饭洁白质软，稀饭黏稠，适口性好。

抗性：高抗稻瘟病，中抗白叶枯病、细条病。

产量及适宜地区：1994—1995年两年福建省晚稻组区域试验，平均单产分别为7 175kg/hm² 和7 245kg/hm²，比对照汕优63分别增产6.1％和9.5％。1999年在福建省累计推广种植0.87 万hm²。适宜福建省作晚稻种植。

栽培技术要点：在福建作晚稻栽培，7月上旬播种，播种量225～262.5kg/hm²。7月下旬至8月上旬初移栽，插22.5万～27万穴/hm²，每穴栽插2苗。在施肥上掌握"施足基肥，早施分蘖肥，巧施穗粒肥"的原则，施纯氮150kg/hm²，氮、磷、钾比例为1：0.5：0.8；基肥占总施氮量的50％；分蘖肥在返青后立即追肥，占总施氮量的40％；穗肥在剑叶露期追施，占总施氮量的10％；而磷、钾作基肥一次施用。水分管理上做到促控相结合，苗期做到浅水勤灌促蘖；中期够苗严格烤田，幼穗分化四期复水防止颖花退化；抽穗期保持水层，确保抽穗整齐；后期干湿交替防早衰，促进灌浆顺利进行。注意抓好三化螟、细条病、稻飞虱等病虫害的防治。

特优70（Teyou 70）

品种来源：福建省三明市农业科学研究所以龙特甫A和明恢70配组育成。恢复系明恢70以IR54与明恢63为亲本杂交，采用系谱法选育而成。分别通过福建省（1999）、广西壮族自治区（2000）、国家（2001）农作物品种审定委员会审定。

形态特征和生物学特性：属籼型三系杂交中籼水稻。在福建作中稻全生育期145～150d，作晚稻全生育期128～132d。株高95～100cm，穗长23～25cm，每穗总粒数138～142粒，结实率80%，千粒重27.5g。

品质特性：整精米率51.2%，垩白粒率92%，垩白度32%，胶稠度48mm，直链淀粉含量22.2%。

抗性：中抗稻瘟病、细条病，耐寒性中等。

产量及适宜地区：1996—1997年两年福建省区域试验，平均单产分别为6 624.3kg/hm² 和6 047.4kg/hm²，比对照汕优63分别增产6.1%和11.3%。1998—2006年在全国累计推广种植36.87万hm²。适宜福建、广西种植汕优63的地区种植。

栽培技术要点：在福建作中稻栽培，秧龄掌握在30d左右。插植密度20cm×23.3cm，每穴栽插2苗。施纯氮180～225kg/hm²，氮、磷、钾比例为1∶0.5∶0.7，应重施基肥，早施追肥。水分管理采取寸水护苗，浅水促蘖，够苗搁田，干湿交替，适期断水。及时防治纹枯病、稻曲病、螟虫和稻飞虱。

特优716 (Teyou 716)

品种来源：福建省南平市农业科学研究所以龙特甫 A 和南恢 716 配组育成。恢复系南恢716以 NR169（圭630/常521的后代）/CDR22的 F_4 为母本，盐恢559为父本杂交，采用系谱法选育而成。分别通过福建（2006）、海南省（2009）农作物品种审定委员会审定。

形态特征和生物学特性：属籼型三系杂交中籼水稻。在福建作中稻全生育期144.0d，株高123.1cm，穗长24.6cm，每穗总粒数179.8粒，结实率85.50%，千粒重27.8g。

品质特性：糙米率79.2%，精米率69.6%，整精米率56.1%，糙米粒长6.1mm，垩白粒率95.0%，垩白度47.0%，透明度3级，碱消值2.9级，胶稠度36.0mm，直链淀粉含量24.3%，蛋白质含量6.4%。

抗性：中感稻瘟病。

产量及适宜地区：2003—2004年两年福建省中稻组区域试验，平均单产分别为9 122.3kg/hm² 和 8 692.8kg/hm²，比对照汕优63分别增产9.1%和10.7%。2005年生产试验，平均单产9 697.7kg/hm²，比对照汕优63增产20.8%。2008—2014年在福建等省累计推广种植7.86万 hm²。适宜福建省稻瘟病轻发区作中稻种植，海南省早、晚造种植。

栽培技术要点：在福建作中稻栽培，4月底到5月上中旬播种，秧田用种量225kg/hm²，秧龄30d左右，插植规格22cm×22cm，每穴栽插2苗。中等肥力水平田施纯氮150kg/hm²，氮、磷、钾比例为1：0.5：0.7，基肥用量占施肥量50%左右，分蘖肥占总量40%～45%，穗肥以钾肥为主。水分管理上掌握浅水插秧，护苗促早发，干湿交替，后期不可断水过早。注意及时防治病虫草害。

特优73（Teyou 73）

品种来源：福建省三明市农业科学研究所以龙特甫A和明恢73配组育成。恢复系明恢73以粳187/IR30//明恢63为杂交方式，采用系谱法选育而成。2001年通过福建省农作物品种审定委员会审定。

形态特征和生物学特性：属籼型三系杂交中籼水稻。作中稻全生育期150d，作连晚全生育期132d，株高120cm，穗长25～26cm，每穗总粒数148粒，结实率87.2%，千粒重29.4g。

品质特性：糙米率82.2%，精米率75.6%，整精米率57.1%，糙米粒长6.5mm，糙米长宽比2.7，垩白粒率62%，垩白度11.2%，透明度3级，碱消值4.7级，胶稠度38mm，直链淀粉含量20.4%，蛋白质含量10.6%。

抗性：感稻瘟病。

产量及适宜地区：1999—2000年两年福建省中籼区域试验，平均单产分别为8 007kg/hm^{2}和7 401kg/hm^2，比对照汕优63分别增产7.0%和减产4.3%。2003—2006年在福建省累计推广种植5.33万hm^2。适宜福建省稻瘟病轻发区作中稻以及闽南地区作双季晚稻种植。

栽培技术要点：在福建作中稻栽培，适期播种，培育壮秧，每穴栽插2苗。施肥要求重基肥，早追肥，防止倒伏。注意防治稻瘟病。

特优77 (Teyou 77)

品种来源：福建省漳州市农业科学研究所以龙特甫A与明恢77配组育成。恢复系明恢77以明恢63与测64-7为亲本杂交，采用系谱法选育而成。2001年通过广西壮族自治区农作物品种审定委员会审定。

形态特征和生物学特性：属籼型三系杂交晚籼水稻。基本营养生长性。作晚稻全生育期115～118d，株高100cm，茎秆粗壮，分蘖力中等，株叶形态好，后期转色好。每穗总粒数110～160粒，结实率76%～90%，千粒重28g。

品质特性：米质中等。

抗性：抗稻瘟病。

产量及适宜地区：1995—1996年两年广西桂林市晚造区域试验，平均单产分别为7 684.5kg/hm^{2}和7 374kg/hm^2，比对照桂优99分别增产7.1%和6.4%。1993—2000年在广西壮族自治区累计推广种植21.67万hm^2。适宜福建省漳州市和广西壮族自治区种植。

栽培技术要点：在广西作晚稻栽培，宜选择土壤肥力中等以上的田种植。插植规格23cm×13cm，双苗插植。施肥要求施足基肥，早施分蘖肥，氮磷钾配合使用，施纯氮180kg/hm^{2}左右。及时防治病虫草害。

特优898（Teyou 898）

品种来源：福建省龙岩市农业科学研究所以龙特甫A与武恢898配组育成。恢复系武恢898以明恢63群体中发现的优良变异单株为亲本，采用系谱法选育而成。2000年通过福建省农作物品种审定委员会审定。2007年获国家植物新品种权保护授权。

形态特征和生物学特性：属籼型三系杂交晚籼水稻。基本营养生长性。全生育期130.1d，株高100cm，株型紧凑，茎秆粗壮，根系发达，功能叶挺直，后期转色好。穗长22～24cm，每穗总粒数152.2粒，结实率85%～92%，千粒重27.6g。

品质特性：糙米率83%，精米率76.2%，整精米率63.6%，垩白粒率75%，垩白度16.6%，透明度2级，碱消值6.4级，胶稠度51mm，直链淀粉含量22.6%，蛋白质含量10.0%。

抗性：抗稻瘟病。

产量及适宜地区：1997—1998年两年福建省晚稻区域试验，平均单产分别为6 049.5kg/hm²和7 450.5kg/hm²，比对照汕优63分别增产11.3%和8.6%。1998—2005年在福建省累计推广种植16.47万hm²。适宜福建省作晚稻种植。

栽培技术要点：在福建连作晚稻栽培，闽西北稻区限于海拔400m以下地区栽培，6月中旬播种，秧龄34～40d为宜；闽南、岭南地区6月中、下旬播种，秧龄30～35d为宜，确

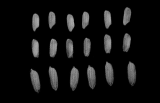

保安全齐穗。中稻和烟后稻采用20cm×20cm或20cm×23cm，连晚采用17cm×20cm，每穴栽插2苗，插足基本苗125万～147万苗/hm²。施肥要求增施有机肥，施纯氮180kg/hm²，氮、磷、钾比例为1∶0.55∶0.65。水分管理要求前期浅水促蘖，中期要适度搁田，后期干湿交替，切忌过早断水。注意抓好稻曲病、纹枯病、稻瘿蚊、稻飞虱、螟虫等的防治。

特优多系1号 (Teyouduoxi 1)

品种来源：福建省漳州市农业科学研究所以龙特甫A和多系1号配组育成。分别通过福建省（1998）、广西壮族自治区（1999）、国家（2001）农作物品种审定委员会审定。

形态特征和生物学特性：属籼型三系杂交中籼水稻。作早稻全生育期145d，作中稻全生育期140d，作晚稻全生育期125d。株高110cm左右，株叶形态好，株型集散适中，分蘖力强，分蘖早。每穗总粒数120～140粒，结实率85%～91%，千粒重28～29.2g。

品质特性：糙米率81.3%，精米率73.7%，整精米率61.1%，垩白粒率96%，垩白度18.2%，透明度2级，碱消值6.2级，胶稠度60mm，直链淀粉含量21.6%，蛋白质含量8.7%。

抗性：抗稻瘟病，中抗白叶枯病。

产量及适宜地区：1996—1997年两年全国中稻杂优组区域试验，平均单产分别为8 037.7kg/hm^{2}和8 922kg/hm^2，比对照汕优63分别增产4.3%和3.4%。1997—2008年在福建等省累计推广种植29.27万hm^2。适宜福建、广西种植汕优63的地区种植。

栽培技术要点：在福建省漳州市，早稻2月下旬播种，秧龄45d；中稻4月下旬播种，秧龄25d；晚稻7月18日前播种，秧龄20d。采用湿润稀播种，株行距20cm×23cm，每穴栽插2苗。施肥要求重施基肥，以有机肥为主，早施分蘖肥，酌情补施穗肥。水分管理要求合理灌溉，及时搁田。注意及时防治病虫草害。

特优航1号 （Teyouhang 1）

品种来源：福建省农业科学院水稻研究所以龙特甫A和航1号配组育成。恢复系航1号以明恢86为亲本卫星搭载，采用系谱法选育而成。分别通过福建省（2003）、浙江省（2004）、国家（2005）、广东省（2008）农作物品种审定委员会审定。2006年获国家植物新品种权保护授权。

形态特征和生物学特性：属籼型三系杂交迟熟中籼水稻。在长江上游作一季中稻全生育期平均150.5d，株高112.7cm，株型适中，分蘖力较弱。穗长24.4cm，每穗总粒数166.1粒，结实率83.9%，千粒重28.4g。

品质特性：整精米率63.5%，糙米长宽比2.4，垩白粒率83%，垩白度16.2%，胶稠度62mm，直链淀粉含量20.7%。

抗性：高感稻瘟病，中感白叶枯病。

产量及适宜地区：2002—2003年两年长江上游中籼迟熟高产组区域试验，平均单产分别为8 689.7kg/hm^{2}和9 040.1kg/hm^2，比对照油优63分别增产6.0%和5.0%。2004年生产试验，平均单产8 599.2kg/hm^2，比对照油优63增产10.2%。2004—2013年在全国累计推广种植30.40万hm^2。适宜云南、贵州、重庆的中低海拔稻区（武陵山区除外）、四川平坝丘陵稻区、陕西南部稻区的稻瘟病轻发区作一季中稻种植；广东省粤北以外稻作区早造、中南和西南稻作区晚造种植；福建省稻瘟病轻病区作晚稻种植；浙江省温州等浙中南地区作单季稻种植。

栽培技术要点：在长江上游作一季中稻栽培，适时播种，秧田播种量225kg/hm^{2}左右，大田用种量15.0 ~ 22.5kg/hm^2。秧龄25 ~ 30d移栽，栽插密度20cm×20cm，每穴栽插2苗。施肥要求纯氮180 ~ 225kg/hm^2、五氧化二磷90 ~ 120kg/hm^2、氧化钾105 ~ 120kg/hm^2，氮肥50%作基肥、40%作分蘖肥、10%作穗肥。在水分管理上，做到够苗轻搁，湿润稳长，后期重视养老根，忌断水过早。注意及时防治穗瘟病、稻飞虱等病虫害。

特优航2号（Teyouhang 2）

品种来源：福建省农业科学院水稻研究所以龙特普A与航2号配组育成。恢复系航2号以明恢86为亲本卫星搭载，采用系谱法选育而成。2007年通过福建省农作物品种审定委员会审定。

形态特征和生物学特性：属籼型三系杂交晚籼水稻。全生育期129.5d，株高109.5cm，株型适中，熟期转色好。穗长23.6cm，每穗总粒数143.3粒，结实率82.0%，千粒重29.6g。

品质特性：糙米率81.7%，精米率73.8%，整精米率64.2%，糙米粒长6.4mm，糙米长宽比2.6，垩白粒率62%，垩白度8.8%，透明度1级，碱消值6.2级，胶稠度82mm，直链淀粉含量21.9%，蛋白质含量7.9%。

抗性：中感稻瘟病。

产量及适宜地区：2005—2006年两年福建省晚稻区域试验，平均单产分别为7 260.8kg/hm²和7 447.7kg/hm²，比对照汕优63分别增产8.4%和12.2%。2006年生产试验，平均单产8 008.1kg/hm²，比对照汕优63增产16.1%。2010—2014年在福建省累计推广种植3.27万hm²。适宜福建省稻瘟病轻发区作晚稻种植。

栽培技术要点：在福建作晚稻栽培，6月中旬播种，秧龄不超过25d，插植规格以20cm×（20～23）cm为宜，每穴栽插2苗，插足基本苗150万～180万苗/hm²。施肥要求施纯氮150kg/hm²，氮、磷、钾比例以1∶0.5∶1为宜，基肥、分蘖肥、穗肥、粒肥比例为1∶0.7∶0.2∶0.1。水分管理采取"深水返青、浅水促蘖、适时烤田、后期干湿交替"。注意及时防治病虫草害。

天优2075 (Tianyou 2075)

品种来源：福建省农业科学院水稻研究所以天丰A和福恢2075配组育成。恢复系福恢2075以蜀恢527//制8（航86/台农67//多系1号）/航1号为杂交方式，采用系谱法选育而成。2012年通过国家农作物品种审定委员会审定。

形态特征和生物学特性：属籼型三系杂交迟熟中籼水稻。在长江上游作一季中稻种植，全生育期平均155.8d，株高119.0cm，穗长24.0cm，每穗总粒数175.8粒，结实率80.9%，千粒重30.5g。

品质特性：整精米率62.9%，糙米长宽比2.7，垩白粒率19.0%，垩白度3.4%，胶稠度82mm，直链淀粉含量22.2%。

抗性：中感稻瘟病，高感褐飞虱。

产量及适宜地区：2009—2010年两年长江上游中籼迟熟组区域试验，平均单产分别为8 742kg/hm²和8 724kg/hm²，比对照Ⅱ优838分别增产4.3%和2.9%。2011年生产试验，平均单产9 309kg/hm²，比对照Ⅱ优838增产8.0%。适宜云南、贵州（武陵山区除外）、重庆（武陵山区除外）的中低海拔籼稻区、四川平坝丘陵稻区、陕西南部稻区作一季中稻种植。

栽培技术要点：在长江上游作一季中稻栽培，秧龄25～30d，大田用种量18～22.5kg/hm²，每穴栽插2苗，基本苗150万～180万苗/hm²。施肥要求氮、磷、钾肥合理配比，比例为1：0.6：1为宜，适当加大钾肥用量，基肥和分蘖肥占施肥总量的80%～90%，穗粒肥占10%～20%。水分管理采取够苗轻搁，湿润稳长，后期干湿交替至成熟。病虫害防治以预防为主，化学防治为辅，注意防治稻瘟病。

天优2155 (Tianyou 2155)

品种来源: 福建省三明市农业科学研究所、福建六三种业有限责任公司、广东省农业科学院水稻研究所以天丰A和明恢2155配组育成。恢复系明恢2155以K59（777/CY85-41）和多系1号为亲本杂交，采用系谱法选育而成。2011年通过福建省农作物品种审定委员会审定。

形态特征和生物学特性: 属籼型三系杂交早籼水稻。全生育期平均129.7d，株高107.2cm，株型适中，后期转色好。穗长21.5cm，每穗总粒数139.4粒，结实率81.66%，千粒重27.6g。

品质特性: 糙米率81.6%，精米率73.1%，整精米率49.2%，糙米粒长7.0mm，糙米长宽比2.8，垩白粒率74.0%，垩白度18.6%，直链淀粉含量18.7%，透明度2级，胶稠度68mm，蛋白质含量9.7%。

抗性: 中抗稻瘟病，其中福安市溪柄鉴定点、南靖县船场鉴定点为中感稻瘟病。

产量及适宜地区: 2008—2009年两年福建省早稻区域试验，平均单产分别为7 248.3kg/hm² 和7 879.7kg/hm²，比对照威优77分别增产1.1%和4.4%。2010年生产试验，平均单产6 992.0kg/hm²，比对照威优77增产4.8%。适宜福建省作双季早稻种植。

栽培技术要点: 在福建作早稻栽培，秧龄为30d左右，插植密度17cm×20cm或20cm×20cm，每穴栽插2苗。施肥要求施纯氮180kg/hm²，氮、磷、钾比例为1∶0.5∶0.7，基肥、分蘖肥、穗肥比例为5∶3∶2，分蘖肥要求在插后15d内施用。水分管理要求浅水促蘖，够苗搁田，湿润分化，薄水扬花，干湿灌浆，适期断水。注意及时防治病虫害，确保丰产丰收。

天优3301（Tianyou 3301）

品种来源：福建省农业科学院生物技术研究所、广东省农业科学院水稻研究所以天丰A和闽恢3301配组育成。恢复系闽恢3301以绵恢436和明恢86为亲本杂交，采用系谱法选育而成。分别通过福建省（2008）、国家（2010）、海南省（2011）农作物品种审定委员会审定。

形态特征和生物学特性：属籼型三系杂交迟熟中籼水稻。在长江中下游作一季中稻种植全生育期平均133.3d，株高118.9cm，穗长24.3cm，每穗总粒数165.2粒，结实率81.3%，千粒重29.7g。

品质特性：整精米率47.9%，糙米长宽比3.1，垩白粒率36%，垩白度6.0%，胶稠度79mm，直链淀粉含量23.2%。

抗性：中感稻瘟病，高感白叶枯病，感褐飞虱。

产量及适宜地区：2007—2008年两年长江中下游中籼迟熟组区域试验，平均单产分别为8 796kg/hm^{2}和9 151.5kg/hm^2，比对照Ⅱ优838分别增产4.4%和8.0%。2009年生产试验，平均单产8 716.5kg/hm^2，比对照Ⅱ优838增产6.9%。2009—2014年在全国累计推广种植16.27万hm^2。适宜江西、湖南、湖北、安徽、浙江、江苏的长江流域稻区（武陵山区除外）以及福建北部、河南南部稻区的白叶枯病轻发区作一季中稻种植。

栽培技术要点：在长江中下游作一季中稻栽培，大田用种量18.75 ~ 22.5kg/hm^2，培育壮秧。秧龄控制在30d以内，株行距以20cm×20cm或20cm×23cm为宜，栽插25.5万穴/hm^{2}左右，每穴栽插2苗。施肥要求施足基肥，适当控氮。施纯氮150kg/hm^2，氮、磷、钾比例为1∶0.5∶0.7，基肥、分蘖肥、穗肥、粒肥比例为55%、35%、7%、3%，早施分蘖肥，中后期注意增施磷钾肥。水分管理要求浅水插秧，深水返青，薄水勤灌促分蘖，够苗晒田控分蘖，后期干干湿湿，养根保叶防早衰。注意防治稻瘟病、白叶枯病、纹枯病、螟虫、稻飞虱等病虫害。

天优596 (Tianyou 596)

品种来源：福建省南平市农业科学研究所、广东省农业科学院水稻研究所以天丰A和南恢596配组育成。恢复系南恢596以NR769/CDR22//蜀恢527为杂交方式，采用系谱法选育而成。2011年通过福建省品种审定委员会审定。

形态特征和生物学特性：属籼型三系杂交晚籼水稻。全生育期平均125.1d，株高113.1cm，株型适中，植株较高，后期转色好。穗长23.1cm，每穗总粒数152.4粒，结实率82.12%，千粒重29.7g。

品质特性：糙米率82.4%，精米率74.1%，整精米率36.5%，糙米粒长7.1mm，糙米长宽比2.8，垩白粒率91.0%，垩白度23.8%，直链淀粉含量23.5%，透明度3级，胶稠度83mm，蛋白质含量7.3%。

抗性：中感稻瘟病。

产量及适宜地区：2008—2009年两年福建省晚稻区域试验，平均单产分别为7 608.5kg/hm^{2}和7 458.5kg/hm^2，比对照谷优527分别增产4.1%和2.9%。2010年福建省晚稻生产试验，平均单产6 978.2kg/hm^2，比对照谷优527减产0.9%。适宜福建省稻瘟病轻发区作晚稻种植，栽培上应注意防治稻瘟病。

栽培技术要点：在福建作晚稻栽培，秧龄为27～32d，插植密度19.8cm×23.1cm，每穴栽插2苗。施肥要求施纯氮180kg/hm^2，氮、磷、钾比例为1∶0.8∶0.8，基肥、分蘖肥、穗肥、粒肥比例为5∶3∶1∶1。水分管理采取"浅水促蘖、适时烤田、有水抽穗、湿润灌浆、后期干湿交替"。

威优3号 (Weiyou 3)

品种来源：湖南省农业科学院以威20A和IR661配组育成。1983年通过福建省农作物品种审定委员会审定。

形态特征和生物学特性：属籼型三系杂交晚籼水稻。全生育期145～148d，株高80～92cm，穗长21～23cm，每穗总粒数108～132粒，结实率80%～92%，千粒重29～31g。

品质特性：米质中等。

抗性：中抗稻瘟病。

产量及适宜地区：1984—1986年在福建省累计推广种植3.13万hm²。适宜福建省作晚稻种植。

栽培技术要点：在福建作连作晚稻栽培，秧龄为20～25d，6～7片叶，播种量掌握在150～187.5kg/hm²；秧龄30d，叶龄8叶以上者，播种量135～150kg/hm²为好。秧田要施足基肥，及时追施断奶肥和适当重施送嫁肥。插33万～37.5万穴/hm²，每穴栽插2苗，基本苗120万～150万苗/hm²。大田施纯氮165～210kg/hm²，并要求多施有机肥、配合施用磷、钾肥。总施肥量的75%～80%用于基肥和前期追肥，20%～25%用于幼穗分化肥和壮尾肥。前期水分管理一般掌握浅水插秧，中期茎蘖数达315万蘖/hm²左右即开始搁田，然后干干湿湿，到抽穗灌浆期恢复浅水层，蜡熟期以后干湿相间，成熟前8～9d断水落干。病虫害防治主要应做好螟虫、稻叶蝉、稻飞虱、稻纵卷叶螟和白叶枯病的防治工作。

威优30 (Weiyou 30)

品种来源：福建省农业科学院水稻研究所以V20A和IR30配组育成。1983年通过福建省农作物品种审定委员会审定。

形态特征和生物学特性：属籼型三系杂交晚籼水稻。弱感光。在福建省三明地区作双季晚稻种植，全生育期145～150d；作单季晚稻栽培，全生育期为170～180d。株高95～105cm，每穗总粒数130～140粒，结实率70%～75%，千粒重27～28g。

品质特性：米质中等。

抗性：抗白叶枯病及稻飞虱，轻感稻瘟病及纹枯病。

产量及适宜地区：1980年在福建省三明地区区域试验，单晚和连作晚平均单产分别为6 277.5kg/hm^{2}和6 112.5kg/hm^2。1984—1988年在福建累计推广种植14.87万hm^2。适宜福建作单晚和连作晚稻种植。

栽培技术要点：在福建作晚稻栽培，适时早播早插。在海拔200m以下地区作连作晚稻栽培，6月中旬前后播种。海拔300～500m地区作单季稻栽培，4月中下旬播种。600m以上山区，因不能安全齐穗，不宜种植。插植30万穴/hm^{2}左右，每穴栽插2苗。施肥掌握基肥足、苗肥速、穗肥巧的原则，并注意穗粒肥的施用，一般在幼穗分化前期，施硫铵112.5～150kg/hm^{2}作穗肥，齐穗期温度偏低，应补施适量氮、磷肥，以提高结实率和千粒重。水分管理做到前浅、中晒、后湿润，在中期应多次晒田，促进壮秆长新根；抽穗期田面保持浅水，以防干冷风；后期保持干干湿湿，不宜过早断水，保根防早衰。

威优63 (Weiyou 63)

品种来源：福建省三明市农业科学研究所以V20A和明恢63配组育成。恢复系明恢63以IR30和圭630为亲本杂交，采用系谱法选育而成。1988年通过福建省农作物品种审定委员会审定。

形态特征和生物学特性：属籼型三系杂交晚籼水稻。在福建作晚稻栽培全生育期125～127d，株高92cm，每穗总粒数110粒，结实率82.5%，千粒重31.5g。

品质特性：米饭适口性好，食味佳。

抗性：较抗稻瘟病，中抗白叶枯病。抗旱力强，对低磷/钾土壤适应性好。

产量及适宜地区：1982年福建省三明市晚稻品种区域试验，平均单产6 270kg/hm²，比对照汕优2号增产13.45%。1984年、1985年两年福建省晚稻杂优区域试验，单产接近汕优63。1984—2005年在全国累计推广种植79.33万hm²。适宜福建作晚稻种植。

栽培技术要点：栽培技术主要参照汕优2号，与汕优63大致相同。

威优77 (Weiyou 77)

品种来源：福建省三明市农业科学研究所以V20A和明恢77配组育成。恢复系明恢77以明恢63和测64-7为亲本杂交，采用系谱法选育而成。分别通过福建省（1991）、湖南省（1993）和国家（1995）农作物品种审定委员会审定。

形态特征和生物学特性：属籼型三系杂交早籼水稻。全生育期125d。株高90～100cm，分蘖力较强，茎秆粗壮。每穗总粒数120～125粒，结实率80%以上，千粒重28～29g。

品质特性：糙米率82.9%，精米率74.7%，整精米率40.5%，糙米粒长6.3mm，糙米长宽比2.4，垩白粒率98%，垩白度37.2%，透明度1级，碱消值6级，胶稠度51mm，直链淀粉含量26.6%，蛋白质含量10.54%。

抗性：抗稻瘟病，抗倒伏。

产量及适宜地区：1990—1991年两年全国南方稻区区域试验，平均单产分别为7 921.5kg/hm² 和7 131kg/hm²。1991—2003年在全国累计推广种植256.00万hm²。适宜全国南方稻区作早杂或晚稻种植。

栽培技术要点：在福建作早稻栽培，宜在3月上旬至中旬播种，5～6叶移栽，秧龄30d左右，秧田用种量150～300kg/hm²。插植规格16.7cm×20cm或20cm×20cm，每穴栽插带蘖壮秧2苗，单身秧应多插1～2苗。施肥要求施足基肥，早追重施分蘖肥。施纯氮135～150kg/hm²，氮、磷、钾比例为1：0.4：0.5，分蘖后期不宜偏施氮肥。在稻瘟病重病区应注意防治稻瘟病。

威优89（Weiyou 89）

品种来源：福建农业大学以威20A和早恢89配组育成。恢复系早恢89以IR50/IR24//IR24///IR24为杂交方式，采用系谱法选育而成。1998年通过福建省农作物品种审定委员会审定。

形态特征和生物学特性：属籼型三系杂交早籼水稻。全生育期130d，株高90cm，穗长21cm，每穗总粒数115～120粒，结实率80%～85%，千粒重27g。

品质特性：糙米率79.0%，精米率70.8%，整精米率46.6%，糙米长宽比2.3，碱消值5.4级，胶稠度45mm，直链淀粉含量25%，蛋白质含量9.4%。

抗性：感稻瘟病。

产量及适宜地区：1995—1996年两年福建省早杂区域试验，平均单产分别为6 786kg/hm^{2}和6 870kg/hm^2。2002年在福建省累计推广种植3.33万hm^2。适宜福建省非稻瘟病区作早稻种植。

栽培技术要点：参照汕优82栽培技术进行，及时防治稻瘟病。

威优红田谷（Weiyouhongtiangu）

品种来源：福建省莆田地区农业科学研究所以V20A和红田谷配组育成。1983年通过福建省农作物品种审定委员会审定。

形态特征和生物学特性：属籼型三系杂交晚籼水稻。作连作晚稻，全生育期128～140d；作中稻种植，全生育期160～170d。株高85～98cm，株型略松散，分蘖力强，根系发达，茎秆粗细中等。每穗总粒数106～138粒，结实率80%～85%，千粒重26～27g。

品质特性：米质好，腹白小，米饭涨性中等，食味好。

抗性：适应性广，抗逆性强，较省肥耐瘦，对土壤肥力要求不严格，较耐酸碱锈冷烂土壤，适于中等肥力的一般稻田种植。较抗稻瘟病，轻感白叶枯病。

适宜地区：1984—1988年在福建累计推广种植17.47万hm^2。适宜福建省200m以下低海拔地区能作连作晚稻栽培；300～500m海拔地区能作中稻栽培。

栽培技术要点：在福建作连晚栽培，秧龄25d，叶龄7叶左右，秧田播种量150～187.5kg/hm^2。栽插密度30万穴/hm^2左右，每穴栽插2苗，基本苗105万～120万苗/hm^2。施肥要求施足基肥和促分蘖肥，适施幼穗分化肥和保花肥。总施肥量纯氮112.5～135kg/hm^2，基肥和促分蘖肥应占总施肥量的75%左右，穗肥和保花肥占25%左右。后期不宜施过多氮肥，以防贪青倒伏减产。水分管理一般掌握返青后浅水促蘖，当茎蘖数达到300万～330万苗/hm^2时，开始晒田，抽穗灌浆再保持浅水层，蜡熟期以后保持干湿相间，以湿为主。后期掌握在成熟前7～8d断水较为适宜。注意及时防治螟虫、稻纵卷叶螟、稻叶蝉、稻飞虱等虫害。白叶枯病区和重稻瘟病区要做好种子消毒，孕穗至齐穗期根据田间情况，及时做好药物防治。

兴禾A（Xinghe A）

品种来源：福建省兴禾种业科技有限公司以福伊A为母本，D297B/V20B的后代为父本，连续多代回交育成。2009年通过福建省农作物品种审定委员会审定。

形态特征和生物学特性：属野败型早籼迟熟型不育系。播始历期62～78d，主茎叶片数12.0～14.6叶。株高约80cm，株型较紧凑，叶片挺直，叶鞘、柱头、稃尖紫色，农艺性状整齐一致。穗长22～23cm，每穗总粒数125粒左右，千粒重26g。田间群体整齐，不育株率100%，花粉不育度达到99.99%。花粉败育彻底，以典败花粉为主，柱头外露率66.01%，双边外露率30.84%，异交结实率50%左右。

品质特性：糙米率78.6%，精米率70.5%，整精米率44.0%，垩白粒率24.0%，垩白度4.4%，直链淀粉含量26.2%，碱消值6级，胶稠度71mm，蛋白质含量9.2%。

抗性：中感稻瘟病。

产量：一般每公顷繁殖产量2 250kg以上。

栽培技术要点：第一期父本（保持系）比母本（不育系）迟播3～4d，叶差0.8叶左右，第二期父本比母本迟播4～5d，叶差为1.5叶，父、母本同期插秧。秧田播种量不超过225kg/hm²。秧龄一般控制在20～25d，并追施磷钾肥。培育带蘖壮秧；种植密度13.3cm×13.3cm。父母本行比2：（8～10），父母本行距20cm。施足基肥，早施追肥，重施磷钾肥，后期控制氮肥施用。够苗及时晒田。母本每公顷喷施赤霉素150～225g，父本每公顷要单独加喷30～45g赤霉素。加强对穗颈瘟、黑粉病的防治。

夷A（Yi A）

品种来源：福建省南平市农业科学研究所以中九A为母本，（中九B/金23B//宜香1B）后代为回交父本，通过连续多代回交育成。2013年通过福建省农作物品种审定委员会审定。

形态特征和生物学特性：属印水型早籼三系不育系。在建阳3月中下旬播种，播始历期83～85d，主茎叶片数14～15叶；5月下旬至6月上旬播种，播始历期62～65d，生育期比中九A长3～5d，主茎叶片数13～14叶。株高88cm，株型较散，茎秆粗细中等，分蘖力强，剑叶稍窄而挺直、细长，稃尖、柱头均呈无色，包颈程度中等。穗长23cm，每穗总粒数127粒，千粒重26.3g。田间现场测试结果：不育株率为100%，花粉不育度为99.99%，柱头外露率为70.29%。

品质特性：糙米率79.6%，精米率71.8%，整精米率37.4%，糙米粒长6.6mm，糙米长宽比3.2，垩白粒率12%，垩白度0.7%，透明度1级，碱消值5.4级，胶稠度80mm，直链淀粉含量17.1%，蛋白质含量8.8%。

抗性：2012年福建省农业科学院植物保护研究所稻瘟病抗性室内接菌鉴定，表现抗稻瘟病；田间自然诱发鉴定表现感稻瘟病。

应用情况：适宜配制早籼杂交组合，配组的夷优186通过省级以上农作物品种审定委员会审定。

栽培技术要点：第一期父本（保持系）比母本（不育系）迟播5d，叶差1.0叶左右；第二期父本迟播7～8d，叶差为1.5叶，父、母本同期插秧。秧田应施足基肥，稀播、匀播，培育带蘖壮秧；母本插植密度16.5cm×16.5cm。父母本行比2：（8～10），父母本行距19.8cm。施足基肥，早追肥，重施磷钾肥。够苗及时晒田。每公顷喷施赤霉素180～240g。注意稻瘟病、黑粉病的防治。

夷优186（Yiyou 186）

品种来源：福建六三种业有限责任公司、福建省南平市农业科学研究所、福建科力种业有限公司以夷A和南恢186配组育成。恢复系南恢186以IR60/R402//R016为杂交方式，采用系谱法选育而成。2013年通过福建省农作物品种审定委员会审定。

形态特征和生物学特性：属籼型三系杂交早籼水稻。全生育期平均131.8d，株高105.0cm，分蘖力强，后期转色好。穗长23.4cm，每穗总粒数140.8粒，结实率78.94%，千粒重26.8g。

品质特性：糙米率81.8%，精米率74.1%，整精米率63.3%，糙米粒长6.5mm，糙米长宽比2.9，垩白粒率46%，垩白度7.5%，直链淀粉含量11.1%，透明度3级，碱消值4.0级，胶稠度82mm，蛋白质含量10.2%。

抗性：中感稻瘟病。

产量及适宜地区：2010—2011年两年福建省早稻区域试验，平均单产分别为6 933.6kg/hm² 和7 411.5kg/hm²，比对照威优77分别增产4.0%和8.5%。2012年福建省早稻生产试验，平均单产7 838.1kg/hm²，比对照威优77增产8.1%。适宜福建省稻瘟病轻发区作早稻种植。

栽培技术要点：在福建作早稻栽培，秧龄为30～35d，插植密度16.5cm×（16.5～19.8）cm，每穴栽插2苗。施肥要求施纯氮180kg/hm²，氮、磷、钾比例为1.0∶0.7∶0.9，基肥、分蘖肥、穗粒肥比例为6∶3∶1。水分管理采取浅水促蘖、适时烤田、有水抽穗、湿润灌浆、后期干湿交替。注意及时防治病虫草害。

宜优115 (Yiyou 115)

品种来源：福建省南平市农业科学研究所以宜香1A和南恢115配组育成。恢复系南恢115以渝恢6078//明恢63/IR661为杂交方式，采用系谱法选育而成。2007年通过福建省农作物品种审定委员会审定。

形态特征和生物学特性：属籼型三系杂交晚籼水稻。全生育期127.8d，株高106.7cm，穗长25.6cm，每穗总粒数132.2粒，结实率77.7%，千粒重30.2g。

品质特性：糙米率78.7%，精米率68.3%，整精米率44.3%，糙米粒长7.3mm，垩白粒率19.0%，垩白度7.9%，透明度1级，碱消值3.8级，胶稠度82.0mm，直链淀粉含量15.2%，蛋白质含量8.6%。

抗性：感稻瘟病。

产量及适宜地区：2004—2005年两年福建省晚稻区域试验，平均单产分别为6 964.5kg/hm^{2}和7 000.1kg/hm^2，比对照汕优63分别增产5.9%和5.7%。2006年生产试验，平均单产7 401kg/hm^2，比对照汕优63增产7.3%。2010—2014年在福建省累计推广种植5.60万hm^2。适宜福建省稻瘟病轻发区作晚稻种植。

栽培技术要点：在福建作晚稻栽培，6月上中旬播种，秧龄25～30d，插植规格18cm×21cm，插基本苗30万～60万苗/hm^2。施肥要求施纯氮180kg/hm^2，氮、磷、钾比例为9∶7∶8，基肥、分蘖肥、穗肥、粒肥比例为3.0∶6.0∶0.5∶0.5。水分管理采取"深水返青、浅水促蘖、适时烤田、后期干湿交替"。及时防治稻瘟病等病虫害。

宜优673 (Yiyou 673)

品种来源：福建省农业科学院水稻研究所以宜香1A和福恢673配组育成。恢复系福恢673以明恢86/台农67//N175为杂交方式，采用系谱法选育而成。分别通过福建省（2006）、广东省（2009）、国家（2009）、云南省（2010）农作物品种审定委员会审定。2010年获国家植物新品种权授权。

形态特征和生物学特性：属籼型三系杂交迟熟中籼水稻。在长江中下游作一季中稻种植，全生育期平均133.8d，株高132.4cm，穗长28.1cm，每穗总粒数152.6粒，结实率75.8%，千粒重30.9g。

品质特性：整精米率49.8%，糙米长宽比3.1，垩白粒率52%，垩白度6.7%，胶稠度66mm，直链淀粉含量16.4%。

抗性：高感稻瘟病和白叶枯病，感褐飞虱。

产量及适宜地区：2006—2007年两年长江中下游迟熟中籼组区域试验，平均单产分别为8 272.2kg/hm²和8 754kg/hm²，比对照Ⅱ优838分别增产2.7%和3.3%。2008年生产试验，平均单产8 573.6kg/hm²，比对照Ⅱ优838增产6.5%。2007—2014年在全国累计推广种植33.54万hm²。适宜江西、湖南、湖北、安徽、浙江、江苏的长江流域稻区（武陵山区除外）以及福建北部、河南南部稻区的稻瘟病、白叶枯病轻发区作一季中稻种植。

栽培技术要点：在长江中下游作一季中稻栽培，适时播种，采用湿润育秧方式，秧田播种量225kg/hm²，稀播匀播，培育带蘖壮秧。秧龄25～30d，栽插规格18cm×20cm，每穴栽插1～2苗。中等肥力水平田块一般施用纯氮150kg/hm²，注意氮、磷、钾合理配比，适当加大钾肥用量，比例以1.0∶0.5∶1.0为好。以基肥为主，分蘖肥用量占总量的40%～45%，穗肥以钾肥为主。水分管理采取浅水勤灌，湿润稳长，苗数达到预定的80%后及时脱水搁田，到孕穗期开始复水，后期干湿壮籽，防断水过早。注意及时防治螟虫、稻瘟病、白叶枯病、稻飞虱等病虫害。

钰A (Yu A)

品种来源：福建省南平市农业科学研究所以珍汕97A母本，以（Ⅱ-32B/福伊B//宜香1B）的后代为回交父本，连续多代回交育成。2013年通过福建省农作物品种审定委员会审定。

形态特征和生物学特性：属野败型早籼型三系不育系。在建阳3月中下旬播种，播始历期86～88d，主茎叶片数15叶；5月下旬6月上旬播种，播始历期72～75d，生育期与宜香1A相当，主茎叶片数14叶。株高94cm，群体整齐，株型集中紧凑，茎秆粗壮，剑叶稍宽而挺直，叶厚色绿，稃尖、柱头均呈紫红色，穗形较大，包颈程度中等。穗长25.7cm，每穗总粒数150粒，千粒重27.5g。田间现场测试结果：不育株率为100%，花粉不育度为100%，柱头外露率为73.07%。

品质特性：糙米率81.0%，精米率72.1%，整精米率53.1%，糙米粒长6.7mm，糙米长宽比3.1，垩白粒率16%，垩白度2.0%，透明度1级，碱消值6.8级，胶稠度56mm，直链淀粉含量24.1%，蛋白质含量10.0%。米质一般。

抗性：2012年福建省农业科学院植物保护研究所稻瘟病抗性室内接菌鉴定，表现抗稻瘟病；田间自然诱发鉴定表现感稻瘟病。

应用情况：适宜配制中籼类型杂交组合，配组的钰优180通过福建省农作物品种审定委员会审定。

栽培技术要点：第一期父本（保持系）比母本（不育系）迟播3d，叶差0.6叶左右；第二期父本迟播7～8d，叶差为1.5叶，父、母本同期插秧。秧田应施足基肥，稀播、匀播，培育带蘖壮秧；母本插植密度16.5cm×16.5cm。父母本行比2：（8～10），父母本行距23.1cm。施足基肥，早追肥，重施磷钾肥。够苗及时晒田。每公顷喷施赤霉素180～240g。注意稻瘟病、黑粉病的防治。

钰优180 (Yuyou 180)

品种来源：福建省南平市农业科学研究所、福建科力种业有限公司以钰A和南恢180配组育成。2013年通过福建省农作物品种审定委员会审定。

形态特征和生物学特性：属籼型三系杂交中籼水稻。全生育期平均140.7d，株高121.6cm，分蘖力强，后期转色好。穗长25.8cm，每穗总粒数208.7粒，结实率79.82%，千粒重29.2g。

品质特性：糙米率80.1%，精米率71.3%，整精米率42.0%，糙米粒长7.0mm，糙米长宽比2.7，垩白粒率94%，垩白度19.7%，直链淀粉含量21.7%，透明度3级，碱消值3.6级，胶稠度77mm，蛋白质含量7.9%。

抗性：中感稻瘟病。

产量及适宜地区：2010—2011年两年福建省中稻区域试验，平均单产分别为8 506.4kg/hm² 和9 224.1kg/hm²，比对照Ⅱ优明86分别增产5.8%和4.0%。2012年福建省中稻生产试验，平均单产9 361.5kg/hm²，比对照Ⅱ优明86增产8.5%。适宜福建省稻瘟病轻发区作中稻种植。

栽培技术要点：在福建作中稻栽培，秧龄为30～35d，插植密度23.0cm×23.0cm，每穴栽插2苗。施肥要求施纯氮150kg/hm²，氮、磷、钾比例为1.0∶0.6∶1.0，基肥、分蘖肥、穗粒肥比例为6∶3∶1。水分管理采取浅水促蘖、适时烤田、有水抽穗、湿润灌浆、后期干湿交替。注意及时防治病虫害。

元丰A（Yuanfeng A）

品种来源：福建省三明市农业科学研究所以珍汕97A为母本，以常规优质稻206（白珍龙/海竹//特青///长旱1号）作回交父本，经连续多代回交，于2004年转育而成。2006年通过福建省科学技术成果鉴定。2012年获国家植物新品种权保护授权。

形态特征和生物学特性：属野败型早籼型不育系，基本营养生长性。在沙县3月4日播种，6月2日始穗，播始历期90d；4月4日播种，6月13日始穗，播始历期70d；7月11日播种，9月14日始穗，播始历期64d。有一定的感温性。株型集散适中，茎秆、叶鞘呈绿色，叶色淡绿，剑叶短而挺直，不育系包颈程度较轻，株高85cm左右，主茎叶片数12叶，稃尖、柱头白色，穗顶部带芒，每穗总粒数120粒左右，千粒重为24.8g，后期转色好。

品质特性：糙米率82.1%，精米率74.8%，整精米率68.8%，糙米粒长6.8mm，糙米长宽比3.3，垩白粒率7%，垩白度0.9%，透明度2级，碱消值5.0级，胶稠度79mm，直链淀粉含量12.2%，蛋白质含量10.4%。米质较优，有9项指标达部颁一级优质米标准，3项指标达部颁二级优质米标准。

抗性：较抗稻瘟病。

应用情况：适宜配制中、晚籼类型杂交组合，配组的元丰优86、元丰优998等5个品种通过省级以上农作物品种审定委员会审定。

元丰优86（Yuanfengyou 86）

品种来源：福建省三明市农业科学研究所、福建六三种业有限责任公司以元丰A和明恢86配组育成。恢复系明恢86以P18（IR54/明恢63//IR60/圭630）和籼粳交恢复系gk148（粳187/IR30//明恢63）为亲本杂交，采用系谱法选育而成。分别通过广西壮族自治区（2010）、福建省（2011）农作物品种审定委员会审定。

形态特征和生物学特性：属籼型三系杂交中籼水稻。感光性强。全生育期平均166.2d，株高135.4cm，株型适中，分蘖力强，后期转色好。穗长27.6cm，每穗总粒数177.2粒，结实率80.6%，千粒重29.6g。

品质特性：糙米率80.5%，精米率72.3%，整精米率28.3%，糙米粒长6.6mm，糙米长宽比2.8，垩白粒率42.0%，垩白度8.1%，直链淀粉含量14.0%，透明度2级，碱消值5.7级，胶稠度76mm，蛋白质含量7.8%。

抗性：中感稻瘟病。

产量及适宜地区：2008—2009年两年福建省中稻感光组区域试验，平均单产分别为8 816.6kg/hm² 和8 061kg/hm²，比对照汕优70分别增产3.5%和1.1%。2010年生产试验，平均单产8 437.5kg/hm²，比对照汕优70增产7.2%。适宜福建省稻瘟病轻发区作中稻种植，栽培上应注意防治稻瘟病。

栽培技术要点：在福建作中稻栽培，秧龄为30～35d，插植密度23cm×23cm，每穴栽插2苗。施肥要求施纯氮180kg/hm²，氮、磷、钾比例为1∶0.7∶0.9，基肥、分蘖肥、穗肥、粒肥比例为5∶3∶1∶1。水分管理采取"浅水促蘖、适时烤田、有水抽穗、湿润灌浆、后期干湿交替"，中期要注意控制氮肥。注意及时防治病虫草害。

中新优1586（Zhongxinyou 1586）

品种来源：福建兴禾种业科技有限公司以中新A和兴恢1586配组育成。2012年通过福建省农作物品种审定委员会审定。

形态特征和生物学特性：属籼型三系杂交晚籼水稻。全生育期平均126.0d，株高114.5cm，植株较高，后期转色好。穗长24cm，每穗总粒数135.2粒，结实率81.7%，千粒重29.9g。

品质特性：糙米率82.9%，精米率75.5%，整精米率51.7%，糙米粒长7.5mm，糙米长宽比3.0，垩白粒率80.0%，垩白度13.4%，透明度3级，胶稠度76mm，直链淀粉含量22.9%，蛋白质含量8.6%。

抗性：中感稻瘟病。

产量及适宜地区：2009—2010年两年福建省晚稻区域试验，平均单产分别为7 448.4kg/hm^{2}和7 228.1kg/hm^2，比对照谷优527分别增产3.2%和5.7%。2011年生产试验，平均单产7 761kg/hm^2，比对照谷优527增产3.4%。适宜福建省稻瘟病轻发区作晚稻种植。

栽培技术要点：在福建作晚稻栽培，秧龄不超过30d，插植密度20cm×23cm，每穴栽插2苗。施肥要求施纯氮150～180kg/hm^2，氮、磷、钾比例为1：0.5：1，基肥、分蘖肥、穗肥、粒肥比例为5：3：1：1。水分管理采取浅水促蘖、适时烤田、有水抽穗、湿润灌浆、后期干湿交替。注意及时防治病虫草害。

第三节 老 品 种

225 (225)

品种来源：福建省晋江地区农业科学研究所以鄂中2号和69-461为亲本杂交，采用系谱法，于1974年育成。

形态特征和生物学特性：属籼型常规早籼水稻。全生育期130d，株高82cm，每穗总粒数中等，千粒重28～30g。

品质特性：米质中等。

抗性：中抗稻瘟病。

适宜地区：1977年在福建省推广种植0.67万hm²。适宜福建省作早稻种植。

474 (474)

品种来源：福建省莆田市农业科学研究所以珍龙13和红梅早为亲本杂交，于1977育成。

形态特征和生物学特性：属籼型常规早籼水稻。全生育期115～125d，株高84～85cm，分蘖力中等，每穗总粒数少，千粒重26～27g。

品质特性：米质中等。

抗性：较抗稻瘟病。

适宜地区：1984年在福建省推广种植1.00万hm²。适宜福建省作早稻种植。

7319-7 (7319-7)

品种来源：福建省建阳地区农业科学研究所以窄叶青8号/湘矮早9号//湘矮早9号为杂交方式，采用系谱法，于1980年育成。

形态特征和生物学特性：属籼型常规中迟熟早籼水稻。全生育期117 ～ 119d，株高75 ～ 85cm，每穗总粒数少，千粒重25 ～ 26g。

品质特性：米质中等。

抗性：抗稻瘟病。

适宜地区：1985年在福建省推广种植0.87万hm²。适宜福建省作早稻种植。

A60 (A 60)

品种来源：福建农林大学以IR8和岩革晚2号为亲本杂交，采用系谱法，于1977年育成。

形态特征和生物学特性：属籼型常规迟熟晚籼水稻。矮秆，全生育期155d，株高90cm，分蘖力中等，每穗总粒数中等，千粒重26 ～ 27g。

品质特性：米质中等。

抗性：中抗稻瘟病。

适宜地区：1980年在福建省推广种植1.53万hm²。适宜福建省迟熟晚籼稻地区种植。

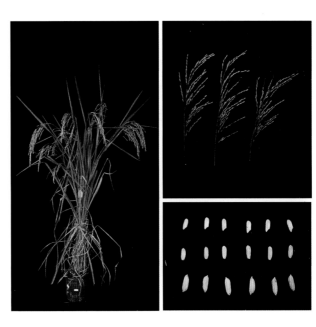

矮脚白米籽（Aijiaobaimizi）

品种来源：福建省南平专区种子公司以逢门白和广场矮6号为亲本杂交，采用系谱法，于1996年育成。

形态特征和生物学特性：属籼型常规迟熟晚籼水稻。株高85～100cm，分蘖力中等，千粒重24～25g。

品质特性：米质较优。

抗性：较抗稻瘟病。

适宜地区：1975年推广种植12.6万hm^2。适宜福建省作晚稻种植。

凤选4号（Fengxuan 4）

品种来源：福建省厦门市凤兰农场以红410为亲本，采用系谱法，于1976年育成。

形态特征和生物学特性：属籼型常规迟熟早籼水稻。全生育期115d，株高70cm，每穗总粒数少，千粒重28～30g。

品质特性：米质中等。

抗性：较抗稻瘟病。

适宜地区：1985年在福建省推广种植5.67万hm^2。适宜福建省作早稻种植。

辐射31 (Fushe 31)

品种来源：福建省农业科学院用^{60}Co辐照陆财号，采用系谱法，于1967年育成。

形态特征和生物学特性：属籼型常规早籼水稻。全生育期119d，株高90cm，分蘖力中等，每穗总粒数中等，千粒重25g。

品质特性：米质中等。

抗性：中抗稻瘟病。

适宜地区：1971年在福建省推广种植1.40万hm²。适宜福建省作早稻种植。

福矮早20 (Fu'aizao 20)

品种来源：福建省农业科学院以巴利拉和矮脚南特为亲本系选，采用系谱法选育育成。

抗性：感稻瘟病。

适宜地区：1968年在全国推广种植4.00万hm²。

光大白（Guangdabai）

品种来源：福建省农业科学院水稻研究所以激光照射红410种子，采用系谱法，于1978年育成。

形态特征和生物学特性：属籼型常规早籼水稻。全生育期117d，株高80～90cm，穗长18.1cm，每穗总粒数82粒，结实率85.8%～89.4%，千粒重29.1～33.6g。

品质特性：米质中等。

抗性：较抗稻瘟病。

适宜地区：1982年在福建省推广种植5.47万hm²。适宜福建省作早稻种植。

栽培技术要点：在福建作早稻栽培，要求稀种育壮秧，采用湿润育秧，播种量450～600kg/hm²。福州地区3月中旬播种，秧龄30～35d，4叶包心，闽西北区3月中下旬播种，4月下旬插秧。采用小株密植，插秧规格20cm×16.7cm或16.7cm×16.7cm，肥田每穴栽插2～3苗，中瘦田每穴栽插5～8苗。施肥要求基肥足，追肥早。幼穗分化初期酌情追施氮肥，抽穗期根外喷施磷钾肥。水分管理要求后期不要太早断水，注意保持干干湿湿。并注意防治病虫害，以确保丰收。

光辐1号（Guangfu 1）

品种来源：福建省福州市农业科学研究所以红410为亲本辐照，采用系谱法，于1976年育成。

形态特征和生物学特性：属籼型常规早籼水稻。全生育期115d，株高71～82cm，每穗总粒数少，千粒重28～30g。

品质特性：米质中等。

抗性：较抗稻瘟病。

适宜地区：1983年在福建省推广种植1.40万hm²。适宜福建省作早稻种植。

红辐早7号（Hongfuzao 7）

品种来源：福建省农业科学院水稻研究所用⁶⁰Co辐照红410种子，采用系谱法，于1979年育成。

形态特征和生物学特性：属籼型常规早籼水稻。全生育期119d，株高75～83cm，分蘖力中等，每穗总粒数少，千粒重29g。

品质特性：米质差。

抗性：较抗稻瘟病。

适宜地区：1984年在福建省推广种植0.80万hm²。适宜福建省作早稻种植。

红晚52（Hongwan 52）

品种来源：福建省福州市城门良种场以广秋矮35和南平613为亲本杂交，采用系谱法，于1970年育成。

形态特征和生物学特性：属籼型常规早中熟晚籼水稻。全生育期115～130d，株高80cm，分蘖力中等，每穗总粒数中等，千粒重23～25g。

品质特性：米质中等。

抗性：较抗稻飞虱和稻瘟病。

适宜地区：1977年在福建省推广种植6.20万hm²。适宜福建省晚籼稻地区种植。

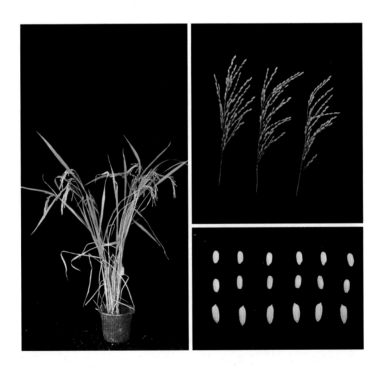

郊选2号（Jiaoxuan 2）

品种来源：福建省厦门市郊区良种场以广秋矮17为亲本系选，于1966年育成。

形态特征和生物学特性：属籼型常规晚籼水稻。全生育期130～140d，株高80～90cm，分蘖力弱，千粒重23g。

品质特性：米质中等。

抗性：抗性中等，抗寒力差。

适宜地区：1972年在福建省推广种植1.33万hm²。适宜福建省作晚稻种植。

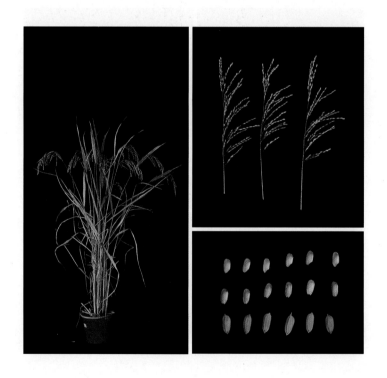

京红1号 （Jinghong 1）

品种来源：福建省同安县良种场以红410和南京11为亲本系选，于1976年育成。

形态特征和生物学特性：属籼型常规早籼水稻。全生育期130 ～ 135d，株高90cm，千粒重29 ～ 31g。

品质特性：米质一般。

抗性：轻感稻瘟病，耐盐碱。

产量及适宜地区：1979—1980年福建省早稻区域试验，平均单产6 762.3/hm²。1979—1983年在福建省累计推广种植7.26万hm²。适宜福建省作早稻种植。

卷叶白（Juanyebai）

品种来源：福建省农业科学院用快中子照射IR8干种子，于1978年育成。

形态特征和生物学特性：属籼型常规早籼水稻。全生育期115d，株高80cm，千粒重25g。

品质特性：米质中等。

抗性：抗稻瘟病。

产量及适宜地区：1975—1976年福建省早稻区域试验，平均单产5 720.6kg/hm²。1979年在福建最大推广种植1.33万hm²。适宜福建省作早稻种植。

科京63-1 （Kejing 63-1）

品种来源：福建省光泽县良种场以科京63为亲本系选，于1977年育成。

形态特征和生物学特性：属籼型常规早籼水稻。全生育期110～117d，株高80～85cm，每穗总粒数中等，千粒重30～32g。

品质特性：米质中等。

抗性：较抗稻瘟病。

适宜地区：1987年在福建省推广种植4.53万hm²。适宜福建省作早稻种植。

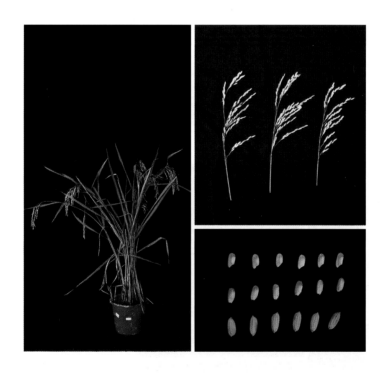

龙革10号（Longge 10）

品种来源：福建省漳州市农业科学研究所以铁骨矮31和伽叮当为亲本杂交，采用系谱法，于1968年育成。

形态特征和生物学特性：属籼型常规早籼水稻。全生育期114d，株高73～75cm，每穗总粒数中等，千粒重26～27g。

品质特性：米质中等。

抗性：较抗稻瘟病。

适宜地区：1987年在福建省推广种植1.67万hm²。适宜福建省作早稻种植。

龙革113（Longge 113）

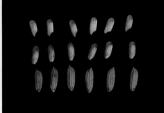

品种来源：福建省漳州市农业科学研究所以铁骨矮31和伽叮当为亲本杂交，采用系谱法，于1968年育成。

形态特征和生物学特性：属籼型常规早籼水稻。全生育期125～130d，株高85～90cm，每穗总粒数中等，千粒重32g。

品质特性：米质中等。

抗性：较抗稻瘟病。

适宜地区：1972年在福建省推广种植6.67万hm²。适宜福建省作早稻种植。

龙桂4号 （Longgui 4）

品种来源：福建省漳州市龙海县农业科学研究所以太武高代材料和桂朝2号为亲本杂交，采用系谱法，于1984年育成。

形态特征和生物学特性：属籼型常规迟熟早籼水稻。在闽南地区全生育期早稻145d左右，晚稻130d左右，株高95cm。分蘖力强，株型集中，茎秆粗硬而有弹性，根系发达，后期转色好。穗长18～20cm，每穗总粒数100～110粒，结实率90%左右，千粒重25～26g。

品质特性：米质中等。

抗性：苗期和抽穗期耐寒力较强，较抗细菌性条斑病、纹枯病和稻飞虱，中抗白叶枯病和稻瘟病，中感小球菌核病，不抗稻曲病。耐肥，抗倒伏。

产量及适宜地区：一般单产7 500kg/hm²。1983年以来在福建省累计推广种植7.33万hm²。适宜福建南部、广东、广西、云南及江西南部作早稻、晚稻兼用，湖南、湖北、安徽、浙江、江苏、四川及闽西北地区作单早稻、单晚稻或双晚稻栽培，尤其适宜作晚稻栽培。

龙选1号 (Longxuan 1)

品种来源：福建省漳州市农业科学研究所以珍珠矮为亲本系选，采用系谱法，于1972年育成。

形态特征和生物学特性：属籼型常规早籼水稻。全生育期130d，株高90cm，每穗总粒数中等，千粒重26g。

品质特性：米质中等。

抗性：抗稻瘟病、较抗白叶枯病。

适宜地区：1974年在福建省推广种植0.67万hm²。适宜福建省作早稻种植。

龙紫12 (Longzi 12)

品种来源：福建省漳州市农业科学研究所以龙革113和南海种为亲本杂交，采用系谱法，于1971年育成。

形态特征和生物学特性：属籼型常规早籼水稻。全生育期125d，株高90cm，每穗总粒数少，千粒重32g。

品质特性：米质中等。

抗性：较抗稻瘟病。

适宜地区：1973年在福建省推广种植0.67万hm²。适宜福建省作早稻种植。

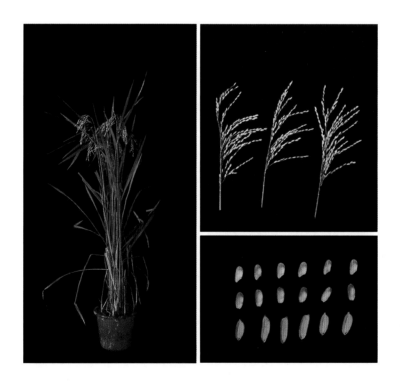

陆财号 （Lucaihao）

品种来源：福建省仙游县农民陆财以南特号为亲本系选，采用系谱法，于1946年育成。

形态特征和生物学特性：属籼型常规早籼水稻。植株略矮，茎秆粗壮，叶挺色深。全生育期105 ~ 110d，株高100 ~ 120cm，分蘖力中等，每穗总粒数中等，千粒重27 ~ 28g。

品质特性：米质中等。

抗性：较抗稻瘟病和螟虫。

适宜地区：1965年在全国推广种植66.67万hm²。适宜双季早籼北片的湖北、安徽、江苏、浙江和江西北部一带作为迟熟品种；在福建北部、江西南部、湖南中部一带作为早熟品种。

密粒红 （Milihong）

品种来源：福建省同安县良种场以红410为亲本系选，于1976年育成。

形态特征和生物学特性：属籼型常规早籼水稻。全生育期115d，株高62cm，分蘖力强，每穗总粒数少，千粒重29.9g。

品质特性：米质一般。

抗性：较抗稻瘟病。

适宜地区：1981年在福建省推广种植11.27万hm²。适宜福建省作早稻种植。

闽晚6号 （Minwan 6）

品种来源：福建省农业科学院以汕毛矮和梅峰16为亲本杂交，采用系谱法，于1972年育成。

形态特征和生物学特性：属籼型常规晚籼水稻。生育期130d，株高80cm，分蘖力强，每穗总粒数中等，千粒重23g。

品质特性：米质中等。

抗性：抗黄矮病。

产量及适宜地区：一般单产4 800 ~ 5 250kg/hm²。1979年在福建省推广种植17.73万hm²。适宜福建省作晚稻种植。

秋占470（Qiuzhan 470）

品种来源：福建省莆田市农业科学研究所以菲矮占和广南秋2号为亲本杂交，采用系谱法，于1973年育成。

形态特征和生物学特性：属籼型常规晚籼水稻。全生育期135～150d，株高80cm，每穗总粒数中等，千粒重25g。

品质特性：米质中等。

抗性：较抗稻瘟病和菌核病。

适宜地区：1983年在福建省推广种植1.53万hm²。适宜福建省作晚稻种植。

沙粳3号 （Shageng 3）

品种来源：福建省三明市农业科学研究所以农垦58为亲本系选，于1973年育成。

形态特征和生物学特性：属粳型常规晚粳水稻。全生育期125～135d，株高100～115cm，每穗总粒数中等，千粒重23～25g。

品质特性：米质中等。

抗性：中抗稻瘟病。

适宜地区：1977年在福建省推广种植0.67万hm²。适宜福建省作晚稻种植。

邵武早15 （Shaowuzao 15）

品种来源：福建省邵武县原种场以二九矮7号为亲本系选，于1964年育成。

形态特征和生物学特性：属籼型常规早籼水稻。全生育期110d，株高80cm，每穗总粒数中等，千粒重25g。

品质特性：米质中等。

抗性：抗稻瘟病。

适宜地区：1971年在福建省推广种植2.00万hm²。适宜福建省作早稻种植。

胜红16（Shenghong 16）

品种来源：福建省三明市农业科学研究所以靖沙早和早2-16为亲本杂交，采用系谱法，于1981年育成。

形态特征和生物学特性：属籼型常规迟熟早籼水稻。全生育期120d，株高85～95cm，每穗总粒数少，千粒重30g。

品质特性：米质中等。

抗性：较抗稻瘟病。

产量及适宜地区：1982年福建省早稻迟熟组预试，平均单产6 138.8kg/hm²。1983年在福建省推广种植0.87万hm²。适宜福建省作早稻种植。

栽培技术要点：在福建作早稻栽培，闽北地区可在3月15日前后播种，采用湿润育秧方式，稀播种培育带蘖壮秧，小穴密植（插37.5万穴/hm²，每穴栽插6～8苗），浅插匀插。施肥要求早攻分蘖肥争取低节位分蘖，克服母子穗差，提高穗形整齐度。整个生长期长势均较好，叶色较深，不应忽视施用穗肥，以防中后期脱肥。在缺钾田要注意增施磷钾肥。水分管理上要求防止深灌、漫灌、长期浸灌。粒大灌浆期较长，切忌过早断水和过早收割。

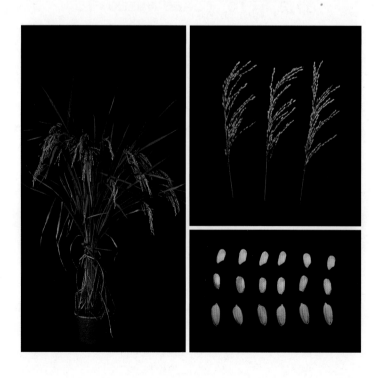

四云2号 （Siyun 2）

品种来源：福建省三明市农业科学研究所以474和红云33为亲本杂交，采用系谱法，于1985年育成。

形态特征和生物学特性：属籼型常规早籼水稻。全生育期115d，株高85cm，每穗总粒数中等，千粒重32g。

品质特性：米质中等。

抗性：中抗稻瘟病。

适宜地区：1988年在福建省推广种植5.07万hm²。适宜福建省作早稻种植。

苏御选 （Suyuxuan）

品种来源：福建省永定县良种场以苏御糯为亲本系选，于1981年育成。

形态特征和生物学特性：属籼型常规早籼水稻。全生育期130d，株高80cm，每穗总粒数中等，千粒重30 ~ 31g。

品质特性：米质中等。

抗性：抗稻瘟病一般。

适宜地区：1984年在福建省推广种植0.67万hm²。适宜福建省作早稻种植。

同安早6号 （Tong'anzao 6）

品种来源：福建省同安县良种场以铁骨矮1号和矮脚南特为亲本杂交，采用系谱法，于1966年育成。

形态特征和生物学特性：属籼型常规早籼水稻。全生育期111d，株高80cm，每穗总粒数少，千粒重27g。

品质特性：米质中等。

抗性：中抗白叶枯病。

适宜地区：1976年在福建省推广种植1.27万hm²。适宜福建省作早稻种植。

晚籼22 (Wanxian 22)

品种来源：福建省莆田市农业科学研究所以赣南晚6号和黄尖为亲本杂交，采用系谱法，于1977年育成。

形态特征和生物学特性：属籼型常规中熟晚籼水稻。全生育期120 ~ 130d，株高85cm，每穗总粒数中等，千粒重25 ~ 26g。

品质特性：米质中等。

抗性：较抗白叶枯病。

适宜地区：1982年在福建省推广种植1.47万hm^2。适宜福建省作晚稻种植。

温矮早选6号 （Wen'aizaoxuan 6）

品种来源：福建省邵武市原种场以温矮早为亲本系选，于1974年育成。

形态特征和生物学特性：属籼型常规早籼水稻。全生育期100 ～ 110d，株高70cm，每穗总粒数少，千粒重28 ～ 31g。

品质特性：米质中等。

抗性：较抗稻瘟病。

适宜地区：1981年在福建省推广种植1.47万hm²。适宜福建省作早稻种植。

溪选4号 （Xixuan 4）

品种来源：福建省农业科学院以溪丰为亲本系选，于1975年育成。

形态特征和生物学特性：属籼型常规早籼水稻。全生育期107 ～ 111d，株高80cm，每穗总粒数少，千粒重24 ～ 25g。

品质特性：米质中等。

抗性：较抗稻瘟病。

适宜地区：1978年在福建省推广种植3.20万hm²。适宜福建省作早稻种植。

厦革4号（Xiage 4）

品种来源：福建省厦门市郊区良种场以珍汕97为亲本系选，于1973年育成。

形态特征和生物学特性：属籼型常规早籼水稻。全生育期120～125d，株高80cm，每穗总粒数中等，千粒重26g。

品质特性：米质中等。

抗性：较抗稻瘟病和白叶枯病。

适宜地区：1978年在福建省推广种植4.67万hm²。适宜福建省作早稻种植。

岩革早1号（Yangezao 1）

品种来源：福建省龙岩地区农业科学研究所以珠六矮为亲本系选，于1968年育成。

形态特征和生物学特性：属籼型常规早籼水稻。全生育期125～128d，株高80cm，千粒重23～24g。

品质特性：米质中等。

抗性：较抗稻瘟病。

适宜地区：1971年在福建省推广种植0.93万hm²。适宜福建省作早稻种植。

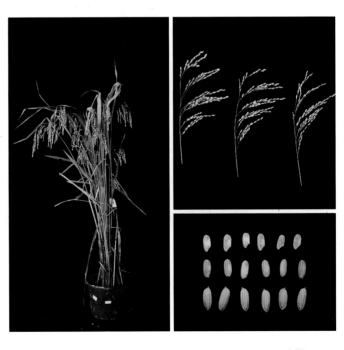

院山糯（Yuanshannuo）

品种来源：福建省漳州市农业干部学校以红早糯和龙紫12为亲本杂交，采用系谱法，于1977年育成。

形态特征和生物学特性：属籼型常规早籼水稻。全生育期125～130d，株高90cm，每穗总粒数少，千粒重26g。

品质特性：米质中等。

抗性：较抗稻瘟病。

适宜地区：1986年占福建糯稻面积的20%。适宜福建省作早稻种植。

珍D-1 (Zhen D-1)

品种来源：福建农学院以珍汕97和DissD52/57为亲本杂交，采用系谱法，于1978年育成。

形态特征和生物学特性：属籼型常规早籼水稻。全生育期120d，株高90cm，每穗总粒数少，千粒重27g。

品质特性：米质中等。

抗性：较抗稻瘟病。

适宜地区：1983年在福建省推广种植0.67万hm²。适宜福建省作早稻种植。

珍红17（Zhenhong 17）

品种来源：福建省厦门市农业科学研究所以珍龙13和红梅早为亲本杂交，采用系谱法，于1977年育成。

形态特征和生物学特性：属籼型常规早籼水稻。全生育期120d，株高80～90cm，每穗总粒数中等，千粒重27g。

品质特性：米质中等。

抗性：较抗稻瘟病。

适宜地区：1978年福建省推广种植4.67万hm²。适宜福建省作早稻种植。

珍木85（Zhenmu 85）

品种来源：福建省农业科学院以珍珠矮和木泉种为亲本杂交，采用系谱法，于1972年育成。

形态特征和生物学特性：属籼型常规中熟晚籼水稻。全生育期133d，株高80～90cm，每穗总粒数中，千粒重25g。

品质特性：米质中等。

抗性：较抗稻瘟病和稻飞虱。

适宜地区：1976年在福建省推广种植1.40万hm²。适宜福建省作晚稻种植。

珠六矮 （Zhuliu'ai）

品种来源：福建省龙岩市农业科学研究所以珍珠矮11和南京6号为亲本杂交，采用系谱法，于1969年育成。

形态特征和生物学特性：属籼型常规早籼水稻。全生育期130d，株高70～75cm，每穗总粒数中等，千粒重23～24g。

品质特性：米质中等。

抗性：较抗稻瘟病。

适宜地区：1970年在福建省推广种植0.87万hm²。适宜福建省作早稻种植。

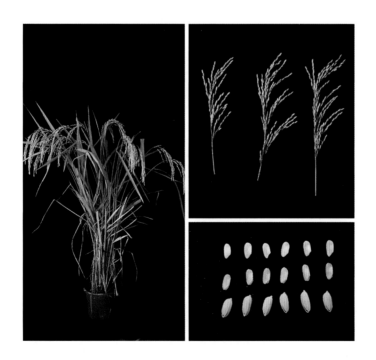

第四节　台湾品种

白米粉 （Baimifen）

品种来源：原产地台湾省。

形态特征和生物学特性：属粳型常规早粳水稻。全生育期100d，茎秆粗壮，生长势强。

品质特性：米质中等。

抗性：耐涝，耐酸中等。

产量及适宜地区：一般单产4 500kg/hm^2。1957年在台湾省最大推广种植10.00万hm^2。适宜台湾省作早稻种植。

低脚乌尖（Dijiaowujian）

品种来源：台湾地方品种。由乌尖自然突变产生。

形态特征：属籼型常规早籼水稻。

高雄139 (Gaoxiong 139)

品种来源：台湾省高雄区农业改良场以F_1（台南5号/国胜）后代和嘉农242为亲本杂交，采用系谱法，于1971年育成，1975年命名推广。

形态特征和生物学特性：属粳型常规水稻。全生育期108～130d，株高95～96cm，分蘖力强，每穗总粒数106～122粒，千粒重27g。半矮生，抗倒伏，适合机械化收割。

品质特性：米质优。

抗性：抗稻瘟病和白叶枯病。

产量及适宜地区：一般单产4 425～6 465kg/hm^2，1976年在台湾省最大推广种植3.40万hm^2。适宜台湾省种植。

高雄141（Gaoxiong 141）

品种来源：台湾省高雄区农业改良场以高雄139//高雄育973/高早育21为杂交方式，采用系谱法，于1977年育成，1980年命名推广。

形态特征和生物学特性：属粳型常规水稻。全生育期85～110d，株高93～99cm，每穗总粒数中等，千粒重23～24g。

品质特性：米质较优。

抗性：抗稻瘟病和白叶枯病。

产量及适宜地区：一般单产4 425～6 465kg/hm²，1981年在台湾省最大推广种植3.60万hm²。适宜台湾省种植。

高雄24（Gaoxiong 24）

品种来源：台湾省高雄区农业改良场以高雄18和台中158为亲本杂交，采用系谱法，于1949年育成，1957年登记推广。

形态特征和生物学特性：属粳型常规水稻。全生育期94～128d，株高98～108cm，强秆，不易倒伏。每穗总粒数120～121粒，千粒重30～32g。

抗性：中抗白叶枯病，适应性广。

产量及适宜地区：一般单产4 305～4 905kg/hm²，1962年在台湾省最大推广种植2.93万hm²。适宜台湾省种植。

高雄27（Gaoxiong 27）

品种来源：台湾省高雄区农业改良场以嘉南3号和高雄18为亲本杂交，采用系谱法，于1949年育成。

形态特征和生物学特性：属粳型常规水稻。全生育期95～128d，株高93～102cm，分蘖力10～16。每穗总粒数122～124粒，千粒重24～25g。

品质特性：米质较优。

抗性：抗稻瘟病。

产量及适宜地区：一般单产3 975～4 980kg/hm²，1962年在台湾省最大推广种植2.80万hm²。适宜台湾省种植。

高雄53（Gaoxiong 53）

品种来源：台湾省高雄区农业改良场以光复401和台中65为亲本杂交，采用系谱法，于1951年育成，1957年登记推广。

形态特征和生物学特性：属粳型常规水稻。全生育期95～122d，株高98～107cm，分蘖力13～14，每穗总粒数105～112粒，千粒重24g。

品质特性：米质较优。

抗性：适应性广。

产量及适宜地区：一般单产5 385～5 610kg/hm^2，1967年在台湾省最大推广种植2.67万hm^2。适宜台湾省种植。

光复401（Guangfu 401）

品种来源：台湾省台中区农业改良场以台中65/蚁公包//台中150为杂交方式，采用系谱法，于1944年育成，1947年登记推广。

形态特征和生物学特性：属粳型常规水稻。全生育期99～119d，株高99～100cm，每穗总粒数82～91粒，千粒重25g。

品质特性：米质较优。

抗性：中抗白叶枯病，耐寒。

产量及适宜地区：一般单产4 545～4 935kg/hm^2，1957年在台湾省最大推广种植10.67万hm^2。适宜台湾省种植。

嘉南2号 （Jianan 2）

　　品种来源：台湾省台南区农业改良场以南育183和台中65为亲本杂交，采用系谱法，于1941年育成。

　　形态特征和生物学特性：属粳型常规水稻。全生育期95 ～ 123d，株高105 ～ 118cm，分蘖力16 ～ 19，每穗总粒数108 ～ 114粒，千粒重22 ～ 23g。

　　品质特性：米质中等。

　　抗性：耐寒，抗风，适应性广。

　　产量及适宜地区：一般单产2 730 ～ 4 365kg/hm^2，1960年在台湾省最大推广种植3.20万hm^2。适宜台湾省种植。

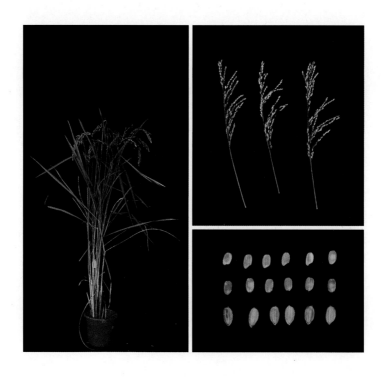

嘉农242（Jianong 242）

品种来源：台湾省农业实验所嘉义分所以嘉农育65（新竹4号/台中150）和嘉农育123（台北7号/台农45）为亲本杂交，采用系谱法，于1951年育成，1956年登记推广。

形态特征和生物学特性：属粳型常规水稻。全生育期105～124d，株高114～117cm，分蘖力11～12个，每穗总粒数148～157粒，千粒重28～29g。

品质特性：米质好，食味佳。

抗性：抗稻瘟病。

产量及适宜地区：一般单产3 855～5 025kg/hm²，1962年在台湾省最大推广种植5.10万hm²。适宜台湾省种植。

台粳8号 (Taigeng 8)

品种来源：台湾省台南区农业改良场育成。2011年通过福建省莆田市农作物品种审定委员会审定。

形态特征和生物学特性：属粳型常规中粳水稻。全生育期145d，株高110.4cm，穗长21.9cm，每穗总粒数145.1粒，结实率92.7%，千粒重25.6g。

品质特性：糙米率83.5%，精米率75.8%，整精米率72.6%，糙米粒长5.1mm，糙米长宽比1.6，垩白粒率51%，垩白度6.6%，透明度2级，碱消值6.2级，胶稠度86.0mm，直链淀粉含量15.9%，蛋白质含量8.8%。米质达部颁三级优质米标准。

抗性：感稻瘟病。

产量及适宜地区：2007—2008年两年福建省莆田市中稻区域试验，平均单产分别为8 068.7kg/hm² 和8 060.1kg/hm²。2009年莆田市中稻生产试验，平均单产为8 305.5kg/hm²。适宜福建莆田市稻瘟病轻发区和台湾省作中稻种植。

栽培技术要点：在福建省莆田市作中稻栽培，秧龄为30～35d，插植密度20cm×17cm，每穴栽插4苗。施肥要求施纯氮150kg/hm²左右，氮、磷、钾比例为1：0.6：0.8，基肥、分蘖肥、穗肥、粒肥比例为6：2：1：1。水分管理采取"浅水促蘖、适时烤田、有水抽穗、湿润灌浆，后期干湿交替"。注意及时防治病虫害，确保丰产丰收。

台南1号 （Tainan 1）

品种来源：台湾省台南区农业改良场以台中150和嘉南15为亲本杂交，采用系谱法，于1952年育成，1957年登记推广。

形态特征和生物学特性：属粳型常规水稻。全生育期94 ～ 119d，株高92 ～ 98cm，每穗总粒数103 ～ 120粒，千粒重23 ～ 24g。

品质特性：米质较优。

抗性：抗稻瘟病和白叶枯病。

产量及适宜地区：一般单产2 880 ～ 3 930kg/hm^2，1966年在台湾省最大推广种植7.33万hm^2。适宜台湾省种植。

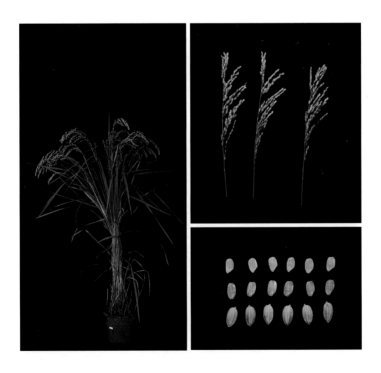

台南5号（Tainan 5）

品种来源：台湾省台南区农业改良场以高雄18和嘉南8号为亲本杂交，采用系谱法，于1959年育成，1965年命名推广。

形态特征和生物学特性：属粳型常规早晚粳水稻。全生育期早稻95d、晚稻121d，株高早稻102cm、晚稻109cm，植株较高，易倒伏，稍具休眠性，每穗总粒数98～111粒，千粒重26～27g。

品质特性：米质较优。

抗性：抗白叶枯病，早稻中感稻瘟病、晚稻中抗稻瘟病。

产量及适宜地区：一般单产4 965～5 505kg/hm²，1975年在台湾省最大推广种植42.00万hm²。适宜台湾省种植。

台南6号 (Tainan 6)

品种来源：台湾省台南区农业改良场以台南5号和高雄135为亲本杂交，采用系谱法，于1965年育成，1975年命名推广。

形态特征和生物学特性：属粳型常规水稻。全生育期97～128d，株高97cm，每穗总粒数72～79粒，千粒重23～24g。

品质特性：米质较优。

抗性：抗稻瘟病和白叶枯病。

产量及适宜地区：一般单产4 935～6 585kg/hm²，1977年在台湾省最大推广种植9.60万hm²。适宜台湾省种植。

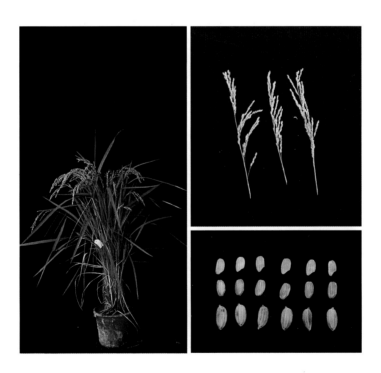

台农67（Tainong 67）

品种来源：台湾省农业实验所以台中138/台农61//台农61为杂交方式，采用系谱法，于1973年育成，1978年命名推广。

形态特征和生物学特性：属粳型常规水稻。全生育期96～120d，株高101～103cm，强秆，不易倒伏，适合机械化收割，每穗总粒数73～87粒，千粒重23～25g。

品质特性：直链淀粉含量早稻22%、晚稻19%，碱消值低，胶稠度软。

抗性：较耐病虫害。

产量及适宜地区：一般单产5 145～5 955kg/hm²，1982年在台湾省最大推广种植45.00万hm²。适宜台湾省种植。

台农70 (Tainong 70)

品种来源：台湾省农业试验所以台农67和嘉系662028为亲本杂交，采用系谱法，于1981年育成，1985年命名推广。

形态特征和生物学特性：属粳型常规水稻。全生育期109～140d，株高106～116cm，每穗总粒数144～175粒，千粒重24～25g。

品质特性：米质较优。

抗性：抗稻瘟病、白叶枯病、条纹叶枯病和褐飞虱。

产量及适宜地区：一般单产5 685～6 225kg/hm²，1986年在台湾省最大推广种植0.47万hm²。适宜台湾省种植。

台中65 (Taizhong 65)

品种来源：台湾省台中区农业改良场以龟治与神力为亲本杂交，采用系谱法，于1936年育成。

形态特征和生物学特性：属粳型常规水稻。全生育期早稻121d，晚稻100d，株高105～117cm，每穗总粒数58～92粒，千粒重23～28g。

品质特性：米质较优。

抗性：中抗白叶枯病。

产量及适宜地区：一般单产5 010～5 850kg/hm²，1957年在台湾省最大推广种植10.00万hm²。适宜台湾省种植。

台中本地1号 （Taizhongbendi 1）

品种来源：台湾省台中区农业改良场以低脚乌尖与菜园种为亲本杂交，采用系谱法，于1952年育成，1957年登记推广。

形态特征和生物学特性：属籼型常规水稻。全生育期早稻123d，晚稻97d，株高80～90cm，每穗总粒数74～78粒，千粒重23～26g。

品质特性：直链淀粉含量高（28%），适合食品加工，米质一般。

抗性：耐旱，感白叶枯病。

产量及适宜地区：一般单产4 995～5 655kg/hm²，1961年在台湾省最大推广种植26.00万hm²。适宜台湾省种植。

台中籼2号 （Taizhongxian 2）

品种来源：台湾省台中区农业改良场以低脚乌尖和白米粉为亲本杂交，采用系谱法，于1966年命名推广。

形态特征和生物学特性：属籼型常规水稻。全生育期103～110d，株高87～94cm，每穗总粒数85～99粒，千粒重23g。

品质特性：谷粒较短而宽，米质中等。

抗性：抗稻瘟病、耐寒。

产量及适宜地区：一般单产4 740～5 625kg/hm²，1968年在台湾省最大推广种植4.13万hm²。适宜台湾省种植。

台中籼3号 (Taizhongxian 3)

品种来源：台湾省台中区农业改良场以敏党接和IR661-1-140-3-54为亲本杂交，采用系谱法，于1976年命名推广。

形态特征和生物学特性：属籼型常规水稻。全生育期105 ~ 127d，株高91 ~ 93cm，每穗总粒数95 ~ 105粒，千粒重24 ~ 26g。

品质特性：直链淀粉含量18% ~ 22%，米质较优。

抗性：抗稻瘟病。

产量及适宜地区：一般单产6 765 ~ 8 445kg/hm²，1979年在台湾省最大推广种植2.60万hm²。适宜台湾省种植。

新竹56 （Xinzhu 56）

品种来源：台湾省新竹区农业改良场以台农44和嘉南2号为亲本杂交，采用系谱法，于1953年育成。

形态特征和生物学特性：属粳型常规水稻。全生育期99～121d，株高92～94cm，每穗总粒数125～135粒，千粒重22～26g。

品质特性：米质较优。

抗性：抗白叶枯病。

产量及适宜地区：一般单产4 095～4 485kg/hm²，1967年在台湾省最大推广种植5.20万hm²。适宜台湾省种植。

新竹64 (Xinzhu 64)

品种来源：台湾省新竹区农业改良场以新竹育235和台南5号为亲本杂交，采用系谱法，于1981年育成。

形态特征和生物学特性：属粳型常规水稻。全生育期99 ~ 125d，株高101 ~ 104cm，每穗总粒数99 ~ 110粒，千粒重25g。

品质特性：米质较优。

抗性：耐寒，适应性广。

产量及适宜地区：一般单产6 105 ~ 7 185kg/hm²，1985年在台湾省最大推广种植5.33万hm²。适宜台湾省种植。

第四章
著名育种专家

ZHONGGUO SHUIDAO PINZHONGZHI·FUJIAN TAIWAN JUAN

林　权

福建省古田县人（1919—1982），研究员。1942 年毕业于重庆国立中央大学农学院农艺系。毕业后在南京中央农业实验所、福建省农事试验场工作。中华人民共和国成立后，历任福建省农事试验场、福建省农业科学院水稻研究所、福建省农业科学院农艺系系主任，福建省农业科学院水稻研究所所长，福建省农业科学院副院长，福建省政协第一至五届委员等职。

中华人民共和国成立初期，经林权鉴定的南特号、胜利稻、万利稻等早、中稻良种，以及乌梨、黑穗青占等双晚良种，对福建省粮食增产起了很大作用。他选育的双季晚稻凤湖青尖比当家种乌壳尖增产18%以上，到1966年，在原闽侯专区推广面积0.87万 hm²。采用系统选育法，从早稻南特号中选育出福早穗3号、福早穗1号等良种。1950—1953年，在福州试验间作稻改连作稻获得成功，使福建全省的连作稻面积从原来26.67万 hm²扩大到66.67万 hm²，对全省粮食增产起到重要作用。1963—1965年，受国务院委派前往非洲马里共和国参加农业技术援外工作。

20世纪60年代，培育出福矮早20早稻良种，耐肥、抗倒伏、抗稻瘟病能力强，推广面积达6.67万 hm²以上。1966—1970年选育出福矮早8号、福矮早9号、福矮早10号等早稻良种。1971年，选育出溪选4号、科六早2号、安陆早等早稻良种，其中溪选4号适应性较广，高产稳产，1978年推广面积4.67万 hm²以上。发表有关水稻育种、栽培的科技论文：《中国栽培稻种亲缘的研究》《作物育种技术讲话》《培育壮秧，防止烂秧》《怎样培育壮秧》《福建省龙溪县水稻丰产经验》等。

黄幼雄

　　福建省厦门市人（1930—　　），副教授。1955
年毕业于福建省农学院农学系，毕业后分配至福
建省龙溪农校（漳州农业学校前身）任教，从事
教育工作40余年。1984—1991年任漳州市农业学
校校长，1978年和1985年曾两次获福建省政府授
予的"福建教育先进工作者"称号，1986年获福
建省劳动模范、全国五一劳动奖章。1989年获国
务院"全国先进工作者"称号。1992年起享受
国务院政府特殊津贴。2004年被福建省政府评为
"福建省杰出人民教师"。

　　1963年确立"早稻常规育种"研究课题，1964年完成了"水稻高速
繁殖试验"，获得了1粒早稻种子一年繁殖425kg的稻种和1粒晚稻种子
一年获得688.5kg稻种的成绩。1965年福建省科委引入台湾的台农1号，
取名为科情3号，学校得5粒稻种经高速繁殖为我国江南13省、直辖市
进行试种、推广，提供种源。育成优质、抗稻瘟病的院山早糯，1984年
成为龙溪地区早糯的当家品种，获龙溪地区科技进步（成果）三等奖。
1978年秋，从"汕优2号/V20"的杂交稻品种中选育出稳产、高抗稻瘟
病、容易栽培、深受广大农民喜爱的78130及其姐妹系79106。

　　据不完全统计，1983—1991年，全省种植78130品种97.73万 hm²，
79106品种58.87万 hm²，成为福建省南部早稻的当家品种。1986年78130
获福建省科技进步（成果）一等奖，1988年79106获漳州市科技进步（成
果）二等奖，早稻品种8303获漳州市科技进步（成果）三等奖。

雷捷成

福建省上杭县人（1937—　　），研究员。1962年毕业于福建农学院。历任福建省杂交水稻协作组代组长、福建省农业科学院水稻研究所杂种优势利用研究室主任、水稻研究所副所长、全国杂交水稻专家顾问组成员等。

育成V41A及用V41A实现三系配套；亲自去海南组织、指导全省800多人南繁科技队伍，繁殖大量不育系种子，使福建省的杂交水稻迅速地、大面积地得以推广。20世纪70年代后期，提出微效恢复基因理论，育成了地谷A和福伊A等育性稳定，抗瘟性很强的不育系，并由福伊A等不育系衍生一系列抗性强的不育系，如谷丰A、全丰A、乐丰A等。地谷A配成的地优151在四川大面积推广。省内外利用福伊A已配组育成福优77、福优58、福优晚3、福优964等23个品种通过省级以上农作物品种审定委员会审定，其中5个品种通过国家农作物品种审定委员会审定。利用谷丰A配组育成了谷优527、谷优964、谷优5138等32个品种通过省级以上农作物品种审定委员会审（认）定，其中4个品种通过国家农作物品种审定委员会审定。利用全丰A配组育成了全优77、全优2689、全优527等13个品种通过省级以上农作物品种审定委员会审定（认定），其中3个品种通过国家农作物品种审定委员会审定。这些品种在福建、湖北的重病区大面积推广。

V41A在国内应用推广267.00万hm^2，育成的四优2号、四优6号、四优30、威优30等品种在国内推广200.00万hm^2。曾获全国科技大会奖，国家特等发明奖，国家星火计划奖，福建省科学进步二等奖等多项奖励。主要代表作：《野败雄性不育保持系选育的遗传分析》《野败型雄性不育保持系选育的实践与理论》《水稻微效恢复基因排除方法及效果》《籼稻雄性不育系福伊A抗稻瘟特性的研究与应用》等。

郑九如

　　福建省泉州市永春县人（1937—　　），研究员。1963年毕业于福建农学院农学系，大学毕业后留校任教，1970年进入福建省农业科学院工作。曾任福建省农业科学院稻麦研究所党支部书记，福建省种子协会副会长，福建省粮油作物学会常务理事。获得福建省优秀专家，福建省有突出贡献的农业科技工作者的称号，享受国务院政府特殊津贴。

　　20世纪70年代参加育成珍优1号（优质稻，市场上叫丁优1号）和闽晚3号等品种。从1984—2003年，主持福建省水稻和中国南方稻区水稻育种重点攻关研究课题，育成了满仓515、闽糯580、籼128、闽科早1号、闽科早22、闽科早77、闽科早55、世纪137、闽科早2号和光大白等10个品种通过福建省农作物品种审定委员会审定，其中闽科早22还通过国家农作物品种审定委员会审定。这些品种具有高产、抗稻瘟病，适应性好的特性，为福建省粮食增产作出了很大贡献。

　　满仓515比对照汕优桂32增产8%以上，推广面积35.20万hm²，获福建省科技进步二等奖；闽糯580成为"沉缸酒"酿酒好原料，获福建省科技进步三等奖；籼128和光大白分别获福建省科技进步三等奖。育成的品种在省内外总推广面积达到200.00万hm²以上，增产稻谷2.5亿kg以上，创造社会效益6亿元以上。参加《中国水稻品种系谱》一书编写，主持翻译 *Rice improvement* 一书，发表论文70多篇。

王侯聪

　　福建省泉州市人（1938—　），教授。1965年厦门大学生物学系研究生毕业，先后在广东省农业科学院、厦门大学生物学系任教，从事水稻育种研究。先后获得全国农业科技先进工作者、福建省有突出贡献的农业科技工作者、福建省杰出科技人才、福建省劳动模范、福建省五一劳动奖章、厦门市劳动模范、厦门市特区建设30周年杰出建设者等称号。

　　一贯坚持选育优质、抗病、丰产、广适的育种目标，创建一条优质早籼水稻新品种切实可行的育种路线。先后培育出乌珍1号、佳禾7号、佳禾早占、佳辐占、佳早1号；与南平市农业科学研究所合作育成南厦060等6个品种。2008年提出以增加水稻品种的千粒重为突破口，聚合优质等优良性状，首创了千粒重36g、同时具有稻米品质符合国家一级食用米标准，平均产量7 500kg/hm²左右，抗稻瘟病、再生力强的佳禾80等一系列品系。

　　育成的品种在福建省累计推广66.67万hm²以上。先后荣获厦门科技进步二等奖3项，福建省科技进步一等奖、二等奖、三等奖各1项，福建省名特优新产品金奖1项，福建省名牌农产品1项，中国国际农业博览会优质产品奖1项，农牧渔业部优质农产品奖1项。

谢华安

福建省龙岩市新罗区人（1941— ），研究员，博士生导师，中国科学院院士，植物遗传育种学家。1959年6月毕业于福建龙岩农业学校，现任福建省科学技术协会副主席，曾任福建省农业科学院院长。荣获国家有突出贡献的中青年专家、全国优秀科技工作者、全国先进工作者、全国杰出专业技术人才、全国种业十大功勋人物称号，福建省优秀共产党员，第八届、第十一届全国人大代表，第九届、第十届全国政协委员，中共十八大代表。

40多年来，一直从事杂交水稻育种研究，刻苦钻研，开拓创新，研创育种新技术，创新"抗稻瘟病育种程序"等四项关键技术，育成我国杂交水稻亲本遗传贡献最大的恢复系明恢63，促成了我国杂交水稻更新换代，对继续保持我国杂交水稻在世界的领先地位发挥了重大的作用。明恢63是我国创制的第一个取得突出成效的优良恢复系，是所配组的杂交稻品种应用范围最广、应用持续时间最长、推广面积最大的恢复系。到2010年，全国以明恢63亲本培育的恢复系达543个，利用这些恢复系配组并通过省级以上农作物品种审定委员会审定的品种达922个，其中167个品种通过国家农作物品种审定委员会审定。主持育成中国稻作史上种植面积最大的水稻良种汕优63及系列杂交水稻新品种50多个通过省级以上农作物品种审定委员会审定。推广杂交中稻—再生稻高产栽培的技术模式，促进资源节约型稻作制度的形成，推动杂交水稻的发展，取得巨大的社会经济效益。育成6个杂交水稻品种被农业部确认为超级稻品种，其中Ⅱ优航1号创造百亩再生稻单产世界纪录。

育成的品种累计推广面积达9 333.33多万hm^2，其中汕优63在1984—2001年累计推广面积近6 666.67万hm^2，增产粮食近700亿kg，为国家乃至世界的粮食安全做出了重大贡献；获国家科技进步一等奖、二等奖各1项、福建省科技进步一等奖7项，福建省科技突出贡献奖、陈嘉庚农业科学奖、中华农业科教奖、何梁何利奖、王丹萍科学技术奖一等奖、农业部农业英才奖等奖项，发表学术论文90多篇，出版编著2部。

杨聚宝

福建省仙游县人（1941— ），博士，研究员。1964年毕业于福建农学院，1987年毕业于菲律宾大学，获博士学位。全国先进工作者、全国五一劳动奖章获得者。

长期从事杂交水稻遗传与育种研究。1971年起，作为负责人，组建福建省水稻雄性不育利用协作组，以野败材料为基础母本，先后育成V20A、V41A等多个不育系及闽优1号、四优6号、四优30等品种，并大面积推广应用。1987年，主持了两系法亚种间杂交水稻选育"863"课题，开展两系杂交稻选育研究工作。独创了"自由传粉，生态压力，定时选择"的生态压力法，育成了SE21S光补型核不育系，这一不育系对太阳的日照有光补效应，使两系稻的制种风险几乎降低为零，质量达到高纯度，解决了我国两系稻存在普遍制种风险的大难题，继而逐步完善了两系杂交稻新组合选育及其配套技术。从那以后，育成了繁殖方便、制种安全的152S、118S、45S、86315S、919S等有11个两系不育系通过"863"或省级鉴定。通过这些不育系配组育成了两优2186、两优2163、福两优63、两优456、两优3773、两优多系1号、两优816、两优3156、两优航2号、两优2161等10多个两系杂交稻品种通过省级以上农作物品种审定委员会审定，这些品种具有高产、优质、抗病高效等优点，已在省内外大面积推广。

育成的两系杂交稻品种累计推广面积达54万hm²，创造经济效益3亿多元。1992年，任联合国粮农组织杂交水稻顾问组长，在越南推广杂交水稻，被授予越南农业和农村发展勋章荣誉称号。获国家科技进步特等奖1项，全国科学大会科技成果奖1项和第五届袁隆平农业科技奖。发表论文30余篇。

王乌齐

福建省晋江市人（1944—　），研究员。1968
年毕业于福建农学院。大学毕业后分配到邵武插
队教书，1976年调到福建省南平市农业科学研究
所，1996年调到福建省农业科学院水稻研究所。
曾任福建省农业科学院水稻研究所所长。

1976年至今一直从事水稻育种，主要从事超高产水稻育种
研究，参与主持国家科技攻关、省部、院厅等10多个研究项
目。主持、参与育成常规早籼品种119、南保早、南系1号和杂
交水稻特优388、特优175、特优航1号、Ⅱ优航1号、Ⅱ优航2
号、Ⅱ优623、Ⅱ优936、宜优673、广两优676、两优616、两优
667、Y两优676、广优673、聚两优673、赣优673、广8优673
等30多个品种通过省级以上农作物品种审定委员会审定，其中9
个通过国家农作物品种审定委员会审定，6个被农业部确认为超
级稻品种，Ⅱ优航1号创造百亩再生稻单产世界纪录。

育成的品种累计推广200多万hm^2。获福建省科技进步一等
奖1项、二等奖1项、三等奖3项，福建省南平市科学技术进步
一等奖2项。发表论文20多篇。

张受刚

　　湖南省醴陵市人（1949—　），研究员。1979年毕业于福建农学院农学系，福建省优秀专家，福建省劳模，三明市拔尖人才，享受国务院政府特殊津贴。

　　1979年起从事杂交水稻育种研究工作，先后主持并参与杂交水稻恢复系、籼粳杂种优势利用的研究和育种工作。主持或参与育成明恢63、明恢73、明恢2155、明恢1259等20多个杂交水稻恢复系；配组育成杂交水稻品种汕优63、特优73、金优2155、T78优2155、中优2155、Ⅱ优1259、两优1259等40多个品种，15个品种获国家植物新品种权保护授权。

　　参与育成的杂交水稻品种汕优63，累计推广面积6 666.67万 hm² 以上，1987年汕优63获得福建省科技进步一等奖、1988年获国家科技进步一等奖；参与育成杂交水稻恢复系明恢63，1998年获福建省科技进步一等奖、2012年获国家科技进步二等奖；主持育成的杂交水稻品种汕优72，累计推广面积43.26万 hm²，1997年获农业部科技进步三等奖；主持育成的杂交水稻恢复系明恢2155，配组育成11个杂交稻品种通过省级以上农作物品种审定委员会审定，累计推广面积48.40万 hm²，2012年获福建省科技进步一等奖；主持育成的杂交水稻恢复系明恢1259，配组育成7个杂交稻品种通过省级以上农作物品种审定委员会审定，累计推广面积46.67万 hm²，2013年获福建省科技进步三等奖。另参与育成的杂交水稻恢复系明恢77，2001年获福建省科技进步二等奖；参与育成的杂交水稻品种威优63、威优77、特优70，分别在1990年、1993年、2002年获福建省科技进步三等奖。

游年顺

福建省古田县人（1954—　），研究员。1978年毕业于福建农学院农学专业，曾任福建省农业科学院水稻研究所三系杂交稻研究室主任，福州国家水稻改良中心副主任。

从事三系杂交稻育种近40年，主持省部级课题20余项，在抗稻瘟病不育系选育方面具有扎实的理论基础和丰富的育种经验。提出了以"微效恢复基因理论及其排除方法"为理论指导、以育性稳定为核心的7项育种目标、4个配组模式，从选育优质、抗病、高配合力的保持系入手，达到育成集育性稳定、异交率高、配合力强、抗稻瘟病、米质优五项技术指标于一体的不育系，进而配组优质、高产、抗病杂交稻新品种的育种技术体系，形成具研究特色抗稻瘟病育种技术体系和不育系系谱。先后育成"谷""伊""丰""源"系列四代不育系地谷A、福伊A、谷丰A、全丰A、乐丰A、成丰A、民源A、繁源A、延源A等19个不育系通过福建省农作物品种审定委员会鉴定或审定，共配组育成了120个新品种通过省级以上农作物品种审定委员会审定（国审品种18个），其中自主育成谷优527、谷优5138、全优527、全优94、乐优94、繁优709、繁优5468等18个品种通过33次省级以上农作物品种审定委员会审（认）定，育成的谷优527和全优527曾为福建省晚稻和国家武陵山区区试对照品种，良种覆盖13个省份。

育成的品种累计推广面积近667.00万hm²。福伊A、谷丰A、全丰A等3个不育系配组的品种累计推广面积272.00万hm²。获福建省科学技术进步二等奖3项，植物新品种权保护13项。发表论文90余篇。

郑家团

福建省永安市人（1958—　），研究员。1978年2月毕业于福建农学院。1978年2月分配到福建省三明市农业科学研究所，2002年11月调入福建省农业科学院水稻研究所。现任福建省水稻产业技术体系首席专家，享受国务院政府特殊津贴。被评为福建省第三届杰出人才、1991年省首届青年科技奖、1992年省优秀专家、1993年中国第三届青年科技奖、1994年国家有突出贡献中青年专家、1999年全国优秀农业科技工作者、2001年全国优秀科技工作者、2012年全国粮食生产突出贡献农业科技人员（全国劳动模范待遇）。

长期从事水稻育种研究，参加或主持育成的水稻恢复系主要有明恢63、明恢77、明恢82、明恢70、明恢86等，配组育成汕优63、威优77、汕优77、汕优82、汕优70、Ⅱ优明86等20多个品种，其中10多个品种通过国家和省级农作物品种审定委员会审定，5个被农业部定为超级稻品种。明恢77的选育成功和应用，改变了我国杂交水稻早熟恢复系较为单一的局面，是我国继国际水稻研究所引进的早熟恢复系测46后采用人工制恢方法育成的又一个取得突出成效的恢复系。

参加或主持育成的杂交水稻品种全国累计推广8 000万hm²。获国家科技进步一等奖1项（第二名）、二等奖1项（第三名），福建省科技进步一等奖4项（其中主持1项，第二名2项，第三名1项）、二等奖1项（主持）、三等奖1项（主持）。发表科技论文52篇。

第五章
品种检索表

ZHONGGUO SHUIDAO PINZHONGZHI·FUJIAN TAIWAN JUAN

品种名	英文（拼音）名	类型	审定（育成）年份	审定编号	品种权号	页码
119	119	常规早籼稻	1986	国审稻：GS01023-1990 闽审稻1986003		47
225	225	早籼老品种	1974			242
233	233	常规早籼稻	1983	闽审稻1983004		48
47-104	47-104	常规晚籼稻	1993	闽审稻1993006		49
474	474	早籼老品种	1977			242
601	601	常规早籼稻	1993	闽审稻1993005		50
71-20	71-20	常规早籼稻	1983	闽审稻1983003		51
7319-7	7319-7	早籼老品种	1980			243
77-175	77-175	常规早籼稻	1983	闽审稻1983007		52
78130	78130	常规早籼稻	1985	闽审稻1985001		53
79106	79106	常规早籼稻	1987	闽审稻1987001		54
7944	7944	常规早籼稻	1983	闽审稻1983005		55
8303	8303	常规早籼稻	1992	闽审稻1992003		56
8706	8706	常规早籼稻	1991	闽审稻1991G01（三明）		57
II优125	II you 125	三系杂交中籼稻	2006	国审稻2008010 闽审稻2006028	CNA20060424.4	91
II优1259	II you 1259	三系杂交中籼稻	2006	琼审稻2008013 国审稻2006038	CNA20030490.9	92
II优1273	II you 1273	三系杂交中籼稻	2004	闽审稻2004006	CNA20030491.7	93
II优131	II you 131	三系杂交晚籼稻	2005	闽审稻2005015	CNA20040321.4	94
II优15	II you 15	三系杂交晚籼稻	2001	闽审稻2001005		95
II优183	II you 183	三系杂交中籼稻	2004	闽审稻2004004	CNA20060423.6	96
II优22	II you 22	三系杂交晚籼稻	2005			97
II优3301	II you 3301	三系杂交中籼稻	2008	琼审稻2013013 国审稻2012023 闽审稻2008004		98
II优623	II you 623	三系杂交中籼稻	2007	滇特（普洱）审稻2009024 国审稻2007019 闽审稻2006G01（三明）		99
II优851	II you 851	三系杂交晚籼稻	2007	国审稻2007030		100
II优936	II you 936	三系杂交中籼稻	2005	闽审稻2005005	CNA20050294.8	101
II优辐819	II youfu 819	三系杂交晚籼稻	2003	赣审稻2005083 闽审稻2003003	CNA20020119.0	102
II优航1号	II youhang 1	三系杂交中籼稻	2004	国审稻2005023 闽审稻2004003	CNA20030222.1	103
II优航148	II youhang 148	三系杂交中籼稻	2005	闽审稻2005004	CNA20050291.3	104

（续）

品种名	英文（拼音）名	类型	审定（育成）年份	审定编号	品种权号	页码
Ⅱ优航2号	Ⅱ youhang 2	三系杂交中籼稻	2006	国审稻2007020 闽审稻2006017 皖品审06010497	CNA20060766.9	105
Ⅱ优明86	Ⅱ youming 86	三系杂交中籼稻	2001	国审稻2001012 闽审稻2001009	CNA20020038.0	106
Ⅱ优沈98	Ⅱ youshen 98	三系杂交中籼稻	2007	闽审稻2007013		107
A60	A 60	晚籼老品种	1977			243
D297优155	D 297 you 155	三系杂交晚籼稻	1997	闽审稻1997003		108
D297优63	D 297 you 63	三系杂交晚籼稻	1998	闽审稻1998006 川审稻35号		109
D297优67	D 297 you 67	三系杂交晚籼稻	1993	闽审稻1993004		109
D奇宝优1号	D qibaoyou 1	三系杂交早籼稻	2002	国审稻2003036 闽审稻2002003	CNA20040485.7	110
D奇宝优527	D qibaoyou 527	三系杂交中籼稻	2004	琼审稻2008012 梅审稻2005004 闽审稻2004008 国审稻2005020	CNA20040315.X	111
SE21S	SE 21 S	不育系	1997		CNA20030052.0	112
T55A	T 55 A	不育系	1997		CNA20020234.0	113
T78A	T 78 A	不育系	2000		CNA20020233.2	114
T78优2155	T 78 you 2155	三系杂交早籼稻	2004	闽审稻2006001 粤审稻2006051 桂审稻2005003 梅审稻2004003	CNA20050530.0	115
T优158	T you 158	三系杂交晚籼稻	2008	闽审稻2008F01（龙岩）		116
T优551	T you 551	三系杂交晚籼稻	2004	琼审稻2006009 闽审稻2004010		117
T优5537	T you 5537	三系杂交早籼稻	2002	国审稻2003035 闽审稻2002004		118
T优5570	T you 5570	三系杂交晚籼稻	2003	赣审稻2006024 闽审稻2003005		119
T优7889	T you 7889	三系杂交早籼稻	2001	闽审稻2001002		120
T优8086	T you 8086	三系杂交中籼稻	2004	闽审稻2006030 国审稻2004003		121
矮脚白米籽	Aijiaobaimizi	晚籼老品种	1966			244
白米粉	Baimifen	常规早粳（台湾）				272
白优6号	Baiyou 6	三系杂交早籼稻	1983	闽审稻1983010		122
川优2189	Chuanyou 2189	三系杂交中籼稻	2012	闽审稻2012002		123
川优651	Chuanyou 651	三系杂交中籼稻	2011	闽审稻2011002		124
川优673	Chuanyou 673	三系杂交中籼稻	2009	国审稻2010017 闽审稻2009008		125
低脚乌尖	Dijiaowujian	常规早籼（台湾）				273

（续）

品种名	英文（拼音）名	类型	审定（育成）年份	审定编号	品种权号	页码
东联5号	Donglian 5	常规晚籼稻	2007	闽审稻2007021		58
东南201	Dongnan 201	常规早籼稻	2004	闽审稻2004009 闽审稻2000E01（漳州）		59
繁源A	Fanyuan A	不育系	2013	闽审稻2013012		126
凤选4号	Fengxuan 4	早籼老品种	1976			244
辐射31	Fushe 31	早籼老品种	1967			245
福矮早20	Fu'aizao 20	早籼老品种	1963			246
福两优1587	Fuliangyou 1587	两系杂交中籼稻	2012	闽审稻2012005		127
福两优366	Fuliangyou 366	两系杂交中籼稻	2012	闽审稻2012008		128
福伊A	Fuyi A	不育系	1995		CNA20010089.0	129
福优77	Fuyou 77	三系杂交早籼稻	1997	闽审稻1997001		130
福优964	Fuyou 964	三系杂交晚籼稻	2000	闽审稻2000012		131
赣优明占	Ganyoumingzhan	三系杂交中籼稻	2010	渝审稻2014004 滇审稻2012017 闽审稻2011004 琼审稻2010012		132
钢白矮4号	Gangbai'ai 4	常规晚籼稻	1989	闽审稻1989004		60
高雄139	Gaoxiong 139	常规粳稻（台湾）	1975			274
高雄141	Gaoxiong 141	常规粳稻（台湾）	1977			275
高雄24	Gaoxiong 24	常规粳稻（台湾）	1957			275
高雄27	Gaoxiong 27	常规粳稻（台湾）	1949			276
高雄53	Gaoxiong 53	常规粳稻（台湾）	1957			277
谷丰A	Gufeng A	不育系	2000		CNA20030323.6	133
谷优1186	Guyou 1186	三系杂交晚籼稻	2011	闽审稻2011006		134
谷优3301	Guyou 3301	三系杂交中籼稻	2009	琼审稻2013014 国审稻2011026 闽审稻2009009		135
谷优353	Guyou 353	三系杂交中籼稻	2013	闽审稻2013002		136
谷优527	Guyou 527	三系杂交晚籼稻	2004	鄂审稻2007022 黔审稻2006007 闽审稻2004013		137
谷优航148	Guyouhang 148	三系杂交中籼稻	2009	国审稻2009037		138
谷优明占	Guyoumingzhan	三系杂交中籼稻	2010	琼审稻2012015 国审稻2010039		139
光大白	Guangdabai	早籼老品种	1978			247
光辐1号	Guangfu 1	早籼老品种	1976			248
光复401	Guangfu 401	常规粳稻（台湾）	1947			277
广包	Guangbao	常规晚籼稻	1983	闽审稻1983009		61
广抗13A	Guangkang 13 A	不育系	2003		CNA20060771.5	140

（续）

品种名	英文（拼音）名	类型	审定（育成）年份	审定编号	品种权号	页码
广两优676	Guangliangyou 676	两系杂交中籼稻	2013	闽审稻2014012 国审稻2013014	CNA20140098.3	141
广优2643	Guangyou 2643	三系杂交中籼稻	2009	赣审稻2013001 闽审稻2009F02（龙岩） 国审稻2009036		142
广优3186	Guangyou 3186	三系杂交中籼稻	2012	闽审稻2012007		143
圭辐3号	Guifu 3	常规早籼稻	1983	闽审稻1983001		62
航1号	Hang 1	恢复系	1999		CNA20030206.X	144
红410	Hong 410	常规早籼稻	1984	桂审证字第017号 GS01015-1984 湘品审（认）第61号		63
红辐早7号	Hongfuzao 7	早籼老品种	1979			248
红晚52	Hongwan 52	晚籼老品种	1970			249
红优2155	Hongyou 2155	三系杂交早籼稻	2012	闽审稻2012001		145
红云33	Hongyun 33	常规早籼稻	1983	闽审稻1983002		64
花2优3301	Hua 2 you 3301	三系杂交中籼稻	2012	闽审稻2012009		146
花优63	Huayou 63	三系杂交晚籼稻	1998	闽审稻1998007	CNA20020238.3	147
惠农早1号	Huinongzao 1	常规早籼稻	1988	闽审稻1988002		65
佳辐占	Jiafuzhan	常规早籼稻	2003	闽审稻2003001		66
佳禾早占	Jiahezaozhan	常规早籼稻	1999	闽审稻1999001		67
佳早1号	Jiazao 1	常规早籼稻	2007	闽审稻2007002		68
嘉南2号	Jianan 2	常规粳稻（台湾）	1941			278
嘉农242	Jianong 242	常规粳稻（台湾）	1962			279
嘉糯1优2号	Jianuo 1 you 2	三系杂交晚籼稻（糯）	2009	国审稻2009003		148
嘉糯1优6号	Jianuo 1 you 6	三系杂交中籼稻（糯）	2006	闽审稻2009003 琼审稻2006013		149
嘉浙优99	Jiazheyou 99	三系杂交中籼稻	2013	闽审稻2013005		150
建农早11	Jiannongzao 11	常规早籼稻	1995	闽审稻1995H01（南平）		69
郊选2号	Jiaoxuan 2	晚籼老品种	1966			250
金两优33	Jinliangyou 33	两系杂交中籼稻	2005	闽审稻2005009		151
金两优36	Jinliangyou 36	两系杂交中籼稻	2000	闽审稻2000005	CNA20020240.5	152
金农3优3号	Jinnong 3 you 3	三系杂交中籼稻	2012	闽审稻2012006		153
金晚3号	Jinwan 3	常规晚籼稻	1986	闽审稻1986004		70
金优07	Jinyou 07	三系杂交早籼稻	2005	闽审稻2005001		154
金优2155	Jinyou 2155	三系杂交早籼稻	2005	闽审稻2005002 陕审稻2005001 桂审稻2004007	CNA20050529.7	155

（续）

品种名	英文（拼音）名	类型	审定（育成）年份	审定编号	品种权号	页码
金优明100	Jinyouming 100	三系杂交早籼稻	2004	黔审稻2006009 闽审稻2004001	CNA20030008.3	156
金早14	Jinzao 14	常规早籼稻	1991	闽审稻1991G03（三明）		71
金早6号	Jinzao 6	常规早籼稻	1988	闽审稻1988001		72
晋南晚	Jinnanwan	常规晚籼稻	1983	闽审稻1983008		73
京福1A	Jingfu 1 A	不育系	2001		CNA20040721.X	157
京福1优527	Jingfu 1 you 527	三系杂交早籼稻	2006	国审稻2006002 闽审稻2006022		158
京福1优明86	Jingfu 1 youming 86	三系杂交中籼稻	2007	国审稻2007009		159
京红1号	Jinghong 1	早籼老品种	1976			251
卷叶白	Juanyebai	早籼老品种	1978			252
科A	Ke A	不育系	2013	闽审稻2013011		160
科辐红2号	Kefuhong 2	常规早籼稻	1983	闽审稻1983006		74
科京63-1	Kejing 63-1	早籼老品种	1977			253
乐丰A	Lefeng A	不育系	2003		CNA20050295.6	161
连优3301	Lianyou 3301	三系杂交晚籼稻	2011	闽审稻2011007		162
两优2163	Liangyou 2163	两系杂交晚籼稻	2000	闽审稻2000006		163
两优2186	Liangyou 2186	两系杂交晚籼稻	2000	韶审稻201006 滇审稻200712 闽审稻2000007		164
两优3773	Liangyou 3773	两系杂交中籼稻	2007	闽审稻2007009		165
两优616	Liangyou 616	两系杂交中籼稻	2012	闽审稻2012003		166
两优667	Liangyou 667	两系杂交中籼稻	2013	闽审稻2013004		167
两优688	Liangyou 688	两系杂交中籼稻	2009	国审稻2010010 闽审稻2009007		168
两优842	Liangyou 842	两系杂交晚籼稻	2011	闽审稻2011008		169
两优多系1号	Liangyouduoxi 1	两系杂交中籼稻	2006	国审稻2007022 闽审稻2006020		170
两优航2号	Liangyouhang 2	两系杂交晚籼稻	2006	滇特（文山）审稻2009004 滇特（红河）审稻2008008 闽审稻2008024 湘审稻2006043	CNA20060765.0	171
龙革10号	Longge 10	早籼老品种	1968			254
龙革113	Longge 113	早籼老品种	1968			254
龙桂4号	Longgui 4	早籼老品种	1984			255
龙特甫A	Longtefu A	不育系	2006			172
龙选1号	Longxuan 1	早籼老品种	1972			256
龙紫12	Longzi 12	早籼老品种	1971			257

（续）

品种名	英文（拼音）名	类型	审定（育成）年份	审定编号	品种权号	页码
泸香优 1256	Luxiangyou 1256	三系杂交中籼稻	2006	国审稻 2010013 闽审稻 2006010		173
泸优明占	Luyoumingzhan	三系杂交晚籼稻	2013	闽审稻 2013007 滇特（红河） 审稻 2012026		174
陆财号	Lucaihao	早籼老品种	1946			258
满仓 515	Mancang 515	常规早籼稻	1996	闽审稻 1996006		75
密粒红	Milihong	早籼老品种	1976			259
闽丰优 3301	Minfengyou 3301	三系杂交中籼稻	2010	国审稻 2011011 闽审稻 2010002		175
闽科早 1 号	Minkezao 1	常规早籼稻	1988	闽审稻 1988003		76
闽科早 22	Minkezao 22	常规早籼稻	1992	闽审稻 1992002		77
闽泉 2 号	Minquan 2	常规早籼稻	2000	闽审稻 2000B01（泉州）		78
闽晚 6 号	Minwan 6	晚籼老品种	1972			259
闽岩糯	Minyannuo	常规早籼稻（糯）	1995	闽审稻 1995001		79
闽优 3 号	Minyou 3	三系杂交中籼稻	1973			176
明 218A	Ming 218 A	不育系	2012	闽审稻 2012014		177
明恢 2155	Minghui 2155	恢复系	2001		CNA20030296.5	178
明恢 63	Minghui 63	恢复系	1981			179
明恢 77	Minghui 77	恢复系	1988			180
明恢 86	Minghui 86	恢复系	1993		CNA20000098.5	181
南保早	Nanbaozao	常规早籼稻	1997	闽审稻 1997005		80
南厦 060	Nanxia 060	常规早籼稻	2000	闽审稻 2000002		81
宁早 517	Ningzao 517	常规早籼稻	1994	闽审稻 1994003		82
秋占 470	Qiuzhan 470	晚籼老品种	1973			260
全丰 A	Quanfeng A	不育系	2002		CNA20050296.4	182
全优 3301	Quanyou 3301	三系杂交中籼稻	2011	国审稻 2013035 闽审稻 2011003		183
全优 527	Quanyou 527	三系杂交中籼稻	2007	赣审稻 2010032 闽审稻 2010F01（龙岩） 渝引稻 2010003 韶审稻 201005 黔引稻 2008005 国审稻 2007024 鄂审稻 2007024		184
全优 94	Quanyou 94	三系杂交晚籼稻	2007	闽审稻 2007019		185
泉农 3 号	Quannong 3	常规早籼稻	1996	闽审稻 1996001		83
泉珍 10 号	Quanzhen 10	常规早籼稻	2004	闽审稻 2004002		84
沙粳 3 号	Shageng 3	晚粳老品种	1973			261
汕优 016	Shanyou 016	三系杂交早籼稻	1991	闽审稻 1991002		186

（续）

品种名	英文（拼音）名	类型	审定（育成）年份	审定编号	品种权号	页码
汕优155	Shanyou 155	三系杂交晚籼稻	1993	闽审稻1993003		187
汕优397	Shanyou 397	三系杂交晚籼稻	1996	闽审稻1996005		188
汕优63	Shanyou 63	三系杂交晚籼稻	1984	国审稻GS01004-1989 闽审稻1984001		189
汕优647	Shanyou 647	三系杂交早籼稻	2001	闽审稻2001F03（龙岩）		190
汕优669	Shanyou 669	三系杂交晚籼稻	1997	赣审稻1999008 闽审稻1997004		191
汕优67	Shanyou 67	三系杂交晚籼稻	1992	闽审稻1992001		192
汕优70	Shanyou 70	三系杂交晚籼稻	2000	闽审稻2000010		193
汕优72	Shanyou 72	三系杂交中籼稻	1994	闽审稻1994001 皖品审94010134		194
汕优77	Shanyou 77	三系杂交早籼稻	1997	国审稻980005 闽审稻1997002		195
汕优78	Shanyou 78	三系杂交晚籼稻	1994	闽审稻1994002		196
汕优82	Shanyou 82	三系杂交早籼稻	1998	桂审稻2001012 闽审稻1998002		197
汕优89	Shanyou 89	三系杂交早籼稻	1996	闽审稻1996002		198
汕优明86	Shanyouming 86	三系杂交晚籼稻	1998	闽审稻1998005		199
邵武早15	Shaowuzao 15	早籼老品种	1964			261
深优9775	Shenyou 9775	三系杂交晚籼稻	2012	闽审稻2012010		200
胜红16	Shenghong 16	早籼老品种	1981			262
圣丰1优319	Shengfeng 1 you 319	三系杂交晚籼稻	2012	国审稻2012030		201
圣丰2优651	Shengfeng 2 you 651	三系杂交中籼稻	2012	国审稻2012020		202
世纪137	Shiji 137	常规晚籼稻	1999	闽审稻1999005		85
四优2号	Siyou 2	三系杂交早籼稻	1976			203
四优3号	Siyou 3	三系杂交中籼稻	1974			203
四优30	Siyou 30	三系杂交中籼稻	1975			204
四优6号	Siyou 6	三系杂交中籼稻	1977			204
四云2号	Siyun 2	早籼老品种	1985			263
苏御选	Suyuxuan	早籼老品种（糯）	1981			263
台粳8号	Taigeng 8	常规中粳稻（台湾）		闽审稻2011B01（莆田）		280
台南1号	Tainan 1	常规粳稻（台湾）	1957			281
台南5号	Tainan 5	常规早粳稻（台湾）	1965			282
台南6号	Tainan 6	常规粳稻（台湾）	1977			283
台农67	Tainong 67	常规粳稻（台湾）	1973			284
台农70	Tainong 70	常规粳稻（台湾）	1981			285
台中65	Taizhong 65	常规粳稻（台湾）	1936			286

（续）

品种名	英文（拼音）名	类型	审定（育成）年份	审定编号	品种权号	页码
台中本地1号	Taizhongbendi 1	常规籼稻（台湾）	1957			287
台中籼2号	Taizhongxian 2	常规籼稻（台湾）	1966			287
台中籼3号	Taizhongxian 3	常规籼稻（台湾）	1976			288
泰丰优2098	Taifengyou 2098	三系杂交晚籼稻	2012	闽审稻2012013		205
泰丰优3301	Taifengyou 3301	三系杂交晚籼稻	2012	闽审稻2012011		206
泰丰优656	Taifengyou 656	三系杂交晚籼稻	2013	闽审稻2013008		207
特优009	Teyou 009	三系杂交早籼稻	2004	国审稻2005001 闽审稻2004012		208
特优103	Teyou 103	三系杂交中籼稻	2007	闽审稻2007007		209
特优175	Teyou 175	三系杂交晚籼稻	2000	闽审稻2000011	CNA20010088.2	210
特优627	Teyou 627	三系杂交中籼稻	2005	闽审稻2005010	CNA20050306.5	211
特优63	Teyou 63	三系杂交早籼稻	1993	GS01005-1994 苏种审字第207号 桂审证字第089号 闽审稻1993001		212
特优669	Teyou 669	三系杂交晚籼稻	1999	闽审稻1999008		213
特优70	Teyou 70	三系杂交中籼稻	1999	国审稻2001011 桂审稻200038 闽审稻1999007		214
特优716	Teyou 716	三系杂交中籼稻	2006	琼审稻2009013 闽审稻2006007		215
特优73	Teyou 73	三系杂交中籼稻	2001	闽审稻2001010		216
特优77	Teyou 77	三系杂交晚籼稻	2001	桂审稻2001119		217
特优898	Teyou 898	三系杂交晚籼稻	2000	闽审稻2000013	CNA20030283.3	218
特优多系1号	Teyouduoxi 1	三系杂交中籼稻	1998	国审稻2001013 桂审证字第152号 闽审稻1998004		219
特优航1号	Teyouhang 1	三系杂交中籼稻	2003	粤审稻2008020 国审稻2005007 浙审稻2004015 闽审稻2003002	CNA20030428.3	220
特优航2号	Teyouhang 2	三系杂交晚籼稻	2007	闽审稻2007026		221
天优2075	Tianyou 2075	三系杂交中籼稻	2012	国审稻2012009		222
天优2155	Tianyou 2155	三系杂交早籼稻	2011	闽审稻2011001		223
天优3301	Tianyou 3301	三系杂交中籼稻	2008	琼审稻2011015 国审稻2010016 闽审稻2008023		224
天优596	Tianyou 596	三系杂交晚籼稻	2011	闽审稻2011005		225
同安早6号	Tong'anzao 6	早籼老品种	1970			264
晚籼22	Wanxian 22	晚籼老品种	1977			265
威优3号	Weiyou 3	三系杂交晚籼稻	1983	闽审稻1983013 粤审稻1978026		226

（续）

品种名	英文（拼音）名	类型	审定（育成）年份	审定编号	品种权号	页码
威优30	Weiyou 30	三系杂交晚籼稻	1983	闽审稻1983015		227
威优63	Weiyou 63	三系杂交晚籼稻	1988	湘品审（认）第150号 闽审稻1988006		228
威优77	Weiyou 77	三系杂交早籼稻	1991	湘品审第119号 闽审稻1991001		229
威优89	Weiyou 89	三系杂交早籼稻	1998	闽审稻1998001		230
威优红田谷	Weiyouhongtiangu	三系杂交晚籼稻	1983	闽审稻1983016		231
温矮早选6号	Wen'aizaoxuan 6	早籼老品种	1974			266
溪选4号	Xixuan 4	早籼老品种	1975			266
溪选早1号	Xixuanzao 1	常规早籼稻	1999	闽审稻1999003		86
厦革4号	Xiage 4	早籼老品种	1973			267
籼128	Xian 128	常规早籼稻	1991	闽审稻1991003		87
新竹56	Xinzhu 56	常规粳稻（台湾）	1953			289
新竹64	Xinzhu 64	常规粳稻（台湾）	1981			290
兴禾A	Xinghe A	不育系	2009	闽审稻2009011		232
岩革早1号	Yangezao 1	早籼老品种	1968			267
夷A	Yi A	不育系		闽审稻2013009		233
夷优186	Yiyou 186	三系杂交早籼稻	2013	闽审稻2013001		234
宜优115	Yiyou 115	三系杂交晚籼稻	2007	滇特（文山）审稻2012013 闽审稻2007022		235
宜优673	Yiyou 673	三系杂交中籼稻	2006	滇审稻2010005 国审稻2009018 粤审稻2009041		236
钰A	Yu A	不育系	2013	闽审稻2013010		237
钰优180	Yuyou 180	三系杂交中籼稻	2013	闽审稻2013003		238
元丰A	Yuanfeng A	不育系	2004		CNA20070037.5	239
元丰优86	Yuanfengyou 86	三系杂交中籼稻	2011	闽审稻2011009 桂审稻2010016		240
院山糯	Yuanshannuo	早籼老品种（糯）	1977			268
漳佳占	Zhangjiazhan	常规早籼稻	2005	闽审稻2005003		88
漳龙9104	Zhanglong 9104	常规早籼稻	1999	闽审稻1999004		89
珍D-1	Zhen D-1	早籼老品种	1978			269
珍红17	Zhenhong 17	早籼老品种	1977			270
珍木85	Zhenmu 85	晚籼老品种	1972			270
珍优1号	Zhenyou 1	常规早籼稻	1986	闽审稻1986005		90
中新优1586	Zhongxinyou 1586	三系杂交晚籼稻	2012	闽审稻2012012		241
珠六矮	Zhuliu'ai	早籼老品种	1969			271

图书在版编目（CIP）数据

中国水稻品种志. 福建台湾卷／万建民总主编；谢
华安主编. —北京：中国农业出版社，2018.12
ISBN 978-7-109-24841-0

Ⅰ．①中… Ⅱ．①万… ②谢… Ⅲ．①水稻-品种-
福建②水稻-品种-台湾 Ⅳ．①S511.037

中国版本图书馆CIP数据核字（2018）第255693号

中国水稻品种志. 福建台湾卷
ZHONGGUO SHUIDAO PINZHONGZHI FUJIAN TAIWAN JUAN

中国农业出版社
地址：北京市朝阳区麦子店街18号楼
邮编：100125

责任编辑：王琦瑢
装帧设计：贾利霞
版式设计：胡至幸 韩小丽
责任校对：陈晓红 吴丽婷 刘飔雨
责任印制：王 宏 刘继超

印刷：北京通州皇家印刷厂印刷
版次：2018年12月第1版
印次：2018年12月北京第1次印刷
发行：新华书店北京发行所

开本：787mm×1092mm 1/16
印张：20.5
字数：470千字

定价：270.00元